应用型本科 电气工程及自动化专业系列教材

新能源与发电技术

钱显毅　钱显忠　编著
董良威　韩益锋　参编

西安电子科技大学出版社

内 容 简 介

新能源和可再生能源是目前各国能源研究的重要方向。本书系统介绍了新能源和可再生能源的基本知识，重点分析了可再生能源的发电技术，主要内容包括新能源及可再生能源概述、太阳能及其发电技术、风能及其发电技术、海洋能及其发电技术、生物质能及其发电技术、地热能及其发电技术、水能及其发电技术。

本书符合教育部关于 600 所本科学校转型的精神和"卓越工程师教育培养计划"及转型课程改革的要求，特别适用于相关工程技术人员解决实际问题时参考，也可以作为卓越工程师人才培养、创新型人才培养、实用型人才培养用书。

图书在版编目(CIP)数据

新能源与发电技术/钱显毅，钱显忠编著. —西安：西安电子科技大学出版社，2015.8
(2024.9 重印)
ISBN 978 - 7 - 5606 - 3642 - 9

Ⅰ. ① 新… Ⅱ. ① 钱… ②钱… Ⅲ. ① 新能源—发电—高等学校—教材
Ⅳ. ① TM61

中国版本图书馆 CIP 数据核字(2015)第 171550 号

策　　划　马晓娟
责任编辑　许青青　马晓娟
出版发行　西安电子科技大学出版社(西安市太白南路 2 号)
电　　话　(029)88202421　88201467　　邮　　编　710071
网　　址　www. xduph. com　　　　　电子邮箱　xdupfxb001@163.com
经　　销　新华书店
印刷单位　广东虎彩云印刷有限公司
版　　次　2015 年 8 月第 1 版　2024 年 9 月第 3 次印刷
开　　本　787 毫米×1092 毫米　1/16　印张　16
字　　数　374 千字
定　　价　38.00 元
ISBN 978 - 7 - 5606 - 3642 - 9

XDUP 3934001 - 3

* * * 如有印装问题可调换 * * *

前　言

　　能源是人类社会和经济发展的重要物质基础，其消费水平也是各国社会经济发展水平的重要标志。在 21 世纪，各国都重视新能源的开发和应用，一些国际组织和研究机构对新型能源和可再生能源进行了深入研究，发表了大量的研究报告，其共同的结论是可再生能源的应用前景光明。目前，我国已经大规模地建设了很多风力发电场，太阳能电池总产量和出口量也多年居全球第一。这表明全球范围内新能源技术的发展正在加速，由此也使得相关人才需求不断增大。为了适应新能源人才培养的要求，我们编写了本书。本书符合教育部关于 600 所本科学校转型的精神和"卓越工程师教育培养计划"及转型课程改革的要求，可为培养创新能力强、适应经济社会发展需要的应用型工程技术人才和卓越工程师打下良好的专业基础。

　　本书的编写特点如下：

　　（1）特色鲜明，实用性强，方便读者自学。本书在介绍可再生能源发电时，将每个知识点紧密结合到相关学科，突出实用知识和特色鲜明的经典案例，以方便相关工程技术人员参考和高等学校教学使用，同时可以提高学生和相关工程技术人员的学习兴趣。

　　（2）重点突出，简明清晰，结论表述准确。本书对有关公式未给出严格的证明过程，但对可再生发电原理表达清晰，结论准确，有利于帮助相关工程技术人员和学生建立可再生能源发电的数理模型，提高相关工程技术人员的形象思维能力和解决实际工程问题的能力。

　　（3）难易适中，适用面广，符合"因材施教"的教学原则。

　　（4）系统性强，强化应用，培养动手能力。本书在编写过程中，在确保可再生能源发电知识系统性的基础上，调研并参考了相关行业专家的意见，特别适用于卓越工程师培养、创新型、实用型人才培养和相关工程技术人员解决实际问题时参考。

　　本书由钱显毅、钱显忠、董良威、韩益锋共同编写而成。书中第 1～2 章由钱显毅、钱显忠编写，第 3～7 章由董良威、韩益锋共同编写。

　　由于各方面的原因，书中定然存在欠妥之处，欢迎读者多提宝贵意见。作者联系方式：（QQ）160190731。

作　者

2015 年 4 月

前　言

目　　录

第 1 章　新能源和可再生能源概述

【内容摘要】

　　本章分析了新能源和可再生能源的概念，明确了新能源和可再生能源的定义，并介绍了新能源与可再生能源的发展概况，以及新能源和可再生能源对我国经济社会发展的重要意义。

【理论教学要求】

　　了解新能源及其发展。

【工程教学要求】

　　参观小型新能源实验室，制作一个微型风能或太阳能发电电源，激发学生的学习兴趣。

1.1　能源的定义与分类

　　什么是能源？能源就是向自然界提供能量的物质，包括矿物质能源、核物理能源、大气环流能源、地理性能源等。能源是人类活动的物质基础。从某种意义上讲，人类社会的发展离不开优质能源的出现和先进能源技术的使用。在当今世界，能源的发展，能源和环境，是全世界、全人类共同关心的问题，也是我国社会经济发展的重要问题。

　　能源给人类带来了光和热。从广义上讲，地球上的所有能源都来源于太阳。

　　太阳光照耀地球，地面上的水蒸发而上升到大气中，然后变成雨，就形成了河流中的水能。太阳光照耀地球，地面上的空气受热不同，温差形成气流，就形成了风能。化石能源（煤炭、石油、天然气）是远古时代的生物变成的，而没有太阳，就没有生物，因此，化石能源也来源于太阳。海洋能中，一方面是风能形成的波浪能，风能也来源于太阳，另一方面，潮汐能是太阳、地球、月亮共同作用的结果，也与太阳有关。在宇宙大爆炸时，太阳系形成过程中，地球同时形成，而地热能、核能是在地球形成过程中形成的，因此地热能、核能也与太阳有关。因此，不论地球上的哪种能源，都与太阳有关。

　　能源是整个人类世界发展和经济增长的最基本驱动力，是人类社会赖以生存的最重要的物质基础之一。

　　《能源百科全书》中能源的定义为："能源是可以直接或经转换提供人类所需的光热、动力等任意形式能量的载能体资源"。《能源词典（第二版）》对能源的解释是："能源是可以直接或通过转换提供人类所需的有用能的资源"，世界上一切形式能源的初始来源是核聚变、核裂变、放射性源以及太阳系行星的运行。

　　上述各种能源的定义有一个共同点：能源是一种呈多种形式的，且可以相互转换能量的源泉。《能源词典（第二版）》把世界上的能源分为 11 种不同类型：化石能源（煤炭、石油、天然气）、水能、核能、电能、太阳能、生物质能、风能、海洋能、地热能、氢能、受控核聚变，这是能源的基本形式。

此外，人们还可以根据不同的形式，从不同的角度，把能源划分为各种不同的类型。

（1）从是否可再生角度可划分为可再生能源和不可再生能源。前者是指在自然界中不断再生并可以持续利用的资源，主要包括太阳能、风能、水能、地热能、生物质能等；后者是指经过亿万年形成的、短期内无法再生的能源，包括原煤、原油、天然气、油页岩、油砂矿、核能、煤层气等。

（2）从其物理形态是否改变角度可以划分为一次能源和二次能源。前者是指从自然界取得的未经任何改变或转换的自然能源，如原油、原煤、天然气、生物质能、水能、核燃料、太阳能、地热能、潮汐能等；后者是指一次能源经过加工或转换得到的能源，如煤气、焦炭、汽油、煤油、电力、热水、氢能等不同形式的能源。

（3）从是否进入商品流通环节角度可以划分为商品能源和非商品能源。前者是指作为商品流通环节并大量消耗的能源，目前主要指煤炭、石油、天然气、电力等常规能源；后者指不经过商品流通环节而自产自用的传统常规能源，如农村的薪柴、秸秆等。

（4）从对自然环境产生污染程度的角度可以划分为清洁能源和非清洁能源。对自然环境污染大的能源称为非清洁能源，包括煤炭、石油等；对自然环境无污染或污染小的能源称为清洁能源，包括天然气、水能、太阳能、风能和核能等。当然，这里提到的无污染以能源相对干净使用为前提。

（5）从目前开发与利用状况角度可划分为常规能源和新能源两类。到目前为止，已被人们广泛应用，而且使用技术又比较成熟的能源，称为常规能源，如煤炭、石油、天然气、水能及传统生物能等。太阳能、地热能、风能等虽早已被利用，但大规模开发利用的技术还不成熟，广泛应用还有一定的局限性，直到现在才进一步受到人们的普遍重视，其他还有核能、沼气能、氢能、激光和海洋能等，也只是近些年来才被人们所认识和应用，而且在利用技术和方式上都有待改进和完善，这些都可以被称为新能源。

1.2　新能源和可再生能源的含义、特点与种类

1.2.1　新能源和可再生能源的含义和特点

一直以来，新能源的概念都模糊不清，众说纷纭，形成了"百家争鸣"的局面。新能源既与可再生能源、清洁能源有共同的领域，也有互相区别的地方。新能源和可再生能源的基本内涵是不同的，更不能相提并论，因为新能源主要指在新技术的基础上加以开发利用的可再生能源，是未来世界持久能源系统的基础，如未来的核聚变；而可再生能源是指在一定时空背景下可连续再生、永续使用的一次性能源，特别强调能源的可再生性。

新能源和可再生能源是 1978 年 12 月 20 日联合国第 33 届大会第 148 号决议使用的一个专业化名称，即指常规能源以外的所有能源。1981 年 8 月，联合国于肯尼亚首都内罗毕召开的新能源和可再生能源会议上正式界定了其基本含义，即以新技术和新材料为基础，使传统的可再生能源得到现代化的开发利用，用取之不尽、用之不竭的可再生能源来不断取代资源有限、对环境有污染的化石能源。新能源和可再生能源不同于常规化石能源，特别强调可以持续发展，对环境无损害，有利于生态的良性循环。

在后面论述中，本书也基本尊重上述联合国会议的"权威"定义，不再深究这些基本概念的字面含义。内罗毕会议界定的新能源和可再生能源的主要特点如下：

（1）能量密度较低，并且高度分散。

（2）资源丰富，可以再生。

（3）清洁干净，使用中几乎没有损害生态环境的污染物排放。

（4）太阳能、风能、潮汐能等资源具有间歇性和随机性。

（5）开发利用的技术难度大。

基于上述概念和特点，太阳能、风能应该属于新能源和可再生能源的范围。

1.2.2　新能源和可再生能源的种类

联合国开发计划署（UNDP）把新能源和可再生能源分为三大类：①大中型水电；②新可再生能源，包括小水电、太阳能、风能、现代生物质能、地热能和海洋能等；③传统生物质能。这里把水力发电、太阳能、风能、生物质能、地热能、海洋能等都划入新能源和可再生能源的范围。也有一种说法，新能源和可再生能源的种类包括除了常规化石能源、大中型水力发电及核裂变发电之外的可再生能源。

按目前国际惯例，新能源和可再生能源一般不包括大中型水电（已经属于常规能源），只包括太阳能、风能、小型水电、地热能、生物质能和海洋能等一次能源以及氢能、燃料电池等二次能源。目前，各国新能源和可再生能源就遵照这种划分方法，即指除常规化石能源、大中型水力发电及核裂变发电之外的太阳能、风能、小水电、生物质能、地热能、海洋能等一次能源以及氢能、燃料电池等二次能源。

目前"新能源"意义下的可再生能源包括小水电、现代生物质能、风能、太阳能、地热能和生物燃料等，这也是本书论述的核心内容。"新能源"意义下的可再生能源目前在发达国家和一些发展中国家中发展迅速，新能源在能源消费中所占比例越来越大。

1. 太阳能

太阳能是指太阳所负载的能量，一般以阳光照射到地面的辐射总量来计量，包括太阳的直接辐射和天空散射辐射的总和。太阳能的转换和利用方式有光-热转换、光-电转换和光-化学转换。接收或聚集太阳能使之转换为热能，然后用于生产和生活，这是太阳能热利用的最基本方式。

太阳能热水系统是目前中国太阳能热利用的主要形式，它是利用太阳能将水加热并储存于水箱中以便利用的装置。太阳能产生的热能可以广泛地应用于采暖、制冷、干燥、蒸馏、温室、烹饪以及工农业生产等领域，并可进行太阳能热发电或作为热动力。利用光生伏特效应的原理制成的太阳能电池，可将太阳的光能直接转换成电能加以利用，称为光-电转换，即太阳能光电利用。光-化学转换尚处于研究试验阶段。

2. 风能

风能是太阳能的一种新的转化形式，是由于太阳辐射造成地球表面温度不均匀，引起各地温差和气压不同，导致空气运动而产生的能量。风能属于一种自然资源，具有总储量大、可以再生、分布广泛、不需运输、对环境没有污染、不破坏生态平衡等诸多特点，但在利用上也存在着能量密度低、随机变化大、难以储存等诸多问题。风能的大小取决于风速和空气的密度。在中国西北地区和东南沿海地区的一些岛屿，风能资源非常丰富。利用风力机可将风能用于发电、制热以及风帆助航等。

3. 生物质能

生物质能是新能源和可再生能源的重要组成部分，主要包括自然界可用作能源用途的各种植物、人畜排泄物以及城乡有机废物转化成的能源，如薪柴、沼气、生物柴油、燃料乙醇、林业加工废弃物、农作物秸秆、城市有机垃圾、工农业有机废水、其他野生植物和动物粪便等。从其来源分析，生物质能是绿色植物通过叶绿素将太阳能转化为化学能储存在生物质内部的能量。

生物质能的利用方式主要有直接燃烧、热-化学转换以及生物-化学转换三种不同途径。生物质的直接燃烧在今后相当长的时间内仍将是中国农村生物质能利用的主要方式。生物质的热-化学转换是指在一定温度和条件下使生物质气化、碳化、热解、催化、液化，以生产气态燃料、液态燃料和化学物质的技术。生物质的生物-化学转换包括生物质-沼气转换和生物质-乙醇转换等。沼气转换是指有机物质在厌氧环境中，通过微生物发酵产生一种以甲烷为主要成分的可燃性混合气体，即沼气。乙醇转换是指利用糖质、淀粉和纤维素等不同原料经发酵制成乙醇。

4. 地热能

地热能是来自地球深处且可再生的热能资源。它起源于地球的熔融岩浆和放射性物质的衰变。地热能储量可能比目前人们所利用的总量大很多倍，而且集中分布在构造板块边缘一带，该区域也是火山和地震多发区。如果地下热量提取的速度不超过补充的速度，那么地热能便是可再生的。目前，地热能在世界很多地区开发和应用得相当广泛。据估计，每年从地球内部传到地面的热能相当于 100 PW·h。不过，地热能的分布相对来说比较分散，开发难度较大。

储存在地下岩石和流体中的地热能资源可以用来发电，也可以为建筑物供热和制冷。地热能资源按储存形式可分为水热型（又分为干蒸汽型、湿蒸汽型和聚冰型）、地压型、干热岩型和岩浆型四大类。按温度高低可分为高温型（高于150℃）、中温型（90℃～149℃）和低温型（低于89℃）三大类。地热能的利用方式主要有地热能发电和地热能直接利用两大类。

不同品质的地热能，其作用也是不同的。液体温度为200℃～400℃的地热能主要用于发电和综合利用；150℃～200℃的地热能主要用于发电、工业热加工、工业干燥和制冷；100℃～150℃的地热能主要用于采暖、工业干燥、脱水加工、回收盐类和双循环发电；50℃～100℃的地热能主要用于温室、采暖、家用热水、工业干燥和制冷；20℃～50℃的地热能主要用于洗浴、养殖、种植和医疗等。

5. 海洋能

海洋能是指蕴藏在大海中的可再生能源，它包括潮汐能、波浪能、潮流能、海流能、海水温度差能和海水盐度差能等不同的能源形态。海洋通过各种物理过程接收、储存和散发能量，这些能量以潮汐、波浪、温度差、海流等多种形式存在于海洋之中。

海洋能按储存能量的形式可分为机械能、热能和化学能。潮汐能、波浪能、海流能、潮流能为机械能，海水温差能为热能，海水盐度差能为化学能。所有这些形式的海洋能都可以用来发电。

6. 氢能和燃料电池

氢能是世界新能源和可再生能源领域正在积极开发的一种二次能源。2个氢原子与1个氧原子相结合便构成了一个水分子。氢气在氧气中易燃烧释放热量，然后氢分子便和氧分子起化学反应生成了水。由于氢分子和氧分子结合不会产生二氧化碳、二氧化硫、烟尘等大气污染物，所以氢能被看作未来最理想的清洁能源，有"未来石油"之称。

国际上的氢能制备原料主要来源于矿物和化石燃料、生物质、水，氢的制取工艺主要有电解制氢、热解制氢、光化制氢、放射能水解制氢、等离子电化学方法制氢和生物方法制氢等。氢能不但清洁干净，利用效率高，而且其转换形式多样，也可以制成以其为燃料的燃料电池。在21世纪，氢能将会成为一种重要的二次能源，燃料电池也必将成为一种最具产业竞争力的全新的发电方式。

由于各种主客观原因，氢能、海洋能的开发利用目前还只是处于一个逐步探索的技术未成熟阶段，其产业化开发也还有很长的路要走。

7. 小水电

水的流动可产生能量，通过捕获水流动的能量来发电，称为水电。所谓小水电，通常是容量在1.2万kW以下的小水电站及与其相配套的电网的统称。1980年，联合国召开的第一次国际小水电会议确定了以下3种小水电容量的范围：1001～1200 kW为小型水电站，101～1000 kW为小小型水电站，101 kW以下为微型水电站。

中国国家发展和改革委员会现行规定，电站总容量在5万kW以下的为小型水电站；5～25万kW的为中型水电站，25万kW以上的为大型水电站。

从技术和经营层面来看，小水电和大水电在技术上没有太大的差异，而国内外跨国公司，尤其传统跨国能源企业涉足小水电的开发意愿并不强烈。

1.3　新能源与可再生能源的发展概况

1.3.1　世界能源结构变迁

在过去的一个多世纪里，人类的能源开发利用方式经历了两次比较大的变迁，即从烧薪柴时代到使用煤炭的时代与从使用煤炭到目前大范围地使用石油和天然气的时代。在两次能源消费利用变迁的发展过程中，能源消费结构在不断发生变化，能源消费总量也呈现大幅度跨越式的增长态势（见图1-1）。

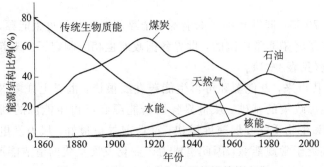

图1-1　过去100多年世界能源结构变化

在两次能源消费时代的变迁过程中，都伴随着社会生产力的巨大飞跃，极大地推动了人类经济社会的发展和进步。同时，随着人类使用能源，特别是化石能源的数量越来越多，能源对人类经济社会发展的制约和对自然环境的影响也越来越明显。

在过去的一个世纪里，人类经济、科技和生活水平也发生了翻天覆地的变化，这种社会变化伴随着能源消费规模的猛增，与此同时产生了自然资源和能源的短缺、环境和气候的严重恶化。目前，能源短缺、环境恶化已成为人类社会发展需要面临的共同挑战，世界各国都在努力寻求解决这一问题的办法和途径。

然而究其根源，解决能源短缺、环境恶化的根本途径还是在于转变能源消费方式，实现能源消费利用方式的第三次大变迁，即从目前大规模使用煤炭、石油、天然气等矿产能源变迁到开发利用清洁、环保而且可循环持续使用的新能源和可再生能源生产消费模式。这也许是人类发展历史上最艰难的一次能源消费方式大转换，因为第三次能源大转换与前两次能源大转换有许多不同之处，主要是替代能源的技术还不成熟，同时用什么能源替代常规化石能源还不是特别明确，目前的替代能源除了水力发电外其他基本都还不具备价格优势。自从20世纪70年代以来，新能源和可再生能源的开发利用受到了高度重视，人们对新能源和可再生能源的产业化发展也有了深刻而广泛的认识，看到了新能源和可再生能源资源潜力巨大，且清洁环保，可持续利用，代表着能源未来发展的方向，是解决自然资源和能源短缺、进行环境保护、应对全球气候变化问题的最根本途径。

目前，世界各国政府都从本国实际出发，颁布实施了不少鼓励和支持新能源及可再生能源发展的法规、政策，并制定了相应的发展目标、战略以及相关实施措施。

1.3.2　世界新能源和可再生能源时代

能源是人类社会赖以生存和发展的重要物质资源，全球人口增长和经济增长对能源的需求日益加大。而长期过量开采煤炭、石油、天然气这些常规矿产能源，致使其储量快速减少。世界大部分国家能源供应不足，不能满足经济发展的需要。煤炭、石油等化石能源的利用会产生大量的温室气体，污染环境。这些问题使得新能源和可再生能源的开发利用在全球范围内升温。

在国际上，目前新能源和可再生能源已被看作一种替代能源，可以替代用化石燃料资源生产的常规能源。从目前世界各国既定的发展战略和规划目标来看，大规模开发利用新能源和可再生能源已经成为未来世界各国能源发展战略的重要组成部分。世界新能源和可再生能源消费利用总量将会显著增加，新能源和可再生能源在世界能源供应中也将占有越来越重要的地位。

据预测，到2070年，世界上80%的能源要依靠新能源和可再生能源，新能源和可再生能源的产业发展前景将是非常广阔的，世界各国政府也相应制定了未来新能源和可再生能源的长远发展计划（见表1-1）。

20世纪90年代以来，新能源和可再生能源发展很快，世界上许多国家都把新能源和可再生能源作为能源政策的基础。从世界各国新能源和可再生能源的利用与发展趋势来看，风能、太阳能和生物质能发展速度最快，产业前景也最好。风力发电在可再生能源发电技术中成本最接近于常规能源，因此也成为产业化发展最快的清洁能源技术，年增长率达到27%。

表 1-1　部分国家制定的未来可再生能源开发目标

国家	2020 年	2050 年
美国	风电比例为 5%，可再生能源发电比例为 20%	
加拿大	水电比例达到 20%	
德国	可再生能源发电比例为 20%	可再生能源发电比例为 50%
英国	可再生能源发电比例为 10%	
法国		可再生能源发电比例为 50%
日本	2030 年可再生能源发电比例为 10%	
中国	风电达到 2%，可再生能源发电比例达到 12%	可再生能源发电比例为 30%

　　世界上越来越多的国家认识到：一个能够持续发展的社会应该是一个既能满足社会的需要，而又不危及后代人前途的社会。因此，应节约能源、提高能源利用效率、尽可能多地用洁净能源替代高含碳量的矿物燃料，这也是中国能源建设必须遵循的最基本原则。

　　在可预见的未来，新能源和可再生能源产业领域及市场投资额将逐年大幅度增加，随之也将创造非常可观的社会价值、经济价值和工作就业机会。过去一说到发展新能源和可再生能源，人们首先就会联想到环境恶化、气候变化和自然资源匮乏。现在世界各国考虑更多的是能源安全、就业机会、新的经济增长点、先进的技术开发和装备制造、消费者的拥护以及能源供应选择。

1.3.3　中国新能源和可再生能源的发展历程

　　纵观新中国成立以来的能源工业发展历程，新能源和可再生能源产业作为中国能源工业的一个重要组成部分，也始终与中国经济发展和资源环境密切相关。其主要发展历程可划分为四个阶段。

1. 第一阶段(1949—1992 年)，发展起步阶段

　　1949 年新中国刚刚成立时，全国一次能源的生产总量只有 24 万吨标准煤。20 世纪 50 年代以后，中国能源工业从小到大，不断发展壮大。到 1953 年，经过建国初的经济恢复，一次能源总产量已经达到了 5200 万吨标准煤，一次能源消费也达到了 5400 万吨标准煤。随着中国社会主义经济建设的发展，中国的能源工业得到了迅速发展，到 1980 年一次能源生产和消费分别达到了 6.37 亿吨和 6.34 亿吨标准煤，同 1953 年相比，平均年增长 9.7% 和 9.3%。

　　中国具有丰富的新能源和可再生能源资源，在其开发利用方面也取得了很大的进展，为进一步发展奠定了坚实的基础。中国大规模开发利用新能源和可再生能源始于 20 世纪 70 年代，经过两次世界能源危机的警示，针对当时中国经济发展出现的局部能源供应紧张、特别是农村能源短缺(半数农民每年缺柴 3~6 个月)、热效率低下(只有 9%)和大气污染、生态恶化等问题，国务院提出了"因地制宜，多能互补，综合利用，讲求效益"的十六字方针，从而有力地推动了新能源和可再生能源的开发利用工作，但其开发方式相对也是比较粗放的，利用效率相对也是比较低下的。

2. 第二阶段(1992—2004 年),法律政策导向和科技产业化发展阶段

1992 年在巴西里约热内卢召开联合国环境与发展大会后,中国政府率先制定了《中国 21 世纪议程》,提出了积极开发利用太阳能、风能、生物质能和地热能等新兴可再生能源,保护环境,坚持走可持续发展的道路,这标志着新能源和可再生能源产业化建设正式进入了中国政府工作议事日程当中。

"八五"计划末,为支持新能源和可再生能源产业领域的科学研究、新技术攻关、新装备开发研制、示范工程建设尤其是产业规划建设,原国家计划委员会、经济贸易委员会、科学技术委员会于 1995 年联合制定了《1996—2010 年新能源和可再生能源发展纲要》,再次强调了发展新能源和可再生能源对中国经济可持续发展和环境保护的重要作用,提出了一系列优先发展的新兴能源项目,并拨付专项资金进行支持。这对提高中国新能源和可再生能源的技术装备水平、开发利用技术、产品质量以及建立服务体系都起到了重要的促进作用。

1995 年颁布实施的《中华人民共和国电力法》和 1998 年 1 月 1 日起开始实施的《中华人民共和国节约能源法》都明确提出"国家鼓励开发利用新能源和可再生能源",使这项有助于实现中国可持续发展的新兴能源产业正式纳入了法制化的建设轨道。

2001 年为了进一步贯彻落实《中华人民共和国节约能源法》,国家经贸委制定了《2000—2015 年新能源和可再生能源产业发展规划》,进一步提出了我国新能源和可再生能源中长期发展目标,即"到 2005 年,新能源和可再生能源利用能力达到 4300 万吨标准煤,占全国当时能源消费总量的 2%(不含传统生物质能利用和小水电),包括小水电 8000 万吨标准煤,占当时能源消费总量的 3.6%"。

2004 年,中国传统的可再生能源的利用总量超过了 3 亿吨标准煤,水电发电量约 3280 亿千瓦时,约占中国全部发电的 17%。包括其他资源的开发利用在内,可再生能源开发利用超过了 1.3 亿吨标准煤,2004 年在全国能源消费结构中约占 7%。无论是开发总量还是结构比例均排在世界上发展中国家的前列。

3. 第三阶段(2005—2007 年),法律制度健全和产业化快速发展阶段

2005 年到 2007 年中国新能源和可再生能源开发技术逐步趋于成熟,产业化进程不断取得新进展。2005 年 2 月 26 日全国人民代表大会正式通过了《中华人民共和国可再生能源法》,并于 2006 年 1 月 1 日开始施行,而与《中华人民共和国可再生能源法》配套的一系列法规和政策支撑体系也不断出台,包括支持新能源和可再生能源产业化发展的电价、税收、投资等政策,并建立了专项财政资金和全网分摊的可再生能源电价补贴制度。这标志着中国新能源和可再生能源发展进入了一个新的里程碑阶段——法律制度健全阶段。

2007 年 6 月,中国政府发行了《中国应对气候变化国家方案》,将发展风能、生物质能等新能源和可再生能源作为应对中国气候变化和减排温室气体的重要措施。2007 年 12 月,中国政府发布了《中国的能源状况与政策》白皮书,明确提出实现能源多元化的发展战略,将大力发展新能源和可再生能源作为国家能源发展战略的重要组成部分。

4. 第四阶段(2008 年开始),产业规模化的发展阶段

从新能源和可再生能源的资源状况和当今技术发展水平来看,中国今后真正可以规模化发展的新能源和可再生能源产业领域除了水能以外,应该还有现代生物质能、风能和太阳能。从目前来看,现代生物质能未来很有可能成为应用最广泛的新能源和可再生能源产业领域，主要利用方式包括发电、制取沼气、供热和生物液体燃料等，其中生物液体燃料（主要包括燃料乙醇和生物柴油）是重要的石油替代产品。风力发电技术已基本成熟，经济性已接近常规化能源，在今后相当长的时间内将会保持较快发展。太阳能热利用的主要发展方向是太阳能一体化建筑，并以常规能源为补充手段，实现全天候供热，在此基础上进一步向太阳能供暖和制冷的方向发展。当然，太阳能光伏发电也很有发展前景，但根本问题还是发电成本太高，产业规模化发展受到较大的制约。

2007 年，中国对再生能源消费量占能源消费总量的比重为 8.5%。《可再生能源中长期发展规划》明确：到 2020 年，中国可再生能源的比重将达到 15%。中国新能源和可再生资源年可开发潜力到 2050 年将超过 20 亿吨标准煤。届时中国新能源和可再生能源将真正实现产业规模化，并成为中国能源供应结构中的一个重要的支柱能源产业。

有关专家预测，到 2020 年，中国新能源和可再生能源将成为中国经济结构中的一个新兴朝阳产业。据初步估计，2020 年中国新兴能源产业能形成年产值 4500 亿元，同时带动相关产业 6000 亿元的产值，增加就业机会 500 万个。特别需要指出的是，与生物液体燃料相关的原料种植及其加工产业链的形成将会极大地促进中国广大农村的经济发展，并能进一步增加农村劳动力就业机会和改善自然生态环境。

据美国能源信息署（EIA）预测，到 21 世纪下半叶，在全球范围内新能源和可再生能源将逐渐取代传统常规化石能源而占据主导地位。中国新能源和可再生能源产业领域的技术创新能力将成为国家综合竞争能力的重要内容，也将是国家经济、社会发展和国家安全的重要保障。随着新兴能源开发利用的技术成熟和产业化程度逐步提高，新能源和可再生能源在中国未来经济结构中将发挥越来越显著的作用。

1.4　中国资源的消费量

中国的资源消费量到底有多大？大到一个看似小小的变动都会强烈影响全球市场。以天然气为例，根据估算，如果天然气占中国能源消费的比例提升 1%，就相当于每年要增加 250 亿立方米的采气量，这大约是卡塔尔每年投放市场的液化天然气量的一半，而卡塔尔是世界上最大的液化天然气出口国。

煤炭方面，中国的煤炭生产和消费都居世界第一，年产 30 多亿吨煤，是排在第二位的美国的 3 倍。中国在石油消费上落后于美国的趋势似乎也在渐渐逆转，据美国能源信息署（EIA）的初步数据显示，2012 年 12 月，美国石油净进口量为每天 598 万桶，而根据中国海关数据，中国同期净进口量达到每天 612 万桶，这意味着中国超越美国成为了全球最大的石油净进口国。

金属方面，中国各种金属的消费量基本上都占到全球消费量的 30%～50%，铜占全球的 40%，钢铁占 50% 左右，铝占 40% 左右。

包括大豆和棉花在内的大宗农产品也是同样，近几年中国的消费量一直稳居世界第一。

能源和矿产多依赖进口，中国挖动大半个地球名副其实。

来自《2012 年中国矿产资源报告》（简称《报告》）的数据就很清晰地展现了中国是如何吸纳来自国际市场的资源的。《报告》显示，在 2011 年中国石油、铁、铜等大宗矿产进口量持续增长,对外依存度居高不下,其中,石油的对外依存度为56.7%,铁矿石为56.4%,钾肥为51.5%,铝为61.5%,铜甚至达到了71.4%。

即使坐拥世界最大的储量和生产量,中国的煤炭需求仍显不够。在2011年时,中国就取代了日本,成为了世界上最大的煤炭进口国。中国强大的资源需求甚至还体现在进口非法资源方面。美国能源信息署(EIA)就称,中国每年都会进口价值约40亿美元的非法木材,占全球热带木材的一半。其原因是在飞速发展的中国,建筑和家居业都对木材需求旺盛——这种需求将许多地区的木材价格抬高至非正常水平。

图1-2是2003—2012年中国煤炭消费量概览。图1-3是2003—2011年中国石油消费量概览。图1-4是2003—2011年中国铁矿石(原铁矿)消费量概览。

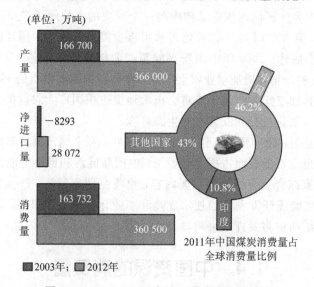

图1-2　2003—2012年中国煤炭消费量概览

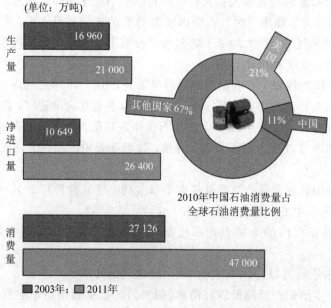

图1-3　2003—2011年中国石油消费量概览

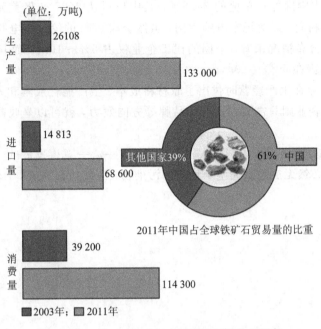

图 1-4　2003—2011 年中国铁矿石消费量概览

中国为什么会成为全球最大的资源消费国呢？

　　庞大的内需加之作为"世界工厂"，会造成资源消费量高企。一方面，中国的经济增长使得近 14 亿人的内需被逐渐释放，推高了中国对各种产品的需求，从而抬高了对资源的需求。仅以汽车为例，中国汽车工业协会的数据显示，2012 年中国市场上的乘用车销售量有 1326 万辆，而在 10 年前，这一数字还不足 200 万。另一方面，身为"世界工厂"，中国必然会进口原材料和能源，以此生产产品，供应世界市场。单看出口量，2009 年时，中国就超越德国成为了世界第一大出口国。在巨大的出口量下，资源和原材料消耗之巨不言而喻。此外，由于中国出口的近九成多都是中低端产品，而生产这类产品对原材料和能源的消耗往往较芯片一类的高科技产品更大。

　　中国资源消费量很大，是由于某些落后的生产方式会造成资源浪费，还有一部分因素就是来自落后的产能，即落后工艺对原材料的浪费和落后技术对能源的浪费。

　　能源部分，综合国际能源组织、美国能源署、中国国家能源局的统计，中国当下每万美元 GDP 的能耗约是美国的 2～3 倍、德国的 4～5 倍、日本的 8 倍左右，甚至是印度的 2.8 倍。而中国每增加单位 GDP 的废水排放量比发达国家高 4 倍，单位工业产值产生的固体废弃物比发达国家高 10 多倍。由此，能源和材料浪费的严重程度可见一斑。

　　高资源消费量等于高污染，以高能耗和资源驱动的产业难以持续。"世界工厂"给中国带来了诸多环境问题。一方面，这种在资源驱动下的粗放发展的阴暗面已经渐渐显现，空气污染、地下水污染和"癌症村"，种种例子在中国不胜枚举。另一方面，高资源、高能耗且高污染的产业其利润也不一定高。以"进口燃料产生动力供流水线运转，进口原料由中国工人组装，最后形成成品出口"这种加工贸易出口品为例，数据上，这种出口品在中国出口产品中占相当大的比例。中国海关总署的数据如下：2012 年，中国加工贸易进出口

13 439.5亿美元，占中国外贸总值的 34.8%，其中出口达 8627.8 亿美元。庞大的数字背后，其实是极低的利润。以笔记本电脑为例，虽然全球 95% 的笔记本电脑在中国国内组装制造，但是从利润分布情况来看，中国的代工企业仅占 5%～10%，而其他掌握核心元器件的国家其利润率则在 50%～80%。

　　劳动密集型企业在生产经营时付出了原材料成本、生产能耗成本和人力成本，利润还微乎其微；而创新企业则只需要在研发和品牌等方向发力，就可以坐收高额利润，与此同时还不用担心污染。

　　"挖动大半个地球"展现了中国热火朝天搞建设、一心一意谋发展的一面，但是中国的土地、空气、河流必然无法承载大半个地球的污染物，因此从长远来看，转型势在必行。

第 2 章 太阳能及其发电技术

【内容摘要】

本章介绍了太阳能及各种形式的太阳能发电技术，分析了太阳能光伏发电原理与组成、充-放电控制器、直流-交流逆变器、交流配电系统等工作原理和结构，以及组装小型或微型太阳能发电装置的方法。

【理论教学要求】

重点掌握太阳能光伏发电原理，理解各类形式的太阳能发电技术。

【工程教学要求】

学会组装小型或微型太阳能发电装置。

从生物角度讲，万物生长靠太阳。太阳以它灿烂的光芒和巨大的能量给人类以光明，给人类以温暖，给人类以生命。太阳和人类的关系非常密切，没有太阳，便没有白昼；没有太阳，一切生物都将死亡。从能源角度讲，万种能靠太阳。不论是煤炭、石油、天然气，还是风能和水力，无不直接或间接来自太阳。人类所吃的一切食物，无论是动物性的，还是植物性的，无不有太阳的能量包含在里面。完全可以这样认为：太阳是光和热的源泉，是地球上一切生命现象的根源，没有太阳便没有人类。同时，也可以说，太阳是地球上一切的源泉，是地球上一切能源的根源，没有太阳便没有能源。

2.1 太阳和太阳能

2.1.1 太阳的结构和组成

为什么说太阳是地球上一切能源的根源，没有太阳便没有能源呢？

按照经典理论，煤、石油是古代生物演变而来的，而生物的生长离不开太阳，因此，煤、石油来源于太阳。

风能、水能和海洋能也来源于太阳，这是因为：风是阳光照射到地球上，在地球上形成温差，导致空气的流动而形成的；水能是阳光照耀在海面、湖面、江面、河面和植物表面上，形成水蒸气，在空中形成云，遇冷凝聚成水滴(大水分子团)，变成雨，落到地面，形成海面、湖面、江面、河面，进而形成的；海洋波浪能、潮汐能也与太阳有关，没有风能，也就没有海洋波浪能，而海洋潮汐能与地球、月球、太阳的相对运动相关；原子能、地热能是地球上的矿物质，在太阳系形成时，就已经有关了。

太阳的结构可分为三个层次，最里层为光球层，中间为色球层，最外面为日冕层，如图 2-1 所示。

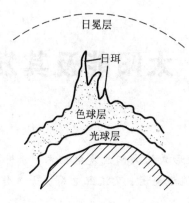

图 2-1　太阳的结构示意图

1. 光球层

我们平常所见太阳的光芒四射、平滑如镜的圆面就是光球层。它是太阳大气中最下面的一层，也就是最靠近太阳内部的那一层，厚度为 500 km 左右，大约仅占太阳半径的万分之七，非常薄。其温度在 5700 K 左右，太阳的光辉基本上是从这里发出的。它的压力只有大气压力的 1%，密度仅为水的几亿分之一。

2. 色球层

在发生日全食时，在太阳的四周可以看见一个美丽的彩环，那就是太阳的色球层。它位于太阳光球层的上面，是稀疏透明的一层太阳大气，主要由氢、氦、钙等离子构成。其厚度各处不同，平均厚度为 2000 km 左右。色球层的温度比光球层要高，从光球层顶部的 4600 K 到色球层顶部，温度可增加到几万 K，但它发出的可见光的总量却不及光球层。

3. 日冕层

在发生日全食时，我们可以看到在太阳的周围有一圈厚度不等的银白色环，这便是日冕层。日冕层是太阳大气的最外层，在它的外面便是广漠的星际空间。日冕层的形状很不规则，并且经常变化，同色球层没有明显的界线。日冕层的厚度不均匀，但很大，可以延伸到 $5×10^6 \sim 6×10^6$ km 的范围。日冕层的组成物质特别稀少，密度只有地球高空大气密度的几百分之一。日冕层的亮度也很小，仅为光球层亮度的 100 万分之一。可是，它的温度很高，达到 100 多万 K。根据高度的不同，日冕层可分为两个部分：高度在 $1.7×10^5$ km 以下的范围叫内冕，呈淡黄色，温度在 10^6 K 以上；高度在 $1.7×10^5$ km 以上的范围叫外冕，呈青白色，温度比内冕略低。

利用太阳光谱分析法可初步看出太阳的化学组成。目前在地球上存在的化学元素，大多都能在太阳上找到。地球上的 100 多种自然元素中，有 66 种已先后在太阳上发现。构成太阳的主要成分是氢和氦。氢的体积占整个太阳体积的 78.4%，氦的体积占整个太阳体积的 19.8%。此外，还有氧、镁、氮、硅、硫、碳、钙、铁、铝、钠、镍、锌、钾、锰、铬、钴、钛、铜、钒等 60 多种元素，但它们所占比重极小。从太阳系的形成角度出发，应该说地球上有的太阳上都应该有。

太阳是距离地球最近的一颗恒星。地球与太阳的平均距离，最新测定的精度数值为 149 597 892 km，一般可取为 $1.5×10^8$ km。

太阳的直径为 139 530 km，一般可取为 $1.39×10^6$ km，相当于九大行星直径总和的

3.4倍，比地球的直径大 109.3 倍，比月亮的直径大 400 倍。太阳的体积为 1.412×10^{18} km³，为地球体积的 130 万倍。我们肉眼之所以看到太阳和月亮的大小差不多，那是因为月亮同地球的平均距离仅为 384 400 km，不足太阳同地球平均距离的四百分之一。

据推算，太阳的质量约为 1.982×10^{27} t，相当于地球质量的 333 400 倍。

标准状况下，物体的质量同它的体积的比值称为物体的密度。太阳的密度是很不均匀的，外部小，内部大，由表及里逐渐增大。太阳的中心密度为 160 g/cm³，为黄金密度的 8 倍，是相当大的，但其外部的密度极小。就整个太阳来说，它的平均密度为 1.41 g/cm³，约等于水的密度（在 4℃时为 1 g/cm³）的 1.5 倍，比地球物质的平均密度 5.5 g/cm³ 要小得多。

2.1.2　太阳的能量

太阳的内部具有无比的能量，它一刻也不停息地向外发射着巨大的光和热。

太阳是一颗熊熊燃烧着的大火球，它的温度极高。众所周知，水烧到 100℃就会沸腾；炼钢炉里的温度达到 1000℃，铁块就会熔化成炽热的铁水，如果再继续加热到 2450℃以上，铁水就会变成气体。太阳的温度比炼钢炉里的温度高得多。太阳的表面温度约为 5500℃。可以说，不论什么东西在那里都将化为气体。太阳内部的温度就更高了。由天体物理学的理论计算可知，太阳的中心温度高达 $1.5 \times 10^7 \sim 2.0 \times 10^7$℃，压力比大气压力高 3000 多亿倍，密度高达 160 g/cm³，这是一个骇人听闻的高温、高压、高密度的世界。

太阳是耀人人们眼帘中的一颗最明亮的恒星，人们称它为"宇宙的明灯"。对于生活在地球上的人类来说，太阳光是一切自然光源中最明亮的。那么，太阳究竟有多亮呢？据科学家计算，太阳的总亮度大约为 2.5×10^{27} 烛光。这里还要指出，地球周围有一层厚达 100 多千米的大气，它使太阳光大约减弱了 20%，在修正了大气吸收的影响之后，理论上得到的太阳的真实亮度就更大了，大约为 3×10^{27} 烛光。

太阳的温度如此之高，太阳的亮度如此之大，那么它的辐射能量也一定很大。平均来说，在地球大气外面正对着太阳 1 m² 的面积上，每分钟接收的太阳能大约为 1367 kW。这是一个很重要的数字，叫作太阳常数。这个数字表面上看起来似乎不大，但是不能忘记的是，太阳距离地球 1.5×10^8 km，它的能量只有 22 亿分之一到达地球，整个太阳每秒钟释放出来的能量是无比巨大的，高达 3.865×10^{26} J，相当于每秒钟燃烧 1.32×10^{16} t 标准煤所发出的能量。

太阳的巨大能量是从太阳的核心由热核反应产生的。太阳核心的结构可以分为产能核心区、辐射输出区和对流区三个范围广阔的区带，如图 2-2 所示。太阳实际上是一座以核能为动力的极其巨大的工厂。氢便是它的燃料。在太阳内部的深处，由于有极高的温度和上面各层的巨大压力，使原子核反应得以不断进行。这种核反应是氢变为氦的热核聚变反应。1 个氢原子核经一系列的核反应变成 1 个氦原子核，其损失的质量便转化成了能量向空间辐射，太阳上不断进行着

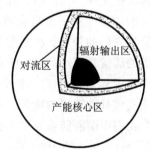

图 2-2　太阳内部结构示意图

的这种核反应就像氢弹爆炸一样，会产生巨大的能量，其所产生的能量相当于 1 秒钟内爆炸 910 亿个 10^6 t TNT 级的氢弹，总辐射功率达 3.75×10^{26} W。

2.1.3　地球上的太阳能

1. 太阳能量的传送方式

太阳是地球上的光和热的主要源泉。太阳一刻也不停息地把巨大的能量源源不断地传送到地球上来。它是如何传送的呢？

热量的传播有传导、对流和辐射三种形式。太阳是以辐射的形式向广阔无垠的宇宙传送其热量和微粒的。这种传播的过程就称作太阳辐射。太阳辐射不仅是地球获得热量的根本途径，而且也是对人类和其他一切生物的生存活动以及地球气候变化产生最重要影响的因素。

太阳上发射出来的总辐射能量大约为 3.75×10^{26} W，是极其巨大的。其中约有 22 亿分之一到达地球。到达地球范围内的太阳总辐射能大约为 1.73×10^{14} kW。其中，被大气吸收的太阳辐射能大约为 3.97×10^{13} kW，约占到达地球范围内的太阳总辐射能量的 23%；被大气分子和尘粒反射回宇宙空间的太阳辐射能大约为 5.2×10^{13} kW，约占 30%；穿过大气层到达地球表面的太阳辐射能大约为 8.1×10^{13} kW，约占 47%。在到达地球表面的太阳辐射能中，到达地球陆地表面的辐射能大约为 1.7×10^{13} kW，大约占到达地球范围内的太阳总辐射能量的 10%；到达地球陆地表面的达 1.7×10^{13} kW。这是个什么数量级呢？形象地说，它相当于目前世界一年内消耗的各种能源所产生的总能量的 3000 多万倍。在陆地表面所接收的这部分太阳辐射能中，被植物吸收的仅占 0.015%，被人们利用作为燃料和食物的仅占 0.002%，已利用的比重微乎其微。可见，利用太阳能的潜力是相当大的，开发利用太阳能为人类服务是大有可为的。

2. 彩色的光谱

太阳是以光辐射的方式把能量输送到地球表面上来的。我们所说的利用太阳能，就是利用太阳光线的能量。那么太阳光的本质是什么，它有哪些特点呢？

现代物理学认为，各种光包括太阳光在内都是物质的一种存在形式。光既有波动性，又具有粒子性，这叫作光的波粒二象性。一方面，任何种类的光都是某种频率或频率范围内的电磁波，在本质上与普通的无线电波没有什么差别，只不过是它的频率比较高，波长比较短。比如，太阳光中的白光的频率就比厘米波段的无线电波的频率至少高一万多倍。所以，不管何种光，都可以产生反射、折射、绕射以及相干等波动所具有的现象，因此我们平常又把光叫作"光波"。另一方面，任何物质发出的光都是由不连续的、运动着的、具有质量和能量的粒子所组成的粒子流。这些粒子极小，就是用现代最高倍的电子显微镜也无法看见它们的外貌。这些微观粒子叫作光量子或光子，它们具有特定的频率或波长。单个光子的能量是极小的，是能量的最小单元。但是，即使在最微弱的光线中，光子的数目大。这样集中起来就可以产生人们能够感觉到的能量了。科学研究表明，不同频率或波长的光子或光线具有不同的能量，光子的频率越高，能量越大。

我们眼睛所能看见的太阳光叫可见光，呈白色。但是科学实践证明，它不是单色光，而是由红、橙、黄、绿、青、蓝、紫七种颜色的光所组成的，是一种复色光。每种颜色的光都有自己的频率范围。红色光的波长为 $0.76 \sim 0.63$ μm，橙色光为 $0.63 \sim 0.60$ μm，黄色光

为 $0.60\sim0.57\ \mu m$，绿色光为 $0.57\sim0.50\ \mu m$，青色光为 $0.50\sim0.45\ \mu m$，蓝色光 $0.45\sim$ $0.43\ \mu m$，紫色光为 $0.43\sim0.40\ \mu m$。通常我们把太阳光中的各色光按频率或波长大小的次序排列而成的光带图，叫作太阳的光谱。

太阳不仅发射可见光，同时还发射许多人眼看不见的光。可见，光的波长范围只占整个太阳光谱的一小部分。整个太阳光谱包括紫外区、可见区和红外区三个部分。但其主要部分即能量很强的骨干部分，是由波长为 $0.30\sim3.00\ \mu m$ 的光所组成的。其中，波长小于 $0.4\ \mu m$ 的紫外区和波长大于 $0.76\ \mu m$ 的红外区则是人眼看不见的紫外线和红外线；波长为 $0.40\sim0.76\ \mu m$ 的可见区就是我们所看到的白光。在到达地面的太阳光辐射中，紫外区的光线占的比例很小，大约为 6%，主要是可见区和红外区的光线，分别占 50% 和 43%。

太阳光中不同波长的光线具有不同的能量。在地球大气层的外表面具有最大能量的光线，其波长大约为 $0.48\ \mu m$。但是在地面上，由于大气层的存在，太阳辐射穿过大气层时，紫外线和红外线被大气吸收较多，紫外区和可见区被大气分子和云雾等质点散射较多，所以太阳辐射能随波长的分布情况就比较复杂了。大体情况是：晴朗的白天，太阳在中午前后四五个小时的这段时间，能量最大的光是绿光和黄光部分，而在早晨和晚间这两段时间，能量最大的光则是红光部分。可见，地面上具有最大能量的光线，其波长比大气层外表面具有最大能量的光线的波长要长。

在太阳光谱中，不同波长的光线对物质产生的作用和穿透物体的本领是不同的。紫外线很活跃，它可以产生强烈的化学作用、生物作用和激发荧光等；而红外线则很不活跃，被物体吸收后主要引起热效应；至于可见光，它的频率范围较宽，既可起杀菌的生物作用，被物体吸收后也可转变成为热量。植物的生长主要依靠吸收可见光，大量的波长小于 $0.30\ \mu m$ 的紫外线对植物是有害的，波长超过 $0.8\ \mu m$ 的红外线仅能提高植物的温度并加速水分的蒸发，而不能引起光化学反应(光合作用)。太阳光线对人体皮肤的作用主要表现为：① 形成红斑和灼伤，这主要是由波长小于 $0.38\ \mu m$ 的紫外线所引起的；② 使皮肤表层的脂肪光合成为可防止佝偻病的维生素 D_3 并导致皮肤黝黑，这主要是由波长为 $0.30\sim0.45\ \mu m$ 的光线引起的。

光的传播速度是非常快的。远在 $1.5\times10^8\ km$ 之遥的太阳辐射光传播到地面只要短短的 8 分 19 秒。迄今为止实验得到的最为精确的光速为 $299\ 792.4562\ km/s$，平常取为 $3.0\times10^5\ km/s$。

3. 太阳光谱辐照度及其特点

利用太阳能就是利用太阳光辐射所产生的能量。那么，太阳光辐射能量的大小如何度量，它到达地球表面的量值受哪些因素的影响，有哪些特点呢？这是我们了解太阳能、利用太阳能不可不弄清楚的一个基本问题。

太阳光谱辐照度可根据不同波长范围的辐射能量及其稳定程度划分为常定辐射和异常辐射两类。常定辐射包括可见光部分、近紫外线部分和近红外线部分三个波段的辐射，是太阳光辐射的主要部分。它的特点是能量大而且稳定，它的辐射占太阳总辐射能的 90% 左右，受太阳活动的影响很小。表示这种辐照度的物理量叫作太阳常数。异常辐射则包括光辐射中的无线电波部分、紫外线部分和微粒子流部分。它的特点是随着太阳活动的强弱而发生剧烈的变化，在极大期能量很大，在极小期能量则很微弱。

4. 影响到达地球表面的太阳辐射能的因素

太阳光谱辐照度是指太阳以辐射形式发射出的功率投射到地球表面单位面积上的多少而言的。由于大气层的存在，真正到达地球表面的太阳辐射能的大小要受多种因素影响。一般来说，太阳高度、大气质量、大气透明度、地理纬度、日照时间及海拔高度是影响的主要因素。

1）太阳高度

太阳高度就是太阳位于地平面以上的高度角。常常用太阳光线和地平线的夹角即入射角 θ 来表示。入射角大，太阳高，辐照度也大；反之，入射角小，太阳低，辐照度也小。

由于地球的大气层对太阳辐射有吸收、反射和散射作用，所以红外线、可见光和紫外线在光射线中所占的比例也随着太阳高度的变化而变化。当太阳高度为 90°时，在太阳光谱中，红外线占 50%，可见光占 46%，紫外线占 4%；当太阳高度为 30°时，红外线占 53%，可见光占 44%，紫外线占 3%；当太阳高度为 5°时，红外线占 72%，可见光占 28%，紫外线则近似于 0。

太阳高度在一天中是不断变化的。早晨日出时最低，θ 为 0，以后逐渐增加，到正午时最高，θ 为 90°，下午又逐步减小，到日落时 θ 又降低到 0。太阳高度在一年中也是不断变化的。这是由于地球不仅在自转，而且也在围绕着太阳公转。地球自转轴与公转轨道平面不是垂直的，而是始终保持着一定的倾斜度。自转轴与公转轨道平面法线之间的夹角为 23.5°。上半年，太阳高度从低纬度到高纬度逐日升高，直到夏至日正午，达到最高点 90°。从此以后，太阳高度则逐日降低，直到冬至日，降低到最低点。这就是一年中夏季炎热、冬季寒冷和一天中正午比早、晚气温高的原因。

对于某一地平面来说，太阳高度低时，光线穿过大气的路程较长，能量衰减得就较多。同时，又由于光线以较小的角度投影到该地平面上，所以到达地平面的能量就较少。反之，则较多。

2）大气质量

由于大气的存在，太阳辐射能在到达地面之前将受到很大的衰减。这种衰减作用的大小，与太阳辐射穿过大气路程的长短有着密切的关系。太阳光线在大气中经过的路程越长，能量损失得就越多；路程越短，能量损失得越少。通常我们把太阳处于头顶，即太阳垂直照射地面时光线所穿过的大气的路程称为 1 个大气质量。太阳在其他位置时，大气质量都大于 1。例如，在早晨 8~9 点时，大约有 2~3 个大气质量。大气质量越大，说明太阳光线经过大气的路程就越长，受到的衰减就越多，到达地面的能量也就越少。

3）大气透明度

在大气层上界与光线垂直的平面上，太阳辐照度基本上是一个常数；但是在地球表面上，太阳辐照度却是经常变化的。这主要是由于大气透明程度的不同所引起的。大气透明度是表征大气对于太阳光线透过程度的一个参数。在晴朗无云的天气，大气透明度高，到达地面的太阳辐射能就多些。在天空中云雾很多或风沙灰尘很大时，大气透明度很低，到达地面的太阳辐射能就较少。可见，大气透明度是与天空中云量的多少以及大气中所含灰尘等杂质的多少密切相关的。

4）地理纬度

太阳辐射能量是由低纬度向高纬度逐渐减弱的。这是什么原因呢？我们假定高纬度地区和低纬度地区的大气透明度是相同的，在这样的条件下进行比较。

地处高纬度的圣彼得堡(北纬 60°)，每年在 1 cm² 的面积上只能获得 335 kJ 的热量；而在我国首都北京，由于地处中纬度(北纬 39°57′)，则可得到 586 kJ 的热量；在低纬度的撒哈拉地区，可得到高达 921 kJ 的热量。正是由于这个原因，才形成了赤道地带全年气候炎热，四季一片葱绿，而在北极圈附近，则终年严寒，银装素裹，冰雪覆盖，俨然两个不同的世界。

5) 日照时间

日照时间也是影响地面太阳辐照度的一个重要因素。如果某地区某日白天有 14 h，若其中阴天时间≥6 h，而出太阳的时间≤8 h，那么，我们就说该地区那一天的日照时间是 8 h。日照时间越长，地面所获得的太阳总辐射量就越多。

6) 海拔高度

海拔越高，大气透明度也越好，从而太阳的直接辐射量也就越高。

此外，日地距离、地形、地势等对太阳辐照度也有一定的影响。例如，地球在近日点要比在远日点的平均气温高 4℃。又如，在同一纬度上，盆地要比平川气温高，阳坡要比阴坡气温高。

总之，影响地面太阳辐照度的因素很多，但是某一具体地区的太阳辐照度的大小，则是由上述因素的综合结果决定的。

太阳辐射能作为一种能源，与煤炭、石油、核能等比较，独具特点。它的优点可概括如下：

(1) 普遍性。阳光普照大地，处处都有太阳能，可以就地利用，不需到处寻找，更不需火车、轮船、汽车等日夜不停地运输。这对解决偏僻边远地区以及交通不便的乡村、海岛的能源供应，具有很大的优越性。

(2) 无害性。将太阳能作为能源，没有废渣、废料、废水、废气排出，没有噪声，不产生对人体有害的物质，因而不会污染环境，没有公害。

(3) 长久性。只要太阳存在，就有太阳辐射能。因此，将太阳能作为能源，可以说是取之不尽、用之不竭的。

(4) 巨大性。一年内到达地面的太阳辐射能的总量，要比地球上现在每年消耗的各种能源的总量高几万倍。

但太阳辐射能也有缺点，主要如下：

(1) 分散性，即能量密度低。晴朗白昼的正午，在垂直于太阳光方向的 1 m² 地面上能接收的太阳能平均只有 1.3 kW 左右。作为一种能源，这样的能量密度是很低的。因此，在实际利用时，往往需要利用一套面积相当大的太阳能收集设备。这就使得设备占地面积大，用料多，结构复杂，从而使成本增高，影响了太阳能的推广应用。

(2) 随机性。到达某一地面的太阳直接辐射能，由于受气候、季节等因素的影响，是极不稳定的。这就给大规模地利用太阳能增加了不少困难。

(3) 间歇性。到达地面的太阳直接辐射能随昼夜的交替而变化，使大多数太阳能设备在夜间无法工作。为克服夜间没有太阳直接辐射、散射辐射也很微弱所造成的困难，需要研究和配备储能设备，以便在晴天时把太阳能收集并储存起来，供夜晚或阴雨天时使用。

2.1.4　我国丰富的太阳能资源

我国的疆界，南从西沙群岛的曾母暗沙以南，北到北纬 52°32′黑龙江省漠河以北的黑龙江江心，西自东经 73°附近的帕米尔高原，东到东经 135°10′的黑龙江和乌苏里江的汇流处，土地辽阔，幅员广大。我国的国土跨度，从南到北，自西至东，距离都在 5000 km 以上，总面积达 1000 多万 km²，陆地占世界陆地总面积的 7%，居世界第二位。在我国广阔富饶的土地上有着十分丰富的太阳能资源。全国各地太阳能总辐射量为 334～8400 MJ/(m²·a)，中值为 5852 MJ/(m²·a)。从全国太阳能年总辐射量的分布来看，西藏、青海、新疆、内蒙古南部、山西、陕西北部、河北、山东、辽宁、吉林西部、云南中部和西南部、广东东南部、福建东南部、海南岛东部和西部以及中国台湾的西南部等广大地区的太阳能总辐射量很大，尤其是青藏高原地区最大，那里平均海拔高度在 4000 m 以上，大气层薄而清洁，透明度好，纬度低，日照时间长。例如，被人们称为"日光城"的拉萨市，1961 年至 1970 年的太阳年平均日照时间为 3005.7 h，相对日照为 68%，年平均晴天为 108.5 d，阴天为 98.8 d，年平均云量为 4.8，太阳能总辐射量为 8160 MJ/(m²·a)，比全国其他省区和同纬度的地区都高。全国以四川和贵州两省的太阳能年总辐射量最小，尤其是四川盆地，那里雨多，雾多，晴天较少。例如，素有"雾都"之称的成都，年平均日照时数仅为 1152.2 h，相对日照为 26%，年平均晴天为 24.7 d，阴天达 244.6 d，年平均云量高达 8.4。其他地区的太阳能年总辐射量居中。

我国太阳能资源分布的主要特点有：太阳能的高值中心和低值中心都处在北纬 22°～35°这一带，青藏高原是高值中心，四川盆地是低值中心；太阳能年总辐射量，西部地区高于东部地区，而且除西藏和新疆两个自治区外，基本上是南部低于北部；由于南方多数地区云多、雨多，在北纬 30°～40°地区，太阳能的分布情况与一般的太阳能随纬度变化的规律相反，太阳能不是随着纬度的增加而减少，而是随着纬度的增加而增长。

为了按照各地不同条件更好地利用太阳能，可根据各地接收太阳能总辐射量的多少，将全国划分为如下五类地区：

一类地区　全国日照时数为 3200～3300 h，在每平方米面积上一年内接收的太阳能总辐射量为 6680～8400 MJ，相当于 225～285 kg 标准煤燃烧所发出的热量。这一地区主要包括宁夏北部、甘肃北部、新疆南部、青海西部和西藏西部等地，是我国太阳能资源最丰富的地区，与印度和巴基斯坦北部的太阳能资源相当，尤以西藏自治区的太阳能资源最为丰富，太阳能总辐射量最高值达 8400 MJ/(m²·a)，仅次于撒哈拉大沙漠，居世界第二位。

二类地区　全国日照数为 3000～3200 h，在每平方米面积上一年内接收的太阳能总辐射量为 5852～6680 MJ，相当于 200～225 kg 标准煤燃烧所发出的热量。这一地区主要包括河北西北部、山西北部、内蒙古南部、宁夏南部、甘肃中部、青海东部、西藏东南部和新疆南部等地，为我国太阳能资源较丰富的地区。

三类地区　全年日照时数为 2200～3000 h，在每平方米面积上一年内接收的太阳能总辐射量为 5016～5852 MJ，相当于 170～200 kg 标准煤燃烧所发出的热量。这一地区主要包括山东、河南、河北东南部、山西南部、新疆北部、吉林、辽宁、云南、陕西北部、甘肃东南部、广东南部、福建南部、江苏北部、安徽北部、中国台湾西南部等地，为我国太阳能资源的中等类型区。

四类地区　全年日照时数为 1400～2200 h，在每平方米面积上一年内接收的太阳能总辐射量为 4190～5016 MJ，相当于 140～170 kg 标准煤燃烧所发出的热量。这一地区主要包括湖南、湖北、广西、江西、浙江、福建北部、广东北部、陕西南部、江苏南部、安徽南部以及黑龙江、中国台湾东北部等地，是我国太阳能资源较贫乏的地区。

五类地区　全年日照时数为 1000～1400 h，在每平方米面积上一年内接收的太阳能总辐射量为 3344～4190 MJ，相当于 115～140 kg 标准煤燃烧所发出的热量。这一地区主要包括四川、贵州两省，是我国太阳能资源最少的地区。

对于一、二、三类地区，全年日照时数大于 2000 h，太阳能总辐射量高于 5016 MJ/(m^2·a)，是我国太阳能资源丰富或较丰富的地区。这三类地区面积较大，约占全国总面积的 2/3 以上，具有利用太阳能的良好条件。四、五类地区，虽然太阳能资源条件较差，但是也有一定的利用价值，其中有的地方是可能开发利用太阳能的。总之，从全国来看，我国是太阳能资源相当丰富的国家，具有发展太阳能利用事业的得天独厚的优越条件，只要我们扎扎实实地努力工作，太阳能利用事业在我国是有着广阔的发展前景的。我国的太阳能资源与同纬度的其他国家相比，除四川盆地和与其毗邻的地区外，绝大多数地区的太阳能资源相当丰富，和美国类似，比日本、欧洲各国条件优越得多，特别是青藏高原中南部的太阳能资源尤为丰富，接近世界最著名的撒哈拉大沙漠。西藏与国内外部分地区太阳能年总辐射量的比较如表 2-1 所示。

表 2-1　西藏与国内外部分地区太阳能年总辐射量比较

地名	年总辐射量 /(MJ·m^{-2})	地名	年总辐射量 /(MJ·m^{-2})	地名	年总辐射量 /(MJ·m^{-2})
拉萨	7784	呼和浩特	6109	莫斯科	3727
那曲	6557	银川	6012	汉堡	3422
昌都	6137	北京	5564	华沙	3516
狮泉河	7808	上海	4672	伦敦	3642
绒布寺	8369	成都	3805	巴黎	4020
哈尔滨	4622	昆明	5271	维也纳	3894
乌鲁木齐	5304	贵阳	3806	威尼斯	4815
格尔木	7005	曾母暗沙	6100	里斯本	6908
武汉	4672	黄岩岛	6050	纽约	4731
广州	4480	太平岛	5960	非洲中部	8374
兰州	5442	钓鱼岛	4300	新加坡	5736

西藏高原由于海拔高，大气洁净，空气干燥，纬度又低，所以太阳能总辐射量大。西藏全区的太阳能年总辐射量多在 6000～8000 MJ/m^2 之间，呈自东向西递增形式分布。在西藏东南边缘地区云雨较多，太阳能年总辐射量较少，在 5155 MJ/m^2 以下；雅鲁藏布江中游河谷地区，雨较少，夜雨多，太阳能年总辐射量达 6500～8000 MJ/m^2；在珠穆朗玛峰北坡

海拔 5000 m 的绒布寺，1954 年 4 月至 1960 年 3 月观测的太阳能年平均总辐射量高达 8369.4 MJ/m²；即使是太阳能总辐射量较少的昌都，其年总辐射量也大于内地各地区，与内蒙古中部地区相当。与世界各国太阳能年总辐射量相比较，西藏高原也是日照丰富的地区之一。

太阳能总辐射量的年变化曲线呈峰型，月总辐射量一般以 5 月（昌都、林芝、米林、琼结出现在 6～7 月）为最大，月总辐射量均在 500 MJ/m² 以上，雅鲁藏布江中上游、羌塘、阿里高原可达 700 MJ/m² 以上，狮泉河为 853.4 MJ/m²，绒布寺曾达 933.7 MJ/m²，最低值一般出现在 12 月（比如米林、索县、波密、林芝、察隅、改则、普兰出现在 1 月），月总辐射量在 318.5～510.9 MJ/m² 之间。西藏太阳能月总辐射量年变化曲线如图 2-3 所示。

太阳能总辐射量的季节变化，以春、夏季最大，秋、冬季最小。雨季（5～9 月）的太阳能总辐射量约占全年的 46%～49%。

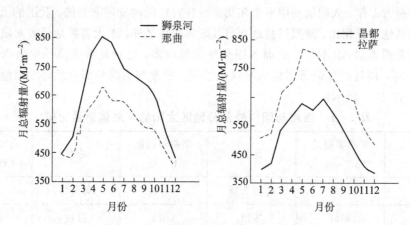

图 2-3　西藏太阳能月总辐射量的年变化曲线

西藏各站太阳能总辐射量的季节变化如表 2-2 所示。

表 2-2　西藏各站太阳能总辐射量的季节变化

地名	年总辐射量/(MJ·m⁻²)	12 月到次年 2 月		3～5 月		6～8 月		9～11 月	
		辐射量	占全年（%）	辐射量	占全年（%）	辐射量	占全年（%）	辐射量	占全年（%）
狮泉河	7808	1376	17.6	2327	29.8	2275	29.1	1828	23.4
拉萨	7784	1289	19.7	1881	28.7	1845	28.1	1542	23.5
那曲	6557	1194	19.5	1700	27.7	1837	29.9	1404	22.9
昌都	6137	1519	19.5	2181	28.0	2268	29.1	1815	23.3

西藏高原是我国日照时数的高值中心之一，全年平均日照时数在 1500～3400 h 之间。其地区分布特点是：西部最多，狮泉河的年日照时数为 3417 h，其次是珠穆朗玛峰北坡的定日，年日照时数为 3327 h，年平均日照时数依次向东南地区减少，波密仅 1544 h。

每天日照时数≥6 h 的年平均天数的分布规律与日照时数基本相同，狮泉河最大，达 330 d，定日为 327 d，察隅最少，仅为 127 d。

　　日照时数的年变化规律基本分为两种类型。第一类是双峰型，西藏大部分地区属于这种情况，以雅鲁藏布江河谷中上段及其以南地区最为典型。第二类属三峰型，主要出现在西藏东南部的多雨地区。

　　关于西藏太阳能资源的具体评述如下：

　　（1）西藏西部太阳能资源区。本区位于西藏西部，主要包括阿里地区、那曲西部地区、雅鲁藏布江中游西段和上游及江南地区。区内全年日照时数为 2900～3400 h，太阳能年总辐射量高达 7000～8400 MJ/m^2，每天日照时数≥6 的年平均天数在 275～330 d 之间。

　　从各月每天日照时数≥6 h 的平均天数来看，最低值出现在阿里地区和聂拉木站的 2 月，在 19～24 d 之间，其他站点出现在 7～8 月，一般在 17～22 d 之间。除浪卡子 8 月（14.2 d）对太阳能的利用稍差外，其他各站全年均可利用太阳能。该区为西藏太阳能资源 I 类地区。

　　（2）喜马拉雅山南翼-那曲中东部-昌都太阳能资源区。本区包括亚东、洛扎和措美两县南部地区、错那、加查、朗县西部、工布江达、嘉黎、那曲、安多、聂荣、索县、巴青、边坝、丁青、洛隆、类乌齐、八宿、江达、昌都、贡觉、察雅、芒康等县。区内太阳能总辐射量为 6250～7000 MJ/（m^2·a），全年总日照时数为 2250～2999 h，全年每天日照时数≥6 h 的平均天数在 215～275 d 之间，从太阳能利用时间上看，本区分布不均匀，洛隆、安多、那曲、丁青、昌都、加查的全年每天日照时数≥6 的月平均天数都在 15 以上，均可利用。索县 7 月、芒康 8 月、嘉黎 7～8 月、错那 7～8 月、类乌齐 6、7、9 月及亚东、帕里 6～9 月均在 15 d 以下，其他月份均可利用。本区为西藏太阳能资源 II 类地区。

　　（3）藏东南太阳能资源区。本区主要是指喜马拉雅山南翼部分地区、朗县东部、林芝、比如、波密、易贡到左贡的狭长区域。太阳能年总辐射量在 5850～6250 MJ/m^2 之间，全年日照时数为 2000～2250 h，全年每天日照时数大于等于 6 h 的平均天数在 150～215 d 之间。最佳利用时段一般为 6 月到 9 月。左贡 10 月到翌年 6 月为最佳利用时段；林芝利用时段仅 5 个月，即 10 月至次年 1 月、4 月；比如为间断形式分布，4～6 月、8 月、10 月至次年 1 月为最佳利用时段，其他月份不能利用。该区为西藏太阳能资源 III 类地区。

　　（4）雅鲁藏布江下游太阳能资源区。本区主要是指雅鲁藏布江下游地区，包括米林、波密南部、墨脱、察隅。区内全年日照时数不足 2000 h，波密仅 1544 h。太阳能年总辐射量在 5850 MJ/m^2 以下，波密仅 5116 MJ/m^2。全年每天日照时数≥6 h 的平均天数在 125～150 d 之间。每天日照时数≥6 h 的月平均天数除个别月份（米林 10～12 月、波密 12 月至次年 1 月、察隅 11 月）外，其他月份均在 15 d 以下。该区为西藏太阳能资源 IV 类地区。

2.2　太阳能光伏发电

2.2.1　太阳能光伏发电的原理与组成

　　太阳光发电是指无需通过热力学过程直接将太阳光能转变成电能的发电方式。它包括光伏发电、光化学发电、光感应发电和光生物发电。光伏发电是利用太阳能电池这种半导体电子器件有效地吸收太阳光辐射能，并使之转变成电能的直接发电方式，是当今太阳光发电的主流。现在人们通常所说的太阳光发电就是指太阳能光伏发电。

　　由于太阳能光伏发电系统是利用光生伏打效应制成的，太阳能电池将太阳能直接转换成电能，因此也叫作太阳能电池发电系统。它由太阳能电池方阵、控制器、蓄电池组、直流-交流逆变器等部分组成，其系统组成如图2-4所示。

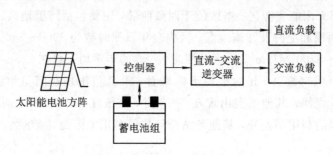

图2-4　太阳能发电系统示意图

1. 太阳能电池方阵

　　太阳能电池单体是用于光电转换的最小单元，它的面积一般为$4\sim100\ cm^2$。太阳能电池单体的工作电压为$0.45\sim0.50\ V$，工作电流为$20\sim25\ mA/cm^2$，一般不能单独作为电源使用。将太阳能电池单体进行串、并联并封装后，就成为太阳能电池组件，其功率一般为几瓦至几十瓦、百余瓦，是可以单独作为电源使用的最小单元。太阳能电池组件再经过串联、并联并装在支架上，就构成了太阳能电池方阵，它可以满足负载所要求的输出功率，如图2-5所示。

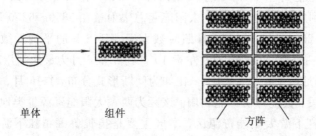

图2-5　太阳能电池的单体、组件和方阵

1) 硅太阳能电池

　　常用的太阳能电池主要是硅太阳能电池。晶体硅太阳能电池由一个晶体硅片组成，在晶体硅片的上表面紧密排列着金属栅线，下表面是金属层。硅片本身是P型硅，表面扩散层是N区，在这两个区的连接处就是所谓的PN结。PN结形成一个电场。太阳能电池的顶部被一层减反射膜所覆盖，以便减少太阳能的反射损失。

　　光是由光子组成的，而光子是含有一定能量的微粒，能量的大小由光的波长决定。太阳能电池的工作原理是：光被晶体硅吸收后，在PN结中产生一对对正、负电荷，在PN结区域的正、负电荷被分离，于是一个外电流场就产生了，电流从晶体硅片电池的底端经过负载流至电池的顶端。

　　将一个负载连接在太阳能电池的上、下两表面间时，将有电流流过负载，于是太阳能电池就产生了电流。太阳能电池吸收的光子越多，产生的电流也就越大。

　　光子的能量由波长决定，低于基能能量的光子不能产生自由电子，1 个高于基能能量的光子也仅产生 1 个自由电子，多余的能量将使电池发热，伴随电能损失的影响将使太阳能电池的效率下降。

　　2）硅太阳能电池的种类

　　目前世界已有三种已经商品化的硅太阳能电池，即单晶硅太阳能电池、多晶硅太阳能电池和非晶硅太阳能电池。由于单晶硅太阳能电池所使用的单晶硅材料与半导体工业所使用的材料具有相同的品质，所以材料成本昂贵。多晶硅太阳能电池晶体方向的无规则性意味着正、负电荷对并不能全部被 PN 结电场所分离，因为电荷对在晶体与晶体之间的边界上可能因晶体的不规则性而损失，所以多晶硅太阳能电池的效率一般要比单晶硅太阳能电池稍低。但多晶硅太阳能电池采用铸造的方法生产，所以它的成本比单晶硅太阳能电池要低。非晶硅太阳能电池属于薄膜电池，造价低廉，但光电转换效率比较低，稳定性也不如晶体硅太阳能电池，目前多用于弱光性电源，如手表、计算器等的电池。

　　3）太阳能电池组件

　　（1）简介。一个太阳能电池只能产生大约 0.45 V 的电压，远低于实际应用所需要的数值。为了满足实际应用的需要，必须把太阳能电池连接成组件。太阳能电池组件包含一定数量的太阳能电池，这些太阳能电池通过导线连接。一个组件上，太阳能电池的标准数量是 36 个或 40 个（尺寸为 10 cm×10 cm），这意味着一个太阳能电池组件大约能产生16 V 的电压，正好能为一个额定电压为 12 V 的蓄电池进行有效充电。

　　通过导线连接的太阳能电池被密封而形成的物理单元被称为太阳能电池组件。它具有一定的防腐、防风、防雹、防雨等能力，广泛应用于各个领域和系统。当应用领域需要较高的电压和电流而单个太阳能电池组件不能满足要求时，可把多个组件组成太阳能电池方阵，以获得所需要的电压和电流。

　　（2）封装类型。太阳能电池的可靠性在很大程度上取决于其防腐、防风、防雹、防雨等能力，而潜在的质量问题是边沿的密封效果以及组件背面的接线盒质量不好。

　　太阳能电池的封装方式主要有以下两种：

　　① 双面玻璃密封。太阳能电池组件的正、反两面均是玻璃板，太阳能电池被镶嵌在一层聚合物中。这种密封方式存在的一个主要问题是玻璃板与接线盒之间的连接。这种连接不得不通过玻璃板的边沿，因为在玻璃板上打孔是很昂贵的。

　　② 玻璃合金层叠密封。这种组件的前面是玻璃板，背面是一层合金薄片。合金薄片的主要功能是防潮、防污。太阳能电池也被镶嵌在一层聚合物中。在这种太阳能电池组件中，电池与接线盒之间可直接用导线连接。

　　（3）电气特性。太阳能电池组件的电气特性主要是指电流-电压特性，也称为 I-U 曲线，如图 2-6 所示。I-U 曲线显示了通过太阳能电池组件传送的电流 I_m 与电压 U_m 在特定的太阳辐照度下的关系。

　　如果太阳能电池组件电路短路，即 $U=0$，此时的电流称为短路电流 I_{sc}；如果电路开路，即 $I=0$，此时的电压称为开路电压 U_{oc}。太阳能电池组件的输出功率等于流经该组件的电流与电压的乘积，即 $P=U×I$。

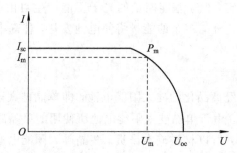

I—电流；I_s—短路电流；I_m—最大工作电流；U—电压；
U_{oc}—开路电压；U_m—最大工作电压；P_m—最大功率

图 2-6　太阳能电池的 I-U 特性曲线

若太阳能电池组件的电压上升，例如，通过增加负载的电阻值或组件的电压从 0（短路条件下）开始增加时，组件的输出功率亦从 0 开始增加，当电压达到一定值时，功率可达到最大。若电阻值继续增加，功率将跃过最大点，并逐渐减小至 0，即电压达到开路电压 U_{oc}。组件输出功率达到最大值的点称为最大功率点，该点所对应的电压称为最大功率点电压 U_m（又称为最大工作电压），该点所对应的电流称为最大功率点电流 I_m（又称为最大工作电流），该点的功率称为最大功率 P_m。

随着太阳能电池温度的增加，开路电压减小，大约温度每升高 1℃，每片电池的电压减小 5 V，相当于在最大功率点的典型温度系数为 -0.4％/℃。也就是说，太阳能电池温度每升高 1℃，最大功率减少 0.4％。

（4）性能测试。由于太阳能电池组件的输出功率取决于太阳辐照度、太阳能光谱的分布和太阳能电池的温度，因此太阳能电池组件的测量必须在标准条件（STC）下进行，测量条件被"欧洲委员会"定义为 101 号标准。其条件如下：

光谱辐照度：1000 W/m^2。

光谱：AM 1.5。

电池温度：25℃。

在这种条件下，太阳能电池组件所输出的最大功率被称为峰值功率，其单位为瓦。在很多情况下，组件的峰值功率通常用太阳模拟器测定，并和国际认证机构的标准化的太阳能电池进行比较。

在户外测量太阳能电池组件的峰值功率是很困难的，因为太阳能电池组件所接收到的太阳光的实际光谱取决于大气条件及太阳的位置。此外，在测量的过程中，太阳能电池的温度也在不断变化。在户外测量，误差很容易达到 10％或更大。

（5）热斑效应和旁路二极管。在一定条件下，一串联支路中被遮蔽的太阳能电池组件，将被当作负载消耗其他有光照的太阳能电池组件所产生的能量。被遮蔽的太阳能电池组件此时将会发热，这就是热斑效应。这种效应能严重地破坏太阳能电池。有光照的太阳能电池所产生的部分能量或所有的能量都可能被遮蔽的电池所消耗。为了防止太阳能电池由于热斑效应而遭受破坏，需要在太阳能电池组件的正、负极间并联一个旁路二极管，以避免光照组件所产生的能量被受遮蔽的组件所消耗。

（6）连接盒。连接盒是一个很重要的元件，它的作用是保护电池与外界的交界面及各组件内部连接的导线和其他系统元件。连接盒包含 1 个接线盒和 1 只或 2 只旁路二极管。

（7）可靠性和使用寿命。考察太阳能电池组件可靠性的最好方式是进行野外测试。但这种测试必须经历很长的时间。为能用较低的费用在相似的工作条件下以较短的时间测出太阳能电池的可靠性，一种新型的测试方法正在发展之中，即加速使用寿命的测试方法。

这种测试方法主要是依据野外测试和过去所执行的加速测试之间的关联度，并基于理论分析，参照其他电子测量技术以及国际电工技术委员会（IEC）的测试标准面设计的。

在 IEC 规范中描述了一整套可靠性的测试方法。这一规范包含如下测试内容：UV 照明测试，高温暴露测试，高温-高湿测试，框架扭曲度测试，机械强度测试，冰雹测试，温度循环测试。对于太阳能电池发电系统中的太阳能电池组件来说，它的期望使用寿命至少是 20 年。实际的使用寿命取决于太阳能电池组件的结构性能和安装当地的环境条件。

（8）特殊应用领域的太阳能电池组件。在某些实际应用领域，需要比峰值功率为 36～55 W 的标准组件更小的太阳能电池组件。为了达到这个目的，太阳能电池组件可以被生产为电池数量相同，但电池的面积比较小的组件。例如，一个由 36 个 5 cm×5 cm 电池封装成的太阳能电池组件，它的输出功率为 20 W，电压为 16 V。

在海洋中应用的太阳能电池组件，应采用特殊的设计方法和工艺，以承受海水和海风的侵蚀。在这样的太阳能电池组件中，它的背面有一块金属板，用以抵抗海啸冲击和海鸥袭击，而且组件中的所有材料都必须有较高的抗腐蚀能力。

在危险地区，太阳能电池组件应采用特殊的外表防护板。此外，太阳能电池组件还要能与其他装备连接为一个统一的整体。

2. 防反充二极管

防反充二极管又称阻塞二极管，其作用是避免由于太阳能电池方阵在阴雨天、夜晚不发电时或出现短路故障时，蓄电池组通过太阳能电池方阵放电。防反充二极管串联在太阳能电池方阵电路中，起单向导通的作用。它必须能承受足够大的电流，而且正向电压降要小，反向饱和电流要小。一般可选用合适的整流二极管作为防反充二极管。

3. 蓄电池组

蓄电池组的作用是储存太阳能电池方阵受光照时所发出的电能，并随时向负载供电。太阳能电池发电系统对所用蓄电池组的基本要求是：自放电率低，使用寿命长，深放电能力强，充电效率高，可以少维护或免维护，温度范围宽，价格低廉。目前我国与太阳能电池发电系统配套使用的蓄电池主要是铅酸蓄电池和镉镍蓄电池。配套 200 A·h 以上的铅酸蓄电池，一般选用固定式或封闭维护型铅酸蓄电池；配套 200 A·h 以下的铅酸蓄电池一般选用小型密封免维护型铅酸蓄电池。

4. 充放电控制器

充放电控制器是能自动防止蓄电池组过充电和过放电的设备，一般还具有简单的测量功能。蓄电池组经过过充电或过放电后其性能和寿命会受到严重影响，所以充放电控制器一般是不可缺少的。充放电控制器，按照其开关器件在电路中的位置，可分为串联控制型和分流控制型，按照其控制方式，可分为开关控制（含单路和多路开关控制）型和脉宽调制（YWM）控制（含最大功率跟踪控制）型。开关器件可以是继电器，也可以是 MOS 晶体管。但脉宽调制（PWM）控制器只能用 MOS 晶体管作为开关器件。

5. 逆变器

逆变器是将直流电变换成交流电的一种设备。由于太阳能电池和蓄电池发出的是直流电，因此当应用于交流负载时，逆变器是不可缺少的。逆变器运行方式，可分为独立运行逆变器和并网逆变器。独立运行逆变器用于独立运行的太阳能电池发电系统，可为独立负载供电；并网逆变器用于并网运行的太阳能电池发电系统，它可将发出的电能馈入电网。逆变器按输出波形又可分为方波逆变器和正弦波逆变器。方波逆变器的电路简单，造价低，但谐波分量大，一般用于几百瓦以下和对谐波要求不高的系统；正弦波逆变器的成本高，但可以适用于各种负载。从长远看，晶体管正弦波（或准正弦波）逆变器将成为太阳能发电用逆变器的发展主流。

6. 测量设备

对于小型太阳能电池发电系统来说，一般情况下只需要进行简单的测量，如测量蓄电池电压和充、放电电流，这时测量所用的电压表和电流表一般就装在控制器上。对于太阳能通信电源系统、管道阴极保护系统等工业电源系统和大型太阳能光伏电站，则往往要求对更多的参数进行测量，如测量太阳辐射能、环境温度、充放电电量等，有时甚至要求具有远程数据传输、数据打印和遥控功能。为了进行这种较为复杂的测量，就必须为太阳能电池发电系统配备数据采集系统和微机监控系统。

2.2.2　太阳能光伏发电系统的分类

光伏发电系统，也即太阳能电池应用系统，一般分为独立运行系统和并网运行系统两大类，如图 2-7 所示。独立运行系统如图 2-7(a)所示，它由太阳能电池方阵、储能装置、直流-交流逆变装置、控制装置与连接装置等组成。并网运行系统如图 2-7(b)所示。

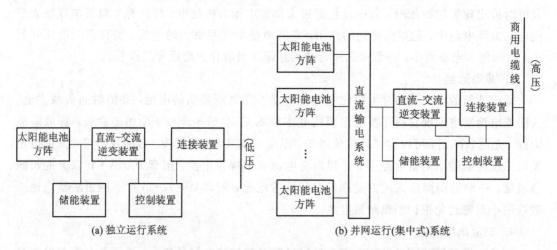

(a) 独立运行系统　　　　　　　(b) 并网运行(集中式)系统

图 2-7　光伏系统的构成

所谓独立运行光伏发电系统，是指与电力系统不发生任何关系的闭合系统。它通常用作便携式设备的电源，向远离现有电网的地区或设备供电，以及用于任何不与电网发生联系的供电场合。独立运行系统的构成按其用途和设备场所环境的不同而异。图 2-8 示出了独立运行系统的分类。

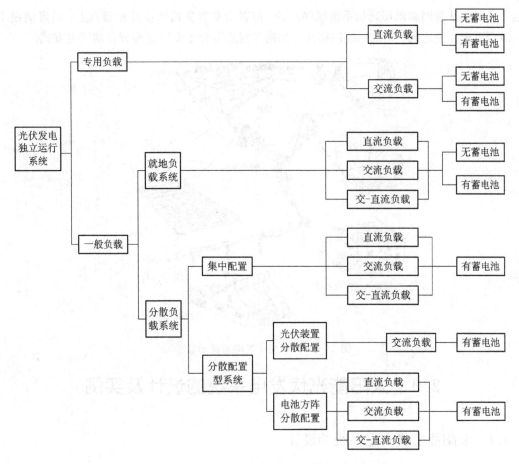

图 2-8　独立运行光伏发电系统分类

1）带专用负载的光伏发电系统

带专用负荷的光伏发电系统可能是仅仅按照其负载的要求来构成和设计的。因此，输出功率为直流，或者为任意频率的交流，是较为适用的。这种系统采用变频调速运行在技术上可行。如在电机负载的情况下，由变频启动可以抑制冲击电流，同时可使变频器小型化。

2）带一般负载的光伏发电系统

带一般负载的光伏发电系统是以某个范围内不特定的负载作为对象的供电系统，作为负载，通常是电器产品，以工频运行比较方便。如是直流负载，可以省掉逆变器。当然，实际情况可能是交流、直流负载都有。一般要配有蓄电池储能装置，以便把太阳能电池板白天发的电储存在蓄电池里，供夜间或阴雨天时使用。如果负载仅为农用机械，也可以不用设置蓄电池。带一般负载的光伏发电系统可以分为就地负载系统和分离负载系统。前者作为边远地区的家庭或某些设备的电源，是一种在使用场地就地发电和用电的系统；而后者则需要设置小规模的配电线路，以便对于光伏电站所在地以外的负载也能供电。对于这种系统构成，可以设置一个集中型的光电场，以便于管理。如果建造集中型的光电场在用地上有困难，也可以沿配电线路分散设置多个单元光电场。

图 2-7(b)所示的并网运行光伏发电系统实际上与其他类型的发电站一样，可为整个电力系统提供电能。图 2-9 是光伏发电系统联网示意图。由图 2-9 可知，光伏发电并网系统有

集中光伏电站并网和屋顶光伏系统联网两种。前者功率容量通常在兆瓦级以上，后者则在千瓦级至百千瓦级之间。光伏系统的模块性结构等特点适合于发展这种分布的供电方式。

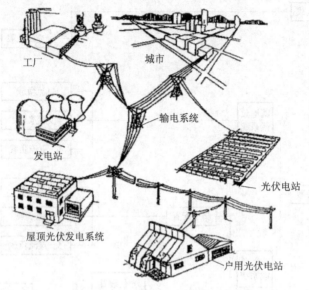

工厂　　城市　　输电系统　　发电站　　光伏电站　　屋顶光伏发电系统　　户用光伏电站

图 2 - 9　并网光伏发电系统示意图

2.3　太阳能光伏发电系统的设计及实例

2.3.1　太阳能光伏发电系统的设计

太阳能光伏发电系统的设计分为软件设计和硬件设计，软件设计先于硬件设计。软件设计包括：负载用电量的计算，太阳能电池方阵面辐射量的计算，太阳能电池、蓄电池用量的计算和二者之间相互匹配的优化设计，太阳能电池方阵安装倾角的计算，系统运行情况的预测和系统经济效益的分析等。硬件设计包括：负载的选型及必要的设计，太阳能电池和蓄电池的选型，太阳能电池支架的设计，逆变器的选型和设计，以及控制、测量系统的选型和设计。对于大型太阳能光伏发电系统，还要有光伏电池方阵场的设计、防雷接地的设计、配电系统的设计以及辅助或备用电源的选型和设计。软件设计牵涉到复杂的太阳辐射量、安装倾角以及系统优化的设计计算，一般是由计算机来完成的。在要求不太严格的情况下，也可以采取估算的办法。

太阳能电池发电系统设计的总原则是：在保证满足负载供电需要的前提下，确定使用最少的太阳能电池组件功率和蓄电池容量，以尽量减少初期投资。系统设计者应当知道，在光伏发电系统设计过程中做出的每个决定都会影响造价。由于不适当的选择，可轻易地使系统的投资成倍地增加，而且未必能满足使用要求。在决定要建立一个独立的太阳能光伏发电系统之后，可按下述步骤进行设计：计算负荷，确定蓄电池的容量，确定太阳能电池方阵容量，选择控制器和逆变器，考虑混合发电的问题等。

在设计计算中，需要的基本数据有：现场的地理位置，包括地点、纬度、经度和海拔等；安装地点的气象资料，包括逐月的太阳能总辐射、直接辐射及散射辐射量，年平均气温和最高、最低气温，最长连续阴雨天数，最大风速及冰雹、降雪等特殊气象情况。气象资料一般无法作出长期预测，只能以过去 10～20 年的平均值作为依据，但是很少有独立光伏发电系统建在太阳辐射数据资料齐全的城市，而且偏远地区的太阳辐射数据可能与附近的城市并不类似。因此只能采用邻近某个城市的气象资料或类似地区气象观测站所记录的数据进行类推。在类推时要把握好可能导致的偏差因素，因为太阳能资源的估算会直接影响到光伏发电系统的性能和造价。

1. 负载计算

对于负载的估算，是独立光伏发电系统设计和定价的关键因素之一。通常列出所有负载的名称、功率要求、额定工作电压和每天用电时间。交流和直流负载都要列出，功率因数在交流功率计算中不必考虑。然后将负载分类，按工作电压分组，计算每一组总的功率要求。接着选定系统工作电压，计算整个系统在这一电压下所要求的平均安培小时(A·h)数，也就是算出所有负载的每天平均耗电量之和。关于系统工作电压的选择，经常是选最大功率负载所要求的电压。在以交流负载为主的系统中，直流系统电压应当考虑与选用的逆变器输入电压相适应。通常，独立运行的太阳能光伏发电系统其交流负载工作在 220 V，直流负载工作在 12 V 的倍数，即 12 V、24 V 或 48 V 等。从理论上说，负载的确定是直截了当的，而实际上负载的要求却往往并不确定。例如，家用电器所要求的功率可从制造厂商的资料上得知，但对它们的工作时间却并不知道，每天、每周和每月的使用时间很可能估算过高，其累计的效果会导致光伏发电系统的设计、容量和造价上升。实际上，某些较大功率的负载可安排在不同的时间内使用。在严格的设计中，我们必须掌握独立光伏发电系统的负载特性，即每天 24 h 中不同时间的负载功率，特别是对于集中的供电系统，了解用电规律后即可适时地加以控制。

2. 蓄电池容量的

确定系统中蓄电池容量最佳值时，必须综合考虑太阳能电池方阵电量、负荷容量及逆变器的效率等。蓄电池容量的计算方法有多种，一般可通过式(2-1)算出：

$$C = \frac{D \times F \times P_0}{U \times L \times K_a} \tag{2-1}$$

式中，C 为蓄电池容量(kW·h)；D 为最长无日照期间用电时数(h)；F 为蓄电池放电效率的修正系数(通常取 1.05)；P_0 为平均负荷容量(kW)；L 为蓄电池的维修保养率(通常取 0.8)；U 为蓄电池的放电深度(通常取 0.8)；K_a 为包括逆变器等交流回路的损耗率(通常取 0.7～0.8)。如用通常情况所取用的系数，式(2-1)可简化为

$$C = 3.75 \times D \times P_0 \tag{2-2}$$

这就是根据一平均负荷容量和最长连续无日照时的用电时间算出蓄电池容量的简便计算公式。

3. 太阳能电池的功率确定及方阵设置

(1) 求平均峰值日照时数 T_m。将太阳能电池倾斜方阵上历年逐月平均太阳总辐射量用单位 mW·h/cm² 表示，除以标准日太阳辐照度，即可求出平均峰值日照时数 T_m：

$$T_m = \frac{I_t \, mW \cdot h \cdot cm^{-2}}{100 \, mW \cdot cm^{-2}} \tag{2-3}$$

(2) 确定方阵的最佳电流。方阵应输出的最小电流为

$$I_{\min} = \frac{Q}{T_m \cdot \eta_1 \cdot \eta_2 \cdot \eta_3} \tag{2-4}$$

式中，Q 为负载每天总耗电量；η_1 为蓄电池充电效率；η_2 为方阵表面由于尘污遮蔽或老化引起的修正系数，通常可取 $0.9 \sim 0.95$；η_3 为方阵组合损失和对最大功率点偏离的修正系数，通常可取 $0.9 \sim 0.95$。

由方阵上各月中最小的太阳能总辐射量可算出各月中最小的峰值时数 $T_{\min}$，则方阵应输出的最大电流为

$$I_{\max} = \frac{Q}{T_{\max} \cdot \eta_1 \cdot \eta_2 \cdot \eta_3} \tag{2-5}$$

方阵的最佳电流值介于 $I_{\min}$ 和 $I_{\max}$ 之间，具体数值可用试验方法确定，其方法是先选定一电流值，按月求出方阵的输出发电量，对蓄电池全年的荷电状态进行试验。求方阵输出发电量时可根据：

$$Q_{出} = \frac{I \cdot N \cdot I_t \cdot \eta_1 \cdot \eta_2 \cdot \eta_3}{100 \text{ mW} \cdot \text{cm}^{-2}} \tag{2-6}$$

式中，N 为当月天数。各月负载耗电为

$$Q_{负} = N \cdot Q \tag{2-7}$$

式(2-6)和式(2-7)相减，若 $\Delta Q = Q_{出} - Q_{负}$ 为正，表示该月方阵发电量大于用电量，能给蓄电池充电；若 ΔQ 为负，表示该月方阵发电量小于耗电量，要用蓄电池储存的电能来补充，蓄电池处于亏损状态。如果蓄电池全年荷电状态低于原定的放电深度（一般≤5），则应增加方阵输出电流；如果荷电状态始终大大高于放电深度允许值，则可减少方阵输出电流。当然，也可以增加或减少蓄电池容量。若有必要，还可以改变方阵倾角的值，以得出最佳的方阵电流 I。

（3）确定方阵的工作电压。方阵的输出工作电压应足够大，以保证全年能有效地对蓄电池充电。因此，方阵在任何季节的工作电压必须满足

$$U = U_f + U_d + U_t \tag{2-8}$$

式中，U_f 为蓄电池浮充电压；U_d 为因阻塞二极管和线路直流损耗引起的压降；U 为因温度升高引起的压降。我们知道，厂商出售的太阳能电池组件所标出的标称工作电压和输出功率最大值（W_m）都是在标准状态下测试的结果。由太阳能电池的温度特性曲线可知，当温度升高时，其工作电压有较明显的下降，可用下式计算因温度升高而引起的压降：

$$U_t = \alpha (T_{\max} - 25) U_a \tag{2-9}$$

式中，α 是太阳能电池的温度系数，对单晶硅和多晶硅电池来说，$\alpha = 0.005$，对非晶硅电池来说，$\alpha = 0.003$；$T_{\max}$ 为太阳能电池的最高工作温度；U_a 为太阳能电池的标称工作电压。

（4）确定方阵功率。方阵功率为

$$F = I_{最佳} \times U_{最佳}$$

这样，只要根据算出的蓄电池容量，以及太阳能电池方阵的电流、电压及功率，参照厂商提供的蓄电池和太阳能电池组件性能参数，就可以选取合适的组件型号和规格。由此可以很容易地确定构成方阵的组件的串联数和并联数。

光伏发电太阳能电池方阵对于荫蔽十分敏感。在串联回路中，单个组件或部分电池被

遮光，就可能造成该组件或电池上产生反向电压。因为受其他串联组件的驱动，电流被迫通过遮光区域，产生不希望有的加热，严重时可能对组件造成永久性的损坏。采用一个二极管进行旁路可以解决这个问题。

　　在选购太阳能电池组件时，如是用来按一定方式串联、并联构成方阵，则设计者或使用者应向厂方提出，所有组件的 $I-U$ 特性曲线必须有良好的一致性，以免方阵的组合效率过低。一般应要求光伏组件的组合效率大于 95%。

　　对于方阵设置的方位角和倾角，设计者和使用者也应有个基本了解。位于北半球的我国，方阵的方位应按正南向设置。但是只要在正南±20°之内，方阵的输出功率将不会降低很多。如果由于某种考虑，方阵不是正南向设置，则应尽可能偏西南 2°以内，这意味着方阵输出峰值将在中午过后的某时，这样做有利于冬季使用。方阵设置非正南方向时，其功率输出大致按照余弦函数减少。关于方阵的倾斜角问题，对于小型光伏发电系统来说，一般都采用按当地纬度的整数倍设置。如果要考虑增大冬季发电量的需求，方阵倾角可适当比当地纬度加大一些，一般可取 $\phi = 5° \sim 15°$。

2.3.2　太阳能电池板入射能量的计算

　　设计安装太阳能光伏发电系统时，必须掌握当地的太阳能资源情况。设计计算时所需要的基本数据如下：

　　(1) 现场的地理位置，包括地点、纬度、经度、海拔等。

　　(2) 安装地点的气象资料，包括逐月太阳能总辐射量、直接辐射量及散射量(或日照百分比)，年平均气温，最长连续阴雨天数，最大风速及冰雹、降雪等特殊气象情况。

　　从气象部门得到的资料一般只有水平向上的太阳辐射量，要设法换算到倾斜面上的辐射量。下面我们给出常用的计算方法。

　　射向太阳能电池方阵的入射能量包括直接辐射、散射辐射和地面反射三部分。设水平面全天太阳能总辐射量为 I_H，它由直接辐射量 I_{HO} 和水平面散射量 I_{HS} 组成。那么，射向与地平面成倾斜角 θ 设置的太阳能电池板倾斜面的太阳总辐射量 I_t 为

$$I_t \approx I_{HO}[\cos\theta + \sin\theta \cdot \coth\theta \cdot \cos(\varphi - \phi)] + I_{HO} \cdot \frac{1+\cos\theta}{2} + \rho I_H \frac{1-\cos\theta}{2}$$

$$(2-10)$$

　　式(2-10)中各个角度的关系如图 2-10 所示。式(2-10)右边第一项是直射分量，第

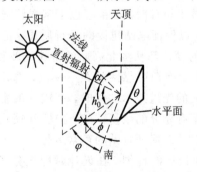

h_0—太阳高度；θ—电池板倾斜角；α—对电池板法线的入射角；φ—太阳方位角；ϕ—电池板方位角

图 2-10　有关日射的各种角度关系

二项是散射分量，第三项是地面的反射分量。ρ 为地面反射率，不同地表状态的反射率可从表 2-3 或有关书籍中查到。工程计算中，取 ρ 的平均值为 0.2，有冰雪覆盖地面时取 0.7。

表 2-3　不同性质地表的地面反射率

地表状态	地面反射率	地表状态	地面反射率
沙漠	0.24～0.28	湿砂地	0.9
干裸地	0.10～20	干草地	0.15～25
湿裸地	0.8	湿草地	0.14～26
干黑土	0.14	新雪	0.81
湿黑土	0.8	残雪	0.46～0.70
干砂地	0.18	冰面	0.69

2.3.3　光伏电站系统工程设计案例

西藏那曲地区双湖光伏电站工程是由原国家计委及电力工业部批准的我国无水力资源无电县的电力建设项目。此项目由中国节能投资公司投资，并由西藏工业电力厅于 1993 年 2 月在北京主持招标投标，中国科学院电工研究所参与竞争，中标承建。

在 1993 年 5 月签订了工程承包合同以后，双湖光伏电站工程建设组人员赴现场进行了现场勘察设计，于 1993 年年底前完成了技术施工设计工作。该电站于 1994 年 11 月 7 顺利建成发电。在双湖供电线路改造工程及用户灯具改装工作完成之后，于 1995 年 6 月 20 日正式向用户供电。这是当时我国最大的太阳能光伏电站，也是世界上 5 000 m 以上高海拔地区最大的太阳能光伏电站。1995 年 9 月 22 日，在西藏自治区计委的组织下，由有关部门和专家共同组成的太阳能光伏电站工程验收委员会对双湖 25 kW 光伏电站进行了验收。与会领导和专家一致认为：双湖 25 kW 光伏电站的技术设计指标、设备性能、土建工程质量均达到合同的要求，且认定该项工程为优良工程。1995 年 12 月该项工程通过了专家委员会的技术鉴定。这个项目荣获 1997 年中国科学院科技进步二等奖。

双湖 25 kW 光伏电站的系统工程设计和建设，为我国用太阳能光伏发电技术解决无电县、无电乡的供电问题做出了贡献，并积累了宝贵的经验。这里较为详实地作一介绍，以供有关专业科技人员参阅。

1. 双湖光伏电站设计的基本指导思想

双湖光伏电站是西藏用太阳能光伏发电技术解决无电县县城供电问题的 7 个光伏电站之一，是那曲地区第一座用招标形式建设的无电县光伏电站。它既有示范的作用，又有研究试验的意义。在进行电站技术设计时，明确了以下基本原则为设计指导思想。

第一，强化可靠性设计，以保证电站建设的运行质量。正确处理技术设计的先进性和实用性之间的关系。各部分的设计都从藏北高原的特殊地理和自然条件出发，着眼于双湖极其困难的交能、通信状况，始终把可靠性放在第一位，选择最成熟、最有把握的技术路线。在采用具有试验研究意义的先进技术的同时，有成熟的常规技术作后盾，有后备的应急线路设计、各部分设计均留有充分的余量，有防护性互锁及多种保护措施，使设备在任何情况下都不会出现恶性事故，以保证电站的正常运行。

第二，以发展的眼光，作长远的计划。在设计时即充分考虑到将来电站扩容的需要。在线路设计、设备容量和工建工程等方面尽可能按扩容的情况考虑设计，做到一次设计，一次施工，尽量减少将来扩容时的工作量，降低扩容费用。

第三，由于工程经费的原因，限制了光伏电站的容量规模，增加了技术设计难度。因此，在总体设计中认真考虑提高系统效率的问题，以降低系统造价。根据当地情况，充分利用已有的基础和条件，作实事求是的设计考虑。另外，在光伏电站建设的同时，就考虑节电的措施，以满足双湖地区最低负荷的供电需求，力求取得最大的技术经济效益。

第四，双湖特别行政区是光伏电站的用户和受益者，也是光伏电站的运行、维护和管理单位，因此在设计中要认真听取地方的意见，充分考虑地方用户部门的利益和要求。

2. 双湖特别行政区的地理概况及基本气象资料

双湖位于藏北那曲地区西北的羌塘高原，平均海拔在 5000 m 以上，总面积 12 万平方公里，其中 96％ 的土地被荒漠和高山草甸覆盖，属于纯牧业县。全区共有 7 个乡镇，总人口 8000 多人，其中藏族占 98％。

双湖境内有野牛、野驴、羚羊、狗熊等多种野生动物，是我国最大的羌塘野生动物自然保护区的主要地域。在 1976 年以前，双湖是真正的无人区，后经有组织地移民、开发，才发展到这样的规模。1992 年人均收入 900 多元，位居那曲地区前列。双湖特别行政区政府几经搬迁，才落址现在的位置。光伏电站的地理坐标为东经 89°，北纬 33.5°，海拔高度 5100 m，距地区行署所在地那曲约 900 km，离最近的铁路线青海格尔木站 1600 km，当时仅有一条简陋的公路与外界相通。该区城镇人口约 2000 人，共计 400 多户。

双湖的气候具有明显的高原特性，干旱，少雨，风、沙、雪、雹等自然灾害频繁，年平均温度仅 2.1℃，最低气温达 −40℃，6 月份仍有降雪天气，采暖期长达 10 个月以上，平均风速 4.5 m/s，最大风速 28 m/s，7 月份为雨季，阴雨天气较多。双湖的太阳能资源极为丰富，年日照时数高达 3000 h，太阳能总辐射量在 7000 MJ/m² 以上，且总辐射量全年分布较均衡，季节差值较小，非常适于应用太阳能光伏发电技术。1993 年 6 月 11 日双湖的太阳辐射强度见表 2 - 4。

表 2 - 4　双湖太阳辐射强度(1993 年 6 月 11 日)

时间	辐射强度/(W·m⁻²)	时间	辐射强度/(W·m⁻²)
9:00	910	13:00	1150
9:30	990	14:00	1150
10:00	1030	15:00	1150
10:30	1070	16:00	1130
11:00	1100	17:00	1130
11:30	1120	18:00	1080
12:00	1130	19:00	830

3. 双湖城镇 1993 年供、用电负荷实况及 1995 年负荷预测

经实地调查了解，双湖所在地 1993 年的用电负荷情况是：照明灯具总数 389 个，包括居民住房、学校、医院、炉站、商店、银行、办公室、招待所等的灯具，其中 14 盏为 40 W 日光灯，其余全部是 100 W 白炽灯泡；有电视机 58 台，收录机 118 台；当时尚无洗衣机、电冰箱等其他家用电器；公共用电主要是电视台用电约 1 kW，大功率的医疗设备一般不用。光伏电站建成前，当地由柴油发电机组供电，另外邮局自建 2 kW 光伏电站独立使用。当时双湖有 3 台柴油发电机，其中一台 50 kV·A 的已完全报废，一台 120 kV·A 的因故障已停机待修多年，正在使用的是一台 1983 年生产的 50 kV·A 柴油发电机，每天晚间发电 4 h，主要供照明及看电视之用。由于用电负荷大且高原缺氧，柴油机发电效率低，其最大实测输出功率不到 30 kV·A。

　　根据光伏电站主要用于解决照明及看电视等生活用电，同时兼顾公共用电的原则，当时曾对双湖光伏电站 1995 年的负荷和用电量进行了预测。预测是以 1993 年负荷情况为基础，考虑一定的增长比例来计算的，同时拟将照明灯具全部采用 20 W 高效节能灯。双湖城镇 1993 年用电负荷实况及 1995 年光伏电站用电负荷预测情况详见表 2—5。

　　从表 2—5 中可以看出，由于采用高效节能灯具，使得光伏电站的照明用电负荷大幅下降，预计 1995 年总负荷功率为 29.2 kW，平均每天用电量为 86.0 kW·h，预测值与光伏电站建成后实际负荷情况基本符合。

表 2-5　双湖城镇 1993 年用电负荷实况及 1995 年用电负荷预测值

用电负荷	1993 年负荷实况			1995 年负荷实况				日用电时间/h	日用电量/(kW·h)	
	数量/台(只)	功率/W	总功率/kW	增加比例(%)	数量/台(只)	功率/W	总功率/kW		1992 年	1995 年
灯具	389	100	38.9	30	506	20	10.1	3	116.7	30.3
电视机	58	65	3.77	40	81	65	5.27	4	15.1	21.1
收录机	118	30	3.54	50	177	30	5.31	2	7.1	10.6
电视台	1		1				1.5	4	4	6
医院			0				3	2		6
其他			0				4	3	0	12
合计			47.26				29.2		142.9	86

4. 双湖光伏电站的技术及工程设计

1) 总体技术方案及基本工作原理

　　根据双湖的特殊情况以及当地用电负荷预测，双湖光伏电站宜建成一个独立运行的光伏发电系统，配以适当容量的柴油发电机组作为后备电源，以在应急情况下启用。电站由太阳能电池阵列、储能蓄电池组、直流控制系统、逆变器、整流充电系统、柴油发电机组、供电用电线路及相关的房屋土建设施组成。按照给定的要求及条件，根据电站设计的基本原则和指导思想，经优化设计和计算，电站各部分的主要性能参数如下：

　　太阳能电池标称功率：25 kW。

　　储能蓄电池组：300 V/1600 A·h。

　　逆变器：30 kV·A，380 V，50 Hz 三相正弦波输出。

　　直流控制系统：容量 60 kW，30 分路输入控制。

　　交流配电系统：180 kV·A，220 V/380 V 三相四线两路输出。

　　整流充电系统：75 kW，直流 300～500 V 可调。

　　柴油发电机组：50 kW（或 120 kW）。

　　光伏发电系统的总体构成方框图见图 2—11。

　　光伏电站的基本工作原理是：在晴好天气条件下，太阳光照射到太阳能电池阵列上，由太阳能电池这种半导体器件把太阳光的能量转变为电能，通过直流控制系统给蓄电池组充电。需要用电时，蓄电池组通过直流控制系统向逆变器送电。逆变器将直流电转换成通常频率和电压的交流电，再经交流配电系统和输电线路，将交流电送到用户家中给负载供电。当蓄电池组放电过度或因其他原因而导致电压过低时，可启动后备柴油发电机组，经整流充电设备给蓄电池组充电，保证系统经由逆变器正常供电。在系统无法用逆变器供电的情况下，如出现逆变器损坏、线路及设备的故障和进行检修等，柴油发电机组作为应急电源可以通过交流配电系统和输送电线路直接给用户供电。

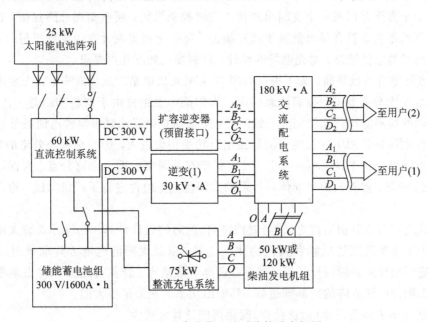

图 2-11　双湖光伏电站系统构成方框图

在总体技术方案设计中，充分考虑到将来扩容的需要和保证可靠性的要求，各部分的性能参数都留有充分的余量。直流控制系统、交流配电系统及配电线路都是两路工作设计，留有输出/输入接口，以便接入第二套逆变器。这样在将来扩容时只需要增加太阳能电池和蓄电池的容量，接上第二台逆变器即可供电。

2) 太阳能电池阵列

太阳能电池是直接将太阳光能转换成电能的关键部分。根据双湖 1995 年负荷预测值，采用已被实际验证正确的设计计算方法进行设计计算，确定双湖光伏电站太阳能电池的功率总容量为 25 kW。太阳能电池选用云南半导体厂生产的优质单晶硅组件，其 NDLXW 系列硅太阳电池组件参数规范如表 2-6 所示。

表 2-6　太阳能电池组件参数规范

型号	参 数 规 范			
	U_R/V	I_R/mA	P_m/W	$\eta(\%)$
38D1010×400	16.9	2250	38	13
35D1010×400	16.9	2070	35	12
32D1010×400	16.9	1895	32	11
16D480×325	16.8	980	16.5	10
5D280×205×2	16.8	330	5.5	10
3D320×230	3.3～9.9	990～330	3.3	10

　　双湖光伏电站选用表 2-6 中 38D1010×400 和 35D1010×400 两种组件,其平均峰值功率以 36 W 计,则选购 704 块组件其总功率为 25.41 kW。光电场由 16 个太阳能电池支架组成阵列,每个支架上固定 44 块太阳能电池组件。22 块太阳能电池组件串联成一个子方阵,其工作电压已超过 370 V,可以满足 300 V 蓄电池在任何情况下的充电需要。两个支架共 4 个子方阵并联成一个支路单独接入直流控制系统,便于实现分路控制。这种太阳能电池阵列的布局既符合尽可能减少线路损失、规范化和美观大方的设计思想,又是现场勘察设计结果的最佳选择。对光电场的设计,特别提出如下几点要求:

　　(1) 方阵组合系数要高。为了提高双湖 25 kW 光伏电站的系统效率,首先要求提高方阵组合系数是十分必要的。我们注意到国产太阳能电池组件由于材料和制造工艺等原因,其伏安特性曲线不能达到比较完美一致的要求,从而在串联回路中组件电流特性和在并联回路中组件电压特性的不一致性可能导致组合功率损失过大,影响全系统效率的提高。本设计限定方阵组合功率损失不得大于 4%,低于有关国家标准 1 个百分点。为保证方阵组合效率达到 96%,曾对云南半导体厂生产的太阳能电池组件进行了严格测试、筛选和优化组合等。

　　(2) 认真进行方阵前后排之间(与遮挡物间)距离的设计计算。在设计安装太阳能电池方阵时,为了避免周围建筑物和其他物体的遮蔽,以及太阳能电池方阵前排对后排的遮蔽,必须进行最佳间距的设计计算。这也是选择安装地点、计算占地面积时必须考虑的问题。因为太阳能电池方阵的局部被遮蔽,其输出功率的损失是很大的。

　　太阳能电池方阵前后排(与遮挡物)间距离的计算公式为

$$\frac{D}{H} = \tan\varphi - \frac{\sin\varphi}{\frac{1}{2}\sin2\varphi \cdot \sin\delta + \cos^2\varphi \cdot \cos\delta \cdot \cos[\arccos(-\tan\varphi \cdot \tan\delta) - \phi]}$$

$$(2-11)$$

式中:D 为太阳能电池方阵与遮挡物之间的距离;H 为挡物高度或前排太阳能电池方阵高度;δ 为太阳赤纬(冬至日 δ 取 $-23.45°$);φ 为太阳能电池安装地的纬度;ϕ 为地球旋转角,由于地球每小时旋转 15°,因此日出后、日落前 0.5 h,1 h,1.5 h,2 h 时分别为 7.5°、15°、22.5°、30°。

　　考虑到双湖城镇的地域开阔及要为以后扩容预留场地,对方阵前后排间距、光伏电站围墙高度和围墙与第一排方阵的距离等,都设计得很宽松,不存在遮蔽问题。

　　(3) 对方阵的支架和基础结构设计来说,最主要的是牢固和耐久,要能抗当地最大风力(风速达 28 m/s)。支撑 44 块太阳能电池组件的每组方阵基础均为钢筋混凝土结构,且夯实地埋于地下,露出地面的水泥墩由槽钢连为一体,十分坚固。这种基础结构曾用于新疆帕米尔高原(海拔 4600 m 以上)的红旗拉甫光伏电站,可抗最大风速达 40 m/s 的风力。处于北纬 33.5° 的双湖,太阳能电池方阵的方位是正南设置,支架的倾斜角设计为 30°,以便在 7、8 月份雨季时能更多地接收太阳光能。考虑到当地太阳辐射能的直射分量大,倾角可采用跟踪变动构造,但是综合考虑到强风和当地使用水平等因素,仍采用倾角固定结构,以保证安全可靠。

　　(4) 采用了旁路二极管及阻塞二极管。在串联回路,特别是像这样多个组件的串联回路中,如单个组件或单个电池被遮光,可能造成该组件或该电池产生反向电压,因为受其他串联组件的驱动,电流被迫通过遮光区域,产生不希望的加热,严重时可能对组件造成永久性的损坏。采用一个二极管来旁路可以减少加热和损失的电流。因此,对于这种先串联后并联的接线方式,组件必须内接旁路二极管。同样,在并联的回路中,当有部分组件被遮光,将产生反向电流时,阻塞二极管可防止这种现象的产生。

(5)要妥善接地。从安全角度上讲,对 30 V 以上的系统必须实施可靠的接地措施。本光电场中所有的组件和方阵支架都采取接地措施,以防止 25 kW 太阳能电池组件方阵产生的高电压和大电流在人不慎接触到组件或方阵带电部位时,可能导致烧灼、火花乃至致命的危险,确保安全。

3)储能蓄电池组

蓄电池容量的设计计算主要根据用电负荷和连续阴雨天数来确定,计算式为

$$C = \frac{D \times P_0}{U \times F_0 \times F_1} \times K \qquad (2-12)$$

式中,C 为电池容量(一般取 kW·h);D 为蓄电池供电支持的天数(一般取 3 d);P 为负载平均每天用电量(一般取 86 kW·h);U 为蓄电池放电深度(一般取 0.8);F_0 为交流电路效率(一般取 0.95);F_1 为逆变器效率(一般取 0.9);K 为蓄电池放电容量修正系数(一般取 1.2)。

将各数值代入式(2-12),则得

$$C = 453 \text{ kW·h}$$

设工作电压为 300 V,则得到蓄电池的容量 $C = 1.510$ kW·h。

为了减少占地面积,以及考虑将来扩容时更为方便合理,可以选择容量为 1600 A·h 的固定式干荷铅酸蓄电池 150 只串联成 300 V/1600 A·h 的储能蓄电池组。

4)逆变器

逆变器的容量为

$$P = \frac{L \times N}{S \times M} \times B \qquad (2-13)$$

式中,L 为负荷功率;N 为用电同时率;S 为负荷功率因数;M 为逆变器负荷率;B 为各相负荷不平衡系数。

根据当时的预测,1995 年光伏电站总负荷为 31.1 kW,假定用电同时率为 60%,负荷功率因数为 0.9,逆变器工作在额定容量的 85%,即 $M = 0.85$,$B = 1.2$,则得到逆变器额定功率 $P = 29.3$ kV·A。按照可靠性第一的设计原则,如果采用德国 Sun Power 公司的进口逆变器,其主要性能参数如下:

额定功率:30 kV·A。

输入电压:300 V DC。

工作电压范围:278~375 V DC。

输出电压:220 V/380 V AC 50 Hz 三相正弦波。

整机效率:90%~94%。

保护功能:欠压,过压,过流,短路。

工作方式:连续。

环境温度:0℃~40℃

外形尺寸：1200 mm×800 mm×1800 mm。

5）直流控制系统

直流控制系统的主要功能是控制储能蓄电池组的充电、放电，进行有关参数的检测、处理以及执行对光伏电站运行的控制和管理。双湖 25 kW 光伏电站的直流控制系统设计，除采用常规手动控制、电子线路模拟控制之外，还采用了计算机控制技术，用于对系统进行数字化的监测、控制和管理。这种设计指导思想不仅是为了提高该光伏电站的运行管理水平，也是为以后更大容量的光伏电站进行全面的计算机控制和管理作些必要的技术准备。三种控制集于一身，完善地体现了运用先进技术和高可靠性的一致性。

直流控制系统的主要技术参数如下：

容量：60 kW。

电压：300 V。

输入类别：光电充电/整流充电。

光电输入：12 路，每路 20 A。

输出：2 路，每路 120 A。

操作方式：手动/自动/计算机控制。

直流控制系统的控制、保护功能如下：

（1）光电充电的电流、电压检测控制。

（2）放电自动定时开关控制。

（3）过放告警、过放保护控制。

（4）过流及短路保护控制。

直流控制系统检测和处理的数据如下：

（1）太阳辐射强度、环境温度、光伏电池温度。

（2）光伏方阵接收的太阳辐射能。

（3）充电总电流。

（4）蓄电池电压。

（5）光电充电的电量。

（6）柴油发电机充电的电量。

（7）蓄电池组输出的直流电量。

直流控制系统常规表头的显示功能如下：

（1）为光伏方阵充电的各支路电流。

（2）充电总电流。

（3）充电电压（蓄电池端电压）。

（4）放电输出总电流。

（5）放电输出支路电流。

（6）放电输出支路电压。

状态指示功能如下：

（1）工作方式指示：手动/自动/计算机控制。

（2）充电方式指示：光电充电/油机充电。

（3）各支路充电指示。

（4）放电输出支路指标。

（5）过放告警指示。

（6）故障保护指示。

基于通用性、成熟性和开发性的考虑，计算机控制系统采用一台 IBMHC 兼容工业控制机，以对光伏电站的运行状况，包括充电情况、放电情况和供电情况等进行实时监测，对光伏电站运行状况的变化作出分析，对电站运行情况异常作出判断并进行实时自动控制，对系统数据的存储、显示、打印、计算和统计等进行集成管理。主要控制对象是太阳能电池充电控制开关、逆变器放电控制开关和交流配电送电控制开关。

当系统以计算机控制方式工作时，具有上述全部数据检测处理和控制保护功能，系统的工作状态及检测的数据和计算处理的结果都在工业 PC 硬盘/软盘中存储起来，同时可在监视器屏幕上显示，或用打印机打印输出。这些数据可用来对电站的工作情况及太阳能资源等进行分析研究，具有一定的科研实验意义。当系统在自动方式工作时，具有常规的蓄电池充、放电自动控制和保护功能，以保证整个系统的自动运行。如果工业 PC 及自动控制方式都不能工作，可采用手动操作，仍可以保证光伏电站的正常运行。

在直流控制系统的技术设计中，采取如下技术措施，以进一步保证系统的可靠性。

（1）独立的供电电源。

（2）输出/输入线路采用光电隔离技术。

（3）信号采样部分采用光电传感器模块。

6）交流配电系统

蓄电池直流电经逆变器变成 50 Hz 正弦交流电以后，经由交流配电系统输出，直接向用户供电。交流配电系统还有对负荷进行控制管理的功能。交流配电系统设计的主要技术要求如下：

（1）容量：两路逆变器供电，2×30 kV·A；一路柴油发电机组供电，120 kV·A。

（2）电压形式：220 V/380 V AC，三相四线。

（3）具有逆变器/柴油机供电切换功能，并有互锁保护。

（4）具有输入欠压，缺相保护，输出短路保护。

（5）常规模拟表头测量显示电流、电压、电量、负荷功率因数。

交流配电系统的设计选用符合国家技术标准的 PGL 低压配电屏，它是适用于发电厂、变电站中作为交流 50 Hz，额定工作电压不超过交流 380 V 的低压配电系统用于配电、照明的统一设计产品。其结构为开启式，具有良好的保护接地系统，可双面进行维护。外形尺寸为 1000 mm×600 mm×2200 mm。

在交流配电系统设计研究中，要特别注意以下几点：

（1）双湖海拔高度在 5000 m 以上，由于气压低，空气密度小，散热条件差，因此在设计交流配电系统的容量时留有较大的余量，以降低工作时的温升，保证电气设备有足够的绝缘强度。

（2）本系统以柴油发电机组作为后备电源，以增加光伏电站的供电保证率，减少蓄电池容量。为了确保逆变器和柴油发电机组的安全运行，必须杜绝逆变器与柴油发电机组同时供电的极端危险局面出现。在本交流配电系统中，从技术上保证了两种电源绝对可靠的互锁。只要逆变器供电操作步骤没有完全排除，柴油发电机组供电就绝对不可能进行。

（3）为下一步扩容的需要，可以在交流配电系统中增加一路 30 kV·A 的输入、输出接口。

7）整流充电设备

整流充电设备的作用是将柴油发电机组发出的交流电变成直流电，给储能蓄电池组充电。双湖光伏电站整流充电设备设计的主要技术要求如下：

（1）容量：75 kW。

（2）输入：三相交流 380 V。

（3）输出：直流 300～500 V，可调。

（4）最大输出电流：150 A。

（5）保护功能：输入缺相告警，输出过流、短路保护，电压预置断开或限流。

整流充电设备选用 KGCA 系列三相桥式可控硅调压整流电路。由 KG-04 集成触发电路、PI 调节控制电路、检测及脉冲功放等部分组成。采用一体化结构，所有部件都装在同一箱体内，仪表、指示灯及控制钮均装在面板上。工作状态设有"稳流"、"稳压"两种，可进行恒流或恒压充电。其外形尺寸为 900 mm×562 mm×2200 mm。

8）配套柴油发电机组

柴油发电机组的功能是作为后备电源以保证光伏电站系统能够可靠供电。按照总体方案设计，规定在下述两种情况下，可以启动柴油发电机组：

（1）在储能蓄电池组供电，无法满足用电负荷需要时，及时启动柴油发电机组，经整流充电设备给蓄电池组充电，以保证供电系统的正常运行。

（2）因逆变器故障或其他原因使得光伏电站系统无法供电时，启动柴油发电机组，经交流配电系统直接向用户供电。

根据实际情况及当时双湖拥有的柴油发电机状态，光伏电站系统与当时正在运行的 50 kV·A 柴油发电机配套使用。这台柴油发电机为 1983 年产品，已操作运行 10 年以上。从保证电站供电的可靠性及将来的扩容考虑，计划尽快修复原有的 120 kV·A 柴油发电机，或在条件允许时购置两台新的 120 kV·A 柴油发电机。

9）供电用电系统

根据双湖电站现场勘察结果，需对当地的供、用电线路进行改造。

按照总体设计方案，采用两路输出方式供电。在当时的情况下，将两种配电总干线并联地接到交流配电柜中，一台 30 kV·A 逆变器的供电输出端待将来增容后再分开输出。两种配电主干线长度为 2×260 m，三相四线，选用截面面积为 35 mm² 的铝钢芯裸线。支路为单相双线，按均衡负荷原则分别接入主干线 A、B、C 三相，总长度为 1400 m。入户线、室内线根据实际情况施工。

10）房屋土建工程

房屋土建工程包括电站机房及光电场建设两部分，全部委托地方相关部门承包进行施工设计与工程建设。

（1）机房主体部分包括控制室、蓄电池室及库房等。建筑面积 203 m²，使用面积 120 m²。机房建成被动式太阳能采暖房，外墙为保温墙，北墙内建防寒通道，南墙外是双层玻璃的太阳能吸热通道，以保证在严冬时室内温度在 5℃ 以上。控制室内预置电缆沟道。

蓄电池室有高 20 cm 的放置台，建有小排水沟，安排了气扇，并对地面进行防酸处理。库房在扩容需要时可改作蓄电池室。

（2）柴油发电机房和油库与太阳能机房主体分开另建。根据双湖现场情况，将原柴油发电机房进行分隔改建和重新装修。机房使用面积大于 50 m²。

（3）光电场位于太阳房南面，共 16 个支架，分两行排列。场内预建混凝土方阵支架基础，预留电缆沟道。光电场及太阳房占地总面积 2600 m²（40 m×65 m），周围建有围墙，以保障光伏电站的安全。此外，为了美化场地环境，在场内空地植有草皮，这样做可以减少风沙对太阳能电池组件的侵害。

11）其他

双湖光伏电站太阳能电池容量在设计时确定为 25 kW，而当时用电负荷已达 47.2 kV·A，每日用电量约为 142.9 kW·h。因此，我们对 25 kW 光伏电站负载予以规范，并采取各种措施节电、限电，以保证光伏电站的正常运行。

（1）采用新型高效节能灯具，使每只灯具平均功率不超过 20 W。少数大房间安装 40 W 日光灯，配用电子镇流器，以达到节电的目的。灯具总数为 600 套，另配灯管 400 只备用。

（2）双湖光伏电站的供电重点是解决居民夜间照明、看电视及其他小功率家用电器用电。因此在用户单位安装了负荷限定器，限定 500 W 负荷，以防止使用电炉等大功率负载。同时安装电度表，以便于用电管理。

（3）为防止电站在合闸工作时负载对逆变器的冲击，在配电输出各相线上均安装有延时器，使各支路负荷分散入网。延时器由时间继电器和接触器组成，共有 6 套，安装在各支路起始端的电线杆上。

5. 双湖 25 kW 光伏电站的运行状况及技术创新和特色

双湖 25 kW 光伏电站自 1994 年 11 月 7 日建成发电，到 1995 年 6 月 20 日正式向用户供电，在半年多的时间内，一直运行良好。测试及实地考察结果表明，太阳能电池的输出功率超过了 25 kW，300 V/1600 A·h 储能蓄电池组工作正常，直流控制系统、逆变器、交流配电和整流充电等设备及供、用电系统全部达到设计标准。电站出力可达 34 kV·A，平均每天发电 80 kW·h，可保证每天向用户供电 5 h，在连续阴雨三四天的情况下，每天可供电 3 h。用户普遍反映电压稳定，供电质量良好。其主要创新和特色之处如下：

（1）系统通过优化设计，效率高，所研制的关键设备技术性能良好，运行安全可靠，操作维护简便。

（2）独立光伏电站控制系统采用 IPC 工业控制机，控制、检测、输出、打印等实现完全自动化，这在当时为国内首创。

（3）该电站系当时国内容量最大的光伏电站，亦为世界上 5000 m 以上高海拔地区最大的光伏电站。

（4）设计建设规范化程度较高，如电站所有设备及太阳能电池方阵支架均有良好的接地，控制室、电缆沟道及电气设备接线等均符合电站技术规范，太阳能电池方阵总体布局合理，为我国今后独立光伏电站设计建设的进一步规范化、标准化打下了基础。

6.双湖光伏电站技术经济性能分析

1) 系统效率分析

(1) 光伏系统的标称容量通常以光伏方阵太阳能电池的总峰值功率来表示，而峰值功率是在标准情况下测得的，即大气质量 $A_m = 1.5$，太阳辐射强度为 1000 W/m²，太阳能电池温度 $T_c = 25℃$。太阳能电池的实际使用情况与标准条件完全不同，因而光伏方阵实际转换得到的电能并不等于按标称容量计算得到的电能。二者的比值称为光伏方阵的利用效率。

在计算双湖电站光伏方阵利用效率时考虑了下述因素：

① 表面尘埃及玻璃盖板老化等损失：5%。

② 温度影响损失：3%。

③ 方阵组合损失：4%。

④ 工作点偏离峰值功率点损失：5%。

计算得到的光伏方阵利用效率 $\eta_a = 84\%$。也就是说，双湖电站 25 kW 光伏方阵的实际转换功率为 21 kW。

(2) 对于光伏电站系统把太阳辐射能转换成交流电能的计算，还要考虑下述各种影响：

① 低值辐射能损失及过充保护能量损失：3%。

② 方阵支架固定倾角安装能量损失：25%。

③ 蓄电池充、放电效率：75%。

④ 逆变器转换效率：93 %（平均值）。

⑤ 线路损失：2%。

因此，双湖光伏电站的系统能量利用效率，即用户实际使用的交流电能与太阳能电池标称功率转换得到的电能之比等于上述各部分效率之乘积，即

$$\eta_s = 0.97 \times 0.75 \times 0.75 \times 0.93 \times 0.98 = 0.497$$

(3) 双湖光伏电站的系统能量流程如图 2-12 所示。

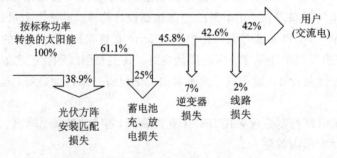

图 2-12　双湖光伏电站的系统能量流程图

2) 效益分析

据实测结果，双湖光伏电站平均每天可发电 80 kW·h，全年发电量约 29 200 kW·h。电力部门提供的数据和双湖特别行政区政府提供的资料都表明，在不计运费、人员费和设备维修折旧费的情况下，当地柴油发电机发电的电价约为 2.8 元/(W·h)。如不计投资还本付息，由光伏电站供电每年可节省 81 760 元，有关资料中说明每年可节省的柴油费约有

10 万元，与此基本吻合。因为要保证 100% 的供电率，在个别情况下还要启动柴油机发电，实际上仍有部分柴油费用的投入。在光伏发电系统造价尚且较高的情况下，用它解决无水力资源无电县的供电问题更重要的还是要看它的社会效益和环境效益。光伏发电的供电质量优于柴油发电机，保证了双湖特别行政区 342 户居民家庭的照明、看电视等生活用电及区政府各单位、邮电所、电视转播台等公共用电要求。同时，充分利用了当地丰富的太阳能资源，且无任何污染，对保护国家羌塘高原野生动物保护区的自然环境起到了重要作用。

2.4　太阳能电池及太阳能电池方阵

2.4.1　太阳能电池及其分类

如前所述，太阳能电池是一种利用光生伏打效应把光能转变为电能的器件，又叫光伏器件。物质吸收光能产生电动势的现象，称为光生伏打效应。这种现象在液体和固体物质中都会发生。但是，只有在固体中，尤其在半导体中，才有较高的能量转换效率。所以，人们又常把太阳能电池称为半导体太阳能电池。

半导体的主要特点不仅仅在于其电阻率在数值上与导体和绝缘体不同，而且还在于它的导电性具有如下两个显著的特点：

(1) 电阻率的变化受杂质含量的影响极大。例如，硅中只要含有一亿分之一的硼，电阻率就会下降到原来的 1%。所含杂质的类型不同，导电类型也不同。

(2) 电阻率受光和热等外界条件的影响很大。半导体在温度升高或受到光的照射时，均可使电阻率迅速下降。一些特殊的半导体，在电场和磁场的作用下，电阻率也会发生变化。

半导体材料的种类很多，按其化学成分，可分为元素半导体和化合物半导体；按其是否含杂质，可分为本征半导体和杂质半导体；按其导电类型，可分为 N 型半导体和 P 型半导体。此外，根据其物理特性，还可分为磁性半导体、压电半导体、铁电半导体、有机半导体、玻璃半导体、气敏半导体等。目前获得广泛应用的半导体材料有锗、硅、硒、砷化镓、磷化镓、锑化铟等，其中以锗、硅材料的半导体生产技术最为成熟，应用也最为广泛。

太阳能电池多用半导体材料制造而成，发展至今种类繁多，形式各样。

1. 按照结构分类

太阳能电池按照结构的不同可分为如下三类：

1) 同质结太阳能电池

同质结太阳能电池是由同一种半导体材料构成一个或多个 PN 结的太阳能电池，如硅太阳能电池、砷化镓太阳能电池等。

2) 异质结太阳能电池

异质结太阳能电池是用两种不同禁带宽度的半导体材料在相接的界面上构成一个异质 PN 结的太阳能电池，如氧化铟锡/硅太阳能电池、硫化亚铜/硫化锡太阳能电池等。如果两种异质材料的晶格结构相近，界面处的晶格匹配较好，则称其为异质结太阳能电池，如砷化铝镓/砷化镓异质面太阳能电池等。

　　3）肖特基结太阳能电池

　　肖特基结太阳能电池是用金属盒半导体接触组成一个"肖特基势垒"的太阳能电池，也叫作 MS 太阳能电池。其原理是在一定条件下金属半导体接触可产生整流接触的肖特基效应。目前，这种结构的电池已经发展成为金属-氧化物-半导体太阳能电池，即 MOS 太阳能电池，如铂/硅肖特基结太阳能电池、铝/硅肖特基结太阳能电池等。

　　2. 按材料分类

　　太阳能电池按照材料的不同可分为如下三类：

　　1）硅太阳能电池

　　这种电池是以硅为基体材料的太阳能电池，如单晶硅太阳能电池、多晶硅太阳能电池、非晶硅太阳能电池等。制作多晶硅太阳能电池的材料用纯度不太高的太阳级硅即可。而太阳级硅由冶金级硅用简单的工艺就可加工制成。多晶硅材料又有带状硅、铸造硅、薄膜多晶硅等多种。用它们制造的太阳能电池有薄膜和片状两种。

　　2）硫化镉太阳能电池

　　这种电池是以硫化镉单晶或多晶为基体材料的太阳能电池，如硫化亚铜/硫化镉太阳能电池、碲化镉/硫化镉太阳能电池、铜铟硒/硫化镉太阳能电池等。

　　3）砷化镓太阳能电池

　　这种电池是以砷化镓为基体材料的太阳能电池，如同质结砷化镓太阳能电池、异质结砷化镓太阳能电池等。

　　按照太阳能电池的结构来分类，其物理意义比较明确，因而已被国家采用作为太阳能电池命名方法的依据。

2.4.2　太阳能电池的工作原理、特性及制造方法

　　1. 太阳能电池的工作原理

　　太阳能是一种辐射能，它必须借助于能量转换器才能转换成为电能。这种把光能转换成电能的能量转换器，就是太阳能电池。太阳能电池是如何把光能转换成电能的？下面以单晶硅太阳能电池为例作一简单介绍。

　　太阳能电池工作原理的基础是半导体 PN 结的光生伏打效应。所谓光生伏打效应，简言之，就是当物体受到光照时，物体内的电荷分布状态发生变化而产生电动势和电流的一种效应。当太阳光或其他光照射半导体的 PN 结时，就会在 PN 结的两边出现电压，叫作光生电压。这种现象就是著名的光生伏打效应。使 PN 结短路，就会产生电流。

　　众所周知，无数的原子是由原子核和电子组成的。原子核带正电，电子带负电。电子就像行星围绕太阳转动一样，按照一定的轨道围绕着原子核旋转。单晶硅的原子是按照一定的规律排列的，硅原子的最外电子壳层中有 4 个电子，如图 2-13 所示。每个原子的外层电子都有固定的位置，并受原子核的约束。它们在外来能量的激发下，如受到太阳光

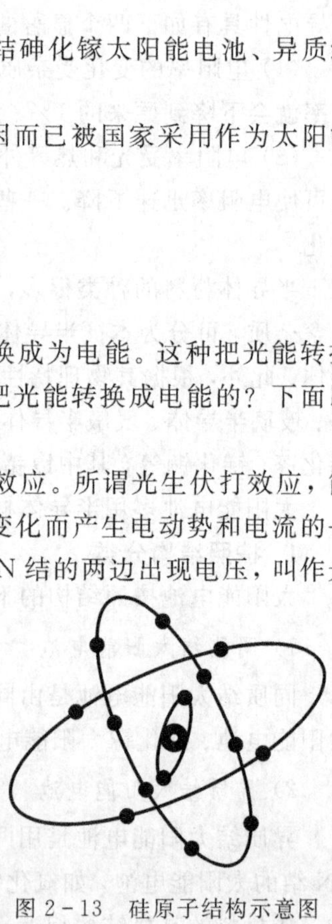

图 2-13　硅原子结构示意图

辐射时，就会摆脱原子核的束缚而成为自由电子，同时在它原来的地方留出一个空位，即半导体物理学中所谓的"空穴"。由于电子带负电，因此空穴就表现为带正电。电子和空穴就是单晶硅中可以运动的电荷。在纯净的硅晶体中，自由电子和空穴的数目是相等的。如果在硅晶体中掺入能够俘获电子的硼、铝、镓或铟等杂质元素，那么就构成了空穴型半导体，简称 P 型半导体。如果在硅晶体中掺入能够释放电子的磷、砷或锑等杂质元素，那么就构成了电子型半导体，简称 N 型半导体。若把这两种半导体结合在一起，由于电子和空穴的扩散，在交界面处便会形成 PN 结，并在结的两边形成内建电场，又称势垒电场。由于此处的电阻特别高，所以也称为阻挡层。当太阳光照射 PN 结时，在半导体内的原子由于获得了光能而释放电子，同时相应地便产生了电子-空穴对，并在势垒电场的作用下，电子被驱向 N 型区，空穴被驱向 P 型区，从而使 N 型区有过剩的电子，P 型区有过剩的空穴。于是，就在 PN 结的附近形成了与势垒电场方向相反的光生电场，如图 2-14 所示。光生电场的一部分抵消势垒电场，其余部分使 P 型区带正电，N 型区带负电，于是就使得在 N 型区与 P 型区之间的薄层产生了电动势，即光生伏打电动势。当接通外电路时便有电能输出。这就是 PN 结接触型单晶硅太阳能电池发电的基本原理。若把几十个、数百个太阳能电池单体串联、并联起来，组成太阳能电池组件，在太阳光的照射下，便可获得输出功率相当可观的电能。

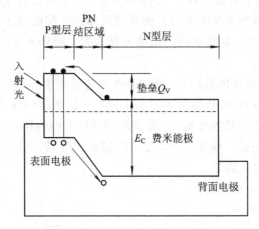

图 2-14　太阳能电池的能级图

　　为便于读者对上面的介绍加深理解，这里对涉及的几个半导体物理学的术语作一简介。

1）能带

　　能带是固体量子理论中用来描述晶体中电子状态的一个重要的物理概念。在一个孤立的原子中，电子只能在一些特定的轨道上运动，不同轨道上的电子能量不同。所以，原子中的电子只能取一些特定的能量值，其中每个能量称为一个能量级。晶体是由大量规则排列的原子组成的，其中各个原子的相同能量的能级由于相互作用在晶体中变成了能量略有差异的能级，看上去像一条带子，所以称为能带。原子的外层电子在晶体中处于较高的能带，内层电子则处于较低的能带中。能带中的电子不是围绕着各自的原子核做闭合轨道运动，而是为各原子所共有，在整个晶体中运动。

2）载流子

载流子是指运载电流的粒子。无论是导体还是半导体，其导电作用都是通过带电粒子在电场的作用下做定向运动（形成电流）来实现的，这种带电粒子就叫作载流子。导体中的载流子是自由电子。半导体中的载流子有两种，即带负电的电子和带正电的空穴。如果半导体中的电子数目比空穴数目大得多，对导电起重要作用的是电子，则把电子称为多数载流子，空穴称为少数载流子。反之，便把空穴称为多数载流子，电子称为少数载流子。

（1）空穴。空穴是半导体中的一种载流子。它与电子的电量相等，但极性相反。晶体中完全被电子占据的能带叫满带或价带，没有被电子占满的能带叫空带或导带，导带和价带之间的空隙称为能隙或禁带。如果由于外界作用（例如热、光等），使价带中的电子从能量级较低的导带跳到了能量级较高的导带中，就出现了很有趣的效应：这个电子离开后，便在价带中留下一个空位。根据电中性原理，这个空位应带正电，其电量与电子相等。当空位附近的电子移动过来填充这个空位时，就相当于空位向反方向移动。其作用类似于带正电的粒子运动，通常称它为正空穴，简称空穴。所以，在外电场的作用下，半导体中的导电不仅产生于电子运动，而且也包括空穴运动所做的贡献。

（2）施主。凡掺入纯净半导体中的某种杂质的作用是提供导电电子的，就叫施主杂质，简称施主。对硅来说，若掺入磷、砷、锑等元素，它们所起的作用就是施主。

（3）受主。凡掺入纯净半导体中的某种杂质的作用是接收电子的，或提供空穴的，就叫作受主杂质，简称受主。对硅来说，如掺入硼、镓、铝等元素，它们所起的作用就是受主。

（4）PN结。在一块半导体晶片上，通过某些工艺过程使一部分呈P型（空穴导电），另一部分呈N型（电子导电），则P型和N型界面附近的区域就叫作PN结。PN结具有单向导电性能，是晶体二极管的基本结构，也是许多半导体器件的核心。PN结的种类很多：按材料分，有同质结和异质结；按杂志分，有突变结和缓变结；按工艺分，有成长结、合金结、扩散结、外延结和注入结等。

2. 太阳能电池的基本电学特性

1）太阳能电池的极性

太阳能电池一般制成 P^+/N 型结构或 N^+/P 型结构，如图 2-15(a)、(b)所示。其中，第一个符号，即 P^+ 和 N^+，表示太阳能电池正面光照层半导体材料的导电类型；第二个符号，即 N 和 P，表示太阳能电池背面衬底半导体材料的导电类型。

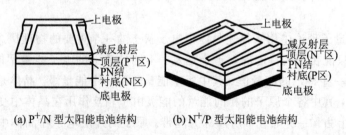

(a) P^+/N 型太阳能电池结构   (b) N^+/P 型太阳能电池结构

图 2-15 太阳能电池构型图

太阳能电池的电性能与制造电池所用的半导体材料的特性有关。在太阳光照射时，太阳能电池输出电压的极性，P 型一侧电极为正，N 型一侧电极为负。

当太阳能电池作为电源与外电路连接时,太阳能电池在正向状态下工作。当太阳能电池与其他电源联合使用时,如果外电源的正极与太阳能电池的 P 极连接,负极与太阳能电池的 N 极连接,则外电源向太阳能电池提供正向偏压;如果外电源正极与太阳能电池的 N 极连接,负极与太阳能电池的 P 极连接,则外电源向太阳能电池提供反向偏压。

2) 太阳能电池的电流-电压特性

太阳能电池的电路以及等效电路如图 2-16(a)、(b)所示。其中,R_L 为电池的外负载电阻。当 $R_L=0$ 时,所测的电流为电池的短路电流 I_{sc}。所谓短路电流 I_{sc},就是将太阳能电池置于标准光源的照射下,在输出端短路时,流过太阳能电池两端的电流。测量短路电流的方法是:用内阻小于 1 Ω 的电流表接在太阳能电池的两端。I_{sc} 值与太阳能电池的面积大小有关,面积越大,I_{sc} 值越大。一般来说,1 cm² 太阳能电池的 I_{sc} 值约为 16～30 mA。同一块太阳能电池,其 I_{sc} 值与入射光的辐照度成正比;当环境温度升高时,I_{sc} 值略有上升,一般温度每升高 1℃,I_{sc} 值约上升 78 μA。当 $R_L \rightarrow \infty$ 时,所测得的电压为电池的开路电压 U_{oc}。什么是开路电压 U_{oc}?把太阳能电池置于 100 mV/cm² 的光源照射下,在两端开路时,太阳能电池的输出电压值叫作太阳能电池的开路电压。其值可用高内阻的直流毫伏计测量。太阳能电池的开路电压与光谱辐照度有关,与电池面积的大小无关。在 100 mV/cm² 的太阳光谱辐照度下,单晶硅太阳能电池的开路电压为 450～600 mV,最高可达 690 mV。当入射光谱辐照度变化时,太阳能电池的开路电压与入射光谱辐照度的对数成正比;环境温度升高时,太阳能电池的开路电压值将下降,一般温度每上升 1℃,U_{oc} 值约下降 2～3。I_D(二极管电流)为通过 PN 结的总扩散电流,其方向与 I_{sc} 相反。R_s 为串联电阻,它主要由电池的体电阻、表面电阻、电极导体电阻和电极与硅表面间接触电阻所组成。R_{sh} 为旁漏电阻,它是由硅片边缘不清洁或体内的缺陷引起的。一个理想的太阳能电池,R_s 很小,而 R_{sh} 很大。由于 R_s 和 R_{sh} 是分别串联与并联在电路中的,所以在进行理想电路计算时它们都可以忽略不计。此时,流过负载的电流 I_L 为

$$I_L = I_{sc} - I_o (e^{\frac{qU}{AkT}} - 1)$$

式中,I_o 是太阳能电池在无光照时的饱和电流,q 为电子电荷,k 为玻尔兹曼常数,A 为二极管曲线因素。

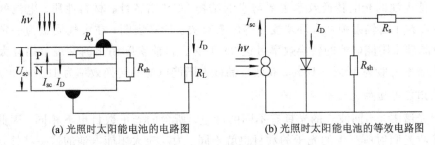

(a) 光照时太阳能电池的电路图　　　　(b) 光照时太阳能电池的等效电路图

图 2-16　太阳能电池的电路及等效电路图

$I_L=0$ 时,电压 U 为 U_{oc}可表示为

$$U_{oc} = \frac{AkT}{q} \ln \left(\frac{I_{sc}}{I_o} + 1 \right)$$

根据以上两式作图，就可以得到太阳能电池的电流-电压关系曲线。这个曲线简称为 I-U 曲线或伏-安曲线，如图2-17所示。

图 2-17 中，曲线 a 是二极管的暗伏-安特性曲线，即无光照时太阳能电池的 I-U 曲线；曲线 b 是电池受光照后的 I-U 曲线，它可由无光照时的 I-U 曲线向第 Ⅳ 象限位移 I_{sc} 而得到。经过坐标变换，最后即可得到常用的光照 I-U 曲线，如图2-18所示。

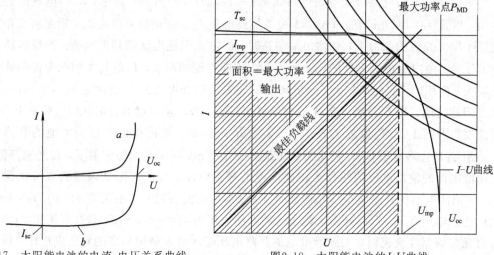

图2-17　太阳能电池的电流-电压关系曲线　　　　　图2-18　太阳能电池的I-U曲线

I_{mp} 为最佳负载电流，U_{mp} 为最佳负载电压。在此负载条件下，太阳能电池的输出功率最大。在电流-电压坐标系中，与这一点相对应的负载称为最佳负载。

评价太阳能电池的输出特性，还有一个重要参数，叫作填充因数（FF）。它与开路电压、短路电流和负载电压、负载电流的关系式为

$$FF = \frac{U_{mp} \cdot I_{mp}}{U_{oc} \cdot I_{sc}}　　　　　　　　　　　　(2-14)$$

3）太阳能电池的光电转换效率

太阳能电池的光电转换效率用 η 表示，它的含义是太阳能电池的最大输出功率与照射到电池上的入射光的功率之比。

太阳能电池的光电转换效率主要与它的结构、PN 结特性、材料性质、电池的工作温度、放射性粒子的辐射损坏和环境变化等因素有关。计算表明，在大气质量为一定值的条件下，单晶硅太阳能电池的转换效率可达 25.12%。目前实际制出的常规单晶硅太阳能电池的转换效率一般为 12%～15%；高效单晶硅太阳能电池的转换效率为 18%～20%。

4）太阳能电池的光谱响应

太阳光谱中，不同波长的光具有不同的能量，所含的光子数目也不相同。因此，太阳能电池接收光照射所产生的光子的数目也就不同。为反应太阳能电池的这一特性，引入了光谱响应这一参量。

太阳能电池在入射光的一种波长的光能作用下所收集到的光电流，与相对于入射到电池表面的该波长的光子数之比，叫作太阳能电池的光谱响应，又称为光谱灵敏度。

太阳能电池的光谱响应与太阳能电池的结构、材料性能、结深、表面光学特性等因素

有关，并且它还随环境温度、电池厚度和辐射损伤而变化。

常用的太阳能电池的光谱响应曲线如图 2-19 所示。

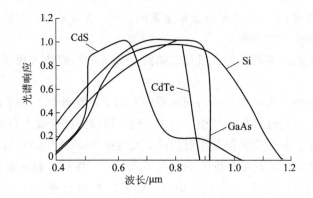

图 2-19　太阳能电池的光谱响应曲线

3. 太阳能电池的制造方法与种类

太阳能电池的制造方法与太阳能电池的种类很多，目前应用最多的是单晶硅和多晶硅太阳能电池。这种太阳能电池在技术上成熟，性能稳定可靠，转换效率较高，现已产业化大规模生产。单晶硅太阳能电池的结构如图 2-20 所示。实际上，它是一个大面积的半导体 PN 结。上表面为受光面，蒸镀有铝银材料做成的栅状电极；背面为镍锡层做成的底电极。上、下电极均焊接银丝作为引线。为了减少硅片表面对入射光的反射，在电池表面上蒸镀一层二氧化硅或其他材料的减反射膜。

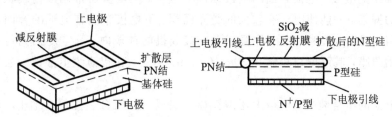

图 2-20　单晶硅太阳能电池结构示意图

下面简要地介绍单晶硅太阳能电池的一般制造方法。

1）硅片的选择

硅片是制造单晶硅太阳能电池的基本材料，它可以由纯度很高的单晶硅棒切割而成。选择硅片时，要考虑硅材料的导电类型、电阻率、晶向、位错、寿命等。硅片通常加工成方形、长方形、圆形或半圆形，厚度约为 0.25～0.40 mm。

2）表面准备

切好的硅片表面脏且不平。因此，在制造太阳能电池之前，要先进行表面准备。表面准备一般分为三步：

（1）用热浓硫酸做初步化学清洗。

（2）在酸性或碱性腐蚀液中腐蚀硅片，每片大约蚀去 30～50 μm 的厚度。

（3）用王水或其他清洗液进行化学清洗。

在化学清洗腐蚀后，要用高纯度的去离子水冲洗硅片。

3）扩散制结

PN 结是单晶硅太阳能电池的核心部分。没有 PN 结，便不能产生光电流，也就不称其为太阳能电池了。因此，PN 结的制造是最重要的工序。通常采用高温扩散法制造。以 P 型硅片扩散磷为例，主要扩散步骤如下：

（1）扩散源的配制。将特纯的五氧化二磷溶于适量的乙醇或去离子水中，摇匀，再稀释即成。

（2）涂源。从去离子水中取出经表面准备的硅片，在红外灯下烘干涂源，使扩散源均匀地分散在硅表面，再用红外灯稍微烘干一下，然后即可把硅片放入石英舟内。

（3）扩散。将扩散炉预先升温到扩散温度，大约在 900℃～950℃ 的温度下，通氮气数分钟。然后，把装有硅片的石英舟推入炉内的石英管中，在炉口预热数分钟，再推入恒温区，经十余分钟的扩散，将石英舟拉至炉口，缓慢冷却数分钟，取出硅片，制结工序即告完成。

4）除去背结

在高温扩散过程中，硅片的背面也形成 PN 结，必须把背结去掉。去背结时，用黑胶涂敷在硅片的正面上，掩蔽好正面的 PN 结，再把硅片置于腐蚀液中，蚀去背面扩散层，便得到背面平整光亮的硅片；然后除去黑胶，将硅片洗净烘干后备用。

5）制作上、下电极

为使电池转换所获得的电能能够输出，必须在电池上制作正、负两个电极。电池光照面上的电极称作上电极，电池背面的电极称作下电极。上电极通常制成栅线状，这有利于对产生电流的搜集，并能使电池有较大的受光面积。下电极布满在电池的背面，以减小电池的串联电阻。制作电极时，把硅片置于真空镀膜机的钟罩内，真空度抽到足够高时，便凝结成一层铝薄膜，其厚度可控制在 $30\sim100~\mu m$。然后，在铝薄膜上蒸镀一层银，厚度约为 $2\sim5~\mu m$。

为便于电池的组合装配，电极上还需钎焊一层锡-铝-银合金焊料。此外，为得到栅线状的上电极，在蒸镀铝和银时，硅表面需放置一定形状的金属掩膜。上电极栅线密度一般为每平方厘米 4 条，多的可达每平方厘米 10～19 条，最多的可达每平方厘米 60 条。

6）腐蚀周边

扩散过程中，在硅片的四周表面也有扩散层形成，通常它在腐蚀背结时即已去除，所以这道工序可以省略。若钎焊时电池的周边沾有金属，则仍需腐蚀，以除去金属。这道工序对电池的性能影响很大，因为任何微小的局部短路，都会使电池变坏，甚至使之成为废品。腐蚀周边的方法比较简单，只要把硅片的两面涂上黑胶或用其他方法隐蔽好，再放入腐蚀液中腐蚀 30 s 或 1 min 即可。

7）蒸镀减反射膜

光能在硅表面的反射损失率约为 1/3。为减少硅表面对光的反射，还要用真空镀膜法在硅表面蒸镀一层二氧化硅、二氧化钛或五氧化二钽的减反射膜。其中，蒸镀二氧化硅膜的工艺是成熟的，而且制作简便，为目前生产上所常用。减反射膜可提高太阳能电池的光能利用率，增加电池的电池输出。

8）检验测试

经过上述工序制得的电池，在作为成品电池入库前，均需测试，以检验其质量是否合格。在生产中主要测试的是电池的伏-安特性曲线。从这一曲线可以得知电池的短路电流、开路电压、最大输出功率以及串联电阻等参数。

9）单晶硅太阳能电池组件的封装

在实际使用中，要把单片太阳能电池串联、并联起来，并密封在透明的外壳中，组装太阳能电池组件。这种密封成的组件可防止大气侵蚀，延长电池的使用寿命。把组件再进行串联、并联，便组成了具有一定输出功率的太阳能电池方阵。

上面介绍的仅是一种传统的单晶硅太阳能电池的制造方法。当前，有些工厂根据自己的实际条件也采用了其他工艺，但均大同小异。为进一步降低太阳能电池的成本，目前很多工厂已采用制作太阳能电池的新工艺、新技术。例如，在电池的表面采用选择性腐蚀，使表面反射率降低；采用丝网印刷化学镀镍或银浆烧结工艺，制备上、下电极；用喷涂法沉积减反射膜，并进而在太阳能电池的制作中免掉使用高真空镀膜机。这些都可使太阳能电池的工艺成本大大降低，产量大幅度提高。其他如离子注入、激光退火、激光掺杂、分子束外延等新工艺也都已有不同程度的应用。

2.4.3　太阳能电池方阵

1. 太阳能电池方阵的设计和安装

1）太阳能电池方阵的设计

单位太阳能电池不能直接作为电源使用。在实际应用时，是按照电性能的要求，将几片或几十片单体太阳能电池串联、并联连接起来，经过封装，组成一个可以单独作为电源使用的最小单元，即太阳能电池组件。太阳能电池方阵则是由若干个太阳能电池组件串联、并联连接而排列的阵列。

太阳能电池方阵可分为平板式和聚光式两大类。平板式方阵只需把一定数量的太阳能电池按照电性能的要求串联、并联起来即可，不需要加装汇聚阳光的装置，结构简单，多用于固定安装的场合。聚光式方阵加有汇聚阳光的搜集器，通常采用平面反射镜、抛物面反射镜或菲涅尔透镜等装置来聚光，以提高入射光谱的辐照度。聚光式方阵可比相同输出功率的平板式方阵少用一些单体太阳能电池，从而使成本下降，但通常需要装设向日跟踪装置，有了转动部件，就降低了太阳能电池的可靠性。

太阳能电池方阵的设计，一般来说，就是按照用户的要求和负载的用电量及技术条件，计算太阳能电池组件的串联、并联数。串联数由太阳能电池的工作电压决定，应考虑蓄电池的浮充电压、线路损耗以及温度变化对太阳能电池的影响等因素。在太阳能电池组件串联数确定之后，即可按照气象台提供的太阳能总辐射量或年日照时数的 10 年平方值计算，确定太阳能电池组件的并联数。太阳能电池方阵的输出功率与组件串联、并联是为了获得所需要的电流。关于太阳能电池方阵的具体设计与计算方法，这里从略。一般的设计原则及其整个发电系统设计的关系，前面已有介绍，这里就不再重复了。

2）太阳能电池方阵的安装

可将平板式地面太阳能电池方阵放在方阵支架上，支架被固定在水泥基础上。对于方阵支架和固定支架的水泥基础以及与控制器连接的电缆沟道等的加工与施工，均应按照设计规范进行。对太阳能电池方阵支架的基本要求如下：

（1）应遵循用料省、造价低、坚固耐用、安装方便的原则进行太阳能电池方阵支架的设计和生产制造。

（2）光伏电站的太阳能电池方阵支架，可根据应用地区的实际情况和用户要求，设计成地面安装型或屋顶安装型。西藏千瓦级以上的光伏电站以设计成地面安装型支架为主。

（3）太阳能电池方阵支架应选用钢材或铝合金材料制造，其强度应可承受10级大风的吹刮。

（4）太阳能电池方阵支架的金属表面应镀锌、镀铝或涂防锈漆，以防止生锈腐蚀。

（5）在设计太阳能电池方阵支架时，应考虑当地纬度和日照资源等因素。也可设计成能按照季节变化以手动方式调整太阳能电池方阵的向日倾角和方位角的结构，以更充分地接收太阳辐射能，增加方阵的发电量。

（6）太阳能电池方阵支架的连接件包括组件和支架的连接件、支架与螺栓的连接件以及螺栓与方阵场的连接件，均应用电镀钢材或不锈钢钢材制造。

太阳能电池方阵的发电量与其接收的太阳辐射能成正比。为使方阵更有效地接收太阳辐射能，方阵的安装方位和倾角很重要。好的方阵安装方式是跟踪太阳，使方阵表面始终与太阳光垂直，入射角为0。其他入射角都将影响方阵对太阳的接收，造成较多的损失。对于固定安装方式来说，损耗总计可高达8%。比较好的可供参考的电池板方位角 ϕ 为使用地的纬度。一年可调整两次方位角，一般可取 $\phi_{春分}$＝使用地的纬度－11°45′，$\phi_{秋分}$＝使用地的纬度＋11°45′。这样接收损耗就有可能控制在2%以下。方阵斜面取多大角度为好，是一个较复杂的问题。为减小设计误差，设计时应将从气象台获得的水平面上的太阳辐射能换算成方阵斜面上的相应值。换算方法是将方阵斜面接收的太阳辐射能作为使用地的纬度、倾角和太阳赤纬的函数。简单的办法是，把从气象台获得的方阵所在地平均太阳能总辐射量作为计算的 ϕ 值，电池板方位角采用每年调整两次的方案，与水平放置方阵相比，经计算，太阳能总辐射量增益均为6.5%左右。

2. 太阳能电池方阵的使用和维护

可以将太阳能电池方阵的使用、维护方法概括如下：

（1）太阳能电池方阵应安装在周围没有高大建筑物、树木、电杆等遮挡太阳光的处所，以便充分地获得太阳光。我国地处北半球，方阵的采光面应朝南放置，并与太阳光垂直。

（2）在太阳能电池方阵的安装和使用中，要轻拿轻放组件，严禁碰撞、敲击、划痕，以免损坏封装玻璃，影响其性能，缩短它的使用寿命。

（3）遇有大风、暴雨、冰雹、大雪等情况，应采取措施保护太阳能电池方阵，以免使它受到损坏。

（4）太阳能电池方阵的采光面应经常保持清洁，如采光面上落有灰尘或其他污物，应先用清水冲洗，再用干净纱布将水迹轻轻擦干，切勿用硬物擦拭或用腐蚀性溶剂冲洗。

（5）在连接太阳能电池方阵的输出端时，要注意正、负极性，切勿接反。

（6）对与太阳能电池方阵匹配的蓄电池组，应严格按照蓄电池的使用维护方法使用。

（7）对带有向日跟踪装置的太阳能电池方阵，应经常检查维护跟踪装置，以保证其正常工作。

（8）对可用手动方式调整角度的太阳能电池方阵，应按照季节的变化调整方阵支架的向日倾角和方位角，以便使它充分地接收太阳辐射能。

（9）太阳能电池方阵的光电参数，在使用中应不定期地按照有关方法进行检测，发现问题，要及时解决，以确保方阵不间断地正常供电。

（10）在太阳能电池方阵及其配套设备的周围应加护栏或围墙，以免遭动物侵袭或人为损坏；如果发电设备是安装在高山上的，则应安装避雷器，以防雷击。

2.5　充、放电控制器

为了最大限度地利用蓄电池的性能和使用寿命，必须对它的充、放电条件加以规定和控制。无论太阳能光伏发电系统是大还是小，是简单还是复杂，充、放电控制器都必不可少。一个好的充、放电控制器能够有效地防止蓄电池过充电和深度放电，并使蓄电池的使用达到最佳状态。但是，光伏发电系统中的充、放电控制要比其他应用困难一些，因此光伏发电系统中输入能量很不稳定。在光伏发电系统中，直流控制系统包含了充、放电控制，负载控制和系统控制三部分，并往往连成一体，通常称之为直流控制柜。

2.5.1　充电控制

蓄电池充电控制通常是由控制电压或控制电流来完成的。一般而言，蓄电池充电方法有三种：恒流充电、恒压充电和恒功率充电。每种方法具有不同的电压和电流充电特性。

光伏发电系统中，一般采用充电控制器来控制充电条件，并对过充电进行保护。最常用的充电控制器有：完全匹配系统，并联调节器，部分并联调节器，串联调节器，齐纳二极管（硅稳压管），次级方阵开关调节器，脉冲宽度调制（PWM）开关，脉冲充电电路。针对不同的光伏发电系统，可以选用不同的充电控制器，主要考虑的因素是要尽可能可靠、控制精度高及成本低。所用开关器件可以是继电器，也可以是 MOS 晶体管。但采用脉冲宽度调制型控制器，往往包含最大功率的跟踪功能，只能用 MOS 晶体管作为开关器件。此外，控制蓄电池的充电过程往往是通过控制蓄电池的端电压来实现的，因而光伏发电系统中的充电控制器又称为电压调节器。下面具体介绍几类充电控制系统。

1. 完全匹配系统

这是一个串联二极管的系统，如图 2-21 所示。该二极管常用硅 PN 结或肖特基二极管，以阻止蓄电池在太阳低辐射期间向光伏方阵放电。

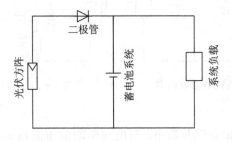

图 2-21　完全匹配系统电路图

蓄电池充电电压在蓄电池接收电荷期间是增加的。光伏方阵的工作点如图 2-22 所示。随着电流的减少，工作点从 a 点移向 b 点。

必须先选好 a 点和 b 点之间的工作电压范围，以确保光伏方阵和蓄电池的最佳匹配。

这种充电控制系统的问题是：光伏方阵在变化的太阳辐射条件下，其工作曲线是不确定的。采用这种系统设计，蓄电池只能在太阳高辐照度时达到满充电，而在低辐照度时将减小方阵的工作效率。

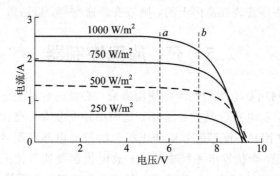

图 2-22　光伏方阵供给蓄电池的电流随蓄电池电压的变化

2. 并联调节器

并联调节器是目前用于光伏发电系统的最普遍的充电调节电路。一般使用一台并联调节器以使充电电流保持恒定，如图 2-23 所示。

调节器根据电压、电流和温度来调节蓄电池的充电。它是通过并联电阻把晶体管连到蓄电池的并联电路上实现过充电保护的。通常调节器用固定的电压门限去控制晶体管开关的接通或切断。

通过并联分流的电能可用于辅助负载的供电，以充分利用光伏方阵的输出电能。

3. 部分并联调节器

如图 2-24 所示，使用部分并联调节器的目的在于降低光伏方阵的电压，从而实现两阶段电压特性。并联调节器的优点是降低了晶体管的开路电压，但其缺点是附加了对线路连接的要求，一般很少使用。

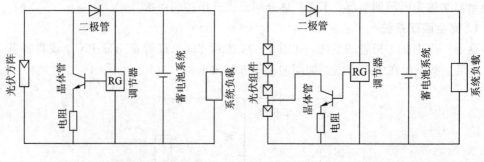

　　图 2-23　并联调节器电路图　　　　　　图 2-24　部分并联调节器电路图

4. 串联调节器

如图 2-25 所示，在串联调节器中，蓄电池两端电压是恒定的，而其电流随串联晶体管调节器变化着。这种晶体管调节器通常是一个两阶段调节器，串联晶体管代替了所需的串联二极管。

5. 齐纳二极管调节器

齐纳二极管调节器使用一个齐纳二极管电压稳定器, 如图 2 - 26 所示。这种系统很简单, 但存在着串联电阻消耗功率的缺点, 因而未能广泛应用。

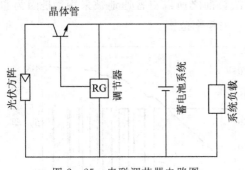

图 2 - 25　串联调节器电路图　　　　　图 2 - 26　齐纳二极管调节器电路图

6. 次级方阵开关调节器

次级方阵开关调节器的电路如图 2 - 27 所示。

当蓄电池电压达到某个预先确定的数值时, 光伏方阵的组件或某几行组件将被断开。图 2 - 28 所示为其充电电压和电流的关系。次级方阵开关调节器的主要问题是开关安排的复杂性。这种调节器多用在大型光伏发电系统中, 以提供一个准锥形的充电电流。

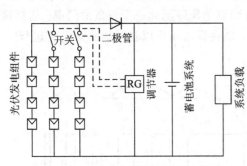
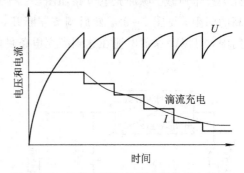

图 2 - 27　次级方阵开关调节器电路图　　　　图 2 - 28　次级方阵开关调节器的充电特性

7. 脉冲宽度调制开关

脉冲宽度调制开关用于 DC - DC 转换的充电控制电路如图 2 - 29 所示。由于这种调制开关的复杂性和高成本, 在小型光伏发电系统中难以普遍使用。

采用脉冲宽度调制的 DC - DC 转换原理表现出很多吸引人的特点, 特别在大型系统中更是如此。这些特点包括:

(1) 输给 DC - DC 变换器的光伏方阵电压能够随着可能使用的升高或降低的变换器而改变。这对于在光伏方阵和蓄电池分置间隔较大的地方特别有用。光伏方阵电压在一

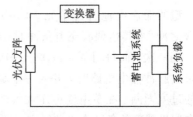

图 2 - 29　用于 DC - DC 变换器的调制开关电路图

个中心点上, 能被提高或降低到蓄电池的电压值, 以减少电缆中的功率损失。

(2) 能向蓄电池提供良好控制的充电特性。

(3) 能用于追踪光伏方阵的最大功率点。

这种 DC - DC 变换器普遍用于大型光伏发电系统，然而，它们却以 90％～95％ 的低效率抵消了本身的许多优点。采用脉冲宽度调制 DC - DC 变换器的输出，如图 2 - 30 所示。

电流的脉冲宽度（通常在 100 Hz～20 kHz 范围内）将随着电压的升高而减少，直到全部平均电流减少到滴流充电量级为止。这种方法目前之所以更普通地被采用，是因为它用固态开关器件来取代继电器，可以达到更高的开关频率范围。

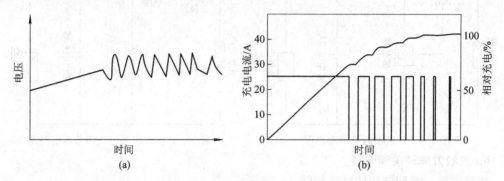

图 2 - 30　脉冲宽度调制用于调制 DC - DC 变换的使用特性

8. 脉冲充电

脉冲充电像脉冲宽度调制一样，现在已日益普遍地被采用了，这是由于其低成本的固态开关技术所致。脉冲充电电路如图 2 - 31 所示。蓄电池被恒流充电，使其电压达到一个较高的门限，见图 2 - 32。然后调节器断开，直到其电压降低到一个较低的门限。选择这两个门限，可以确保蓄电池在达到满充电条件时，能在高电压下以较低的输入电流运行。

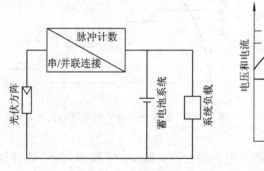

图 2 - 31　脉冲充电电路图

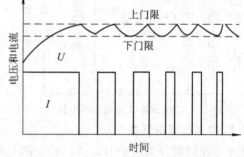

图 2 - 32　脉冲充电调节器的充电特性

典型的滞后电池为每单元 50 mV 的电池，所以一个铅酸蓄电池循环大约在 2.45～2.50 V 之间（当其达到满充电条件时）。为了使这个系统工作得更好，这些门限值应该至少每月达到一次，而每周不应该多于一次。

采用脉冲充电电路时，并入一个真实的限压器是必不可少的，因为限压器可以防止继电器的过度通断。在蓄电池电压大大超过其设计限度时，引起的这种现象会长时间存在。

在这里展现的各种充电曲线中，除了完全匹配的系统以外，蓄电池的工作电压都被限定在图 2 - 33 所示曲线的 a、b 区间之内。基于这个假定，流通的电流应接近于短路电流 I_{sc}。

假定太阳处于连续的高辐射强度的状态，在一个被变化着的云量覆盖的实际光伏发电系统中，通常实际的充电曲线变化很大，如图 2 - 34 所示。在低云量覆盖状态的光伏发电系统中，日辐射曲线可以考虑为正弦曲线。

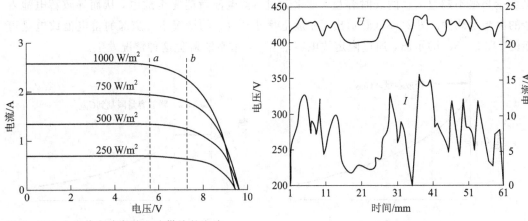

图 2-33　由光伏方阵向蓄电池供给的电流
　　　　　随蓄电池电压而变化

图 2-34　光伏发电系统的实际充电特性

2.5.2　放电保护

应该使用一种针对完全放电状态的保护方法，特别对铅酸蓄电池更应如此，对镉镍蓄电池只是在一个较小的范围内使用放电保护就可以了。为了确保满意的蓄电池使用寿命，防止单个电池反向或失效，以及确保关键负载总能处在被供电的状态，这种保护是必要的。如果系统估算是正确的话，这种保护在正常的蓄电池使用期间不会经常操作。

理想情况下，确保蓄电池在放电条件下正确使用的关键是精确测量蓄电池的充电状态。不幸的是，铅酸蓄电池和镉镍蓄电池都难以确定给出其充电状态下的可测量特性。

1. 限定放电容量到 C_{100}

图 2-35 显示出了一个典型的铅酸蓄电池以不同负载电流放电时的放电特性。图中清楚地表明，蓄电池容量随放电率的减少而增加。初始电压和最终放电电压（在这里负载必须断开）取决于放电电流。

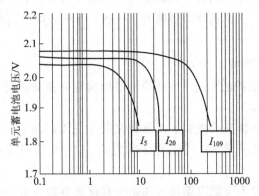

图 2-35　各种放电率下的蓄电池容量（标称容量为 100 A·h）

在大多数光伏发电系统中，蓄电池被估计为可连续运行几天，其负载电流通常是 100 小时电流，表示为 I_{100}。在这种情况下，通过限定最终放电电压为 U_{100} 的限制条件，可以保护蓄电池系统。

在那些负载电流变化大的系统（如一个独立的为民用事业供电的光伏发电系统）中，放

电容量必须不超过 C_{100} 的安时容量。如果超过,蓄电池就能完全放电,从而导致蓄电池寿命的大幅度减少。图 2-36(a)示出,在放电率小于 I_{100} 的情况下,全部的蓄电池放电是可能的。图 2-36(b)示出,通过限定放电容量 C_{100},常常能避免这种情况发生。

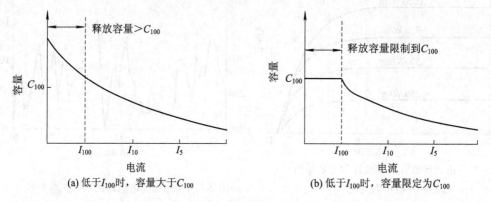

(a) 低于 I_{100} 时,容量大于 C_{100}　　　　　　　　(b) 低于 I_{100} 时,容量限定为 C_{100}

图 2-36　限定放电容量到 C_{100}

很多小型光伏发电系统用的蓄电池在它们的 C_{100} 额定值下是完全放电的。在这种状态下,它们的电解液密度大约等于 1.03 kg/L,这一数值已低到足以使铅溶解,随之造成永久性损坏。所以,这种蓄电池一定不能放电到它们的 C_{100} 额定值,当蓄电池电解液密度达到 1.10 kg/L 时,就必须停止放电。

2. 自动放电保护

1) 自动放电的常用保护方法

自动放电保护可由下列方法之一完成:

(1) 在小型光伏发电系统中的最简单、最普遍的保护方法是在一个预定的电压值将负载从蓄电池上断开,并将这种情况通过发光二极管或蜂鸣器提示给用户。某些这类设备能提供小量的备用功率。这种方法的主要优点是简单和低成本。

(2) 在调节器控制下连接到若干负载输出上。采用这种配置,用户能连续地使用如照明那样的主要负载,而非主要负载将被断开。当然,用户必须适当确定具有优先供电权的是哪些负载。

2) 重新连接负载的依据

在用于自动深放电保护的系统中,必须清楚地确定对负载进行重新连接的依据,以适应其应用。普遍性要求如下:

(1) 在蓄电池寿命必须充分重视、而负载又是非关键的地方,负载可以保持断开,直到在充电调节下蓄电池电压升到一个高电平时为止。这个电平应使回到蓄电池的电荷量达到最佳化。

(2) 当一个遥控装置不可能定期访问或是只有该装置被占有(例如,隔离间)时才有负载要求的地方,除非用户重新设置一个外部开关,否则,负载不应重新连接。这样就减少了无人看管期间蓄电池循环的可能性。

(3) 在那些负载供电是关键性的系统中,当蓄电池重新存储小量电荷之后,可能出现重新连接。在这种情况下,指示器应告诉用户蓄电池处于低充电状态,以便使负载耗电维持在最小值。

户用光伏发电系统主要由太阳能电池组件、蓄电池和负载三部分组成，其充、放电控制比较简单，市场已有成熟的定型产品出售，用户可以酌情选用。对于光伏电站，其充、放电控制设备还包含系统控制和负载控制等功能，往往需要根据用户要求进行专门设计。下面介绍几种具备特别功能的电压调节器。

2.5.3 具有特殊功能的电压调节器

1. 无触点电压调节器

使用继电器做电压调节器主电路开关是光伏发电系统的常用手段，它具有控制简便、隔离作用好、价格低廉等优点。但由于继电器触头寿命有限，通断易打火，开关速度不能过快，因此对于一些特殊场合用电，如高压系统、大电流系统等，使用继电器就容易出现问题。这时就需要使用无触点低功率开关器件来完成主电路的开关功能。现代电力电子技术的发展使得无触点大功率开关成为可能，并且已有很多种类的器件可供选择，如大功率晶体管、达灵顿管、VMOS 管、可控硅 GTO 等，这里仅介绍一种使用可控硅作充电回路开关器件的电压调节器的工作原理。

图 2-37 为使用可控硅作开关器件的串联型增量控制电压调节器的电路原理示意图，这里太阳能电池阵列被分为若干个子阵列，每一个子阵列都有一个可控硅作开关控制器件，同时它还可以在夜间起到阻塞二极管的作用，以防止蓄电池的反电流。电压检测器有带回差的电平比较器。假设蓄电池充电保护点为 2.35 V/格时，恢复充电点为 2.25 V/格，则当蓄电池充电电压达到 2.35V/格时，电压检测器输出端 A 点为输出电平，这时若脉冲发生器上跳脉冲到来，便可通过与非门倒向加到晶体管的基极上，使 TR_1 导通，将第 1 路子阵列短接，蓄电池的反电流对第 1 路子阵列进行控制，即可控硅 TH_1 关断，使第 1 路子阵列停止充电。这时若蓄电池电压在 2.35～2/25 V/格之间波动，则触发脉冲始终只加在 TR_1 的基极。

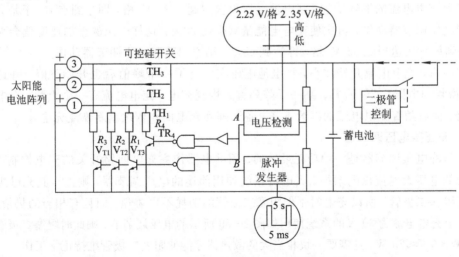

图 2-37 无触点电压调节器的电路原理示意图

当蓄电池电压降低到小于 2.25 V/格时，电压检测器输出状态改变成为低电平，经反相后，加在基极上的与非门，这样当脉冲发生器的下一个脉冲到来时，TR_4 导通，并触发可控硅，重新导通，使第 1 路子阵列恢复充电。

　　一般来说，这种电路的每个子阵列控制都是相对独立的，而每个子阵列的电压控制点可以按同一数值设定，但由于所有调节器的控制电压点设置得不可能完全一致，所以其动作过程也将因这一微小的差别而有先有后地进行。

　　另外，使用增加二极管的方法可以方便地对所要求的输出电压进行控制调节。增加一个二极管，输出电压下降 0.7 V，若干个二极管的串联便可以使蓄电池的供电电压下降到负载设备所要求的最大电源电压范围以内。通常二极管降压控制也是由带回差的电压检测电路来完成的。途中使用继电器作控制开关，是一种最简单的负载控制方式。

　　图 2-38 是一个 5 路子阵列的实际充电电压调节器的工作特性图。其中，4 路是可以调节控制的，有关此系统的参数在图中均已给出。当蓄电池在接近充满电时，随着太阳能电池阵列输出的增加，蓄电池电压也增加，当蓄电池电压达到 A 点，即达到 2.35 V/格时，一个电压调节动作，切断一个子阵列，使充电电能减少约 20%，于是蓄电池电压下降到低于 2.35 V/格。

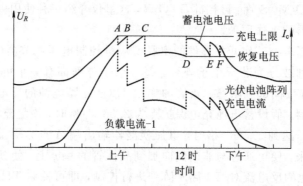

图 2-38　增量控制电压调节器的工作过程

（蓄电池容量为 1500 A·h，4V；太阳能电池倾角为 60°）

　　随着充电电流的继续增加，蓄电池电压再次达到 2.35 V/格，即达到点 B，于是另一路子阵列电压调节器动作，再次使充电电能量减少约 20%。这样电压的增加速度就会大大减缓，直到第三次达到 2.35 V/格，即达到 C 点，第三回路和电压调节器动作。

　　在中途，充电电流开始减小，蓄电池电压在经过了一个峰值后也开始下降，并达到点 D，即恢复到电压 2.25 V/格。某一子阵列首先恢复充电，充电电流有一个上跳，充电电压也上跳。而后随着充电电流的继续下降，各子阵列充电回路依次重新恢复充电。

2. 无压降电压调节器

　　无压降电压调节器是一种功耗最低的、用继电器作主充电回路开关的充电控制器，它适用于低电压大电流供电系统。大电流系统如用前述的电压调节器，则由于其充电主回路都使用阻塞二极管，所以充电时不但阻塞二极管的功耗不可避免，而且有相当的热量产生。假设一个充电电流为 30 A 的系统使用如图 2-39 所示的电压调节器，则此时阻塞二极管功耗为 30 W×0.7≈20 W。这需要一块相当大的散热器才能使阻塞二极管维持正常工作。

　　图 2-40 为无压降电压调节器原理图，它是在图 2-39 的基础上增加了光敏探测和电流检测而成的。其中，光敏探测用于充电开始控制；反电流检测的作用相当于阻塞二极管，当有反电流产生时，它立即产生控制信号驱动继电器断开充电回路。图 2-40 中，A 为反电流检测比较器，B 为过电压检测比较器，电路中使用继电器常开触头作充电回路控制开

关。比较器 A 和比较器 B 同时输出高电平时，继电器才有可能吸合进行充电。与图 2 - 39 不同的是，图 2 - 40 中，由于选用继电器常开触头作充电控制开关，所以检测过电压的比较器 B 的检测端电压和参考电压输入端电压正好相反。

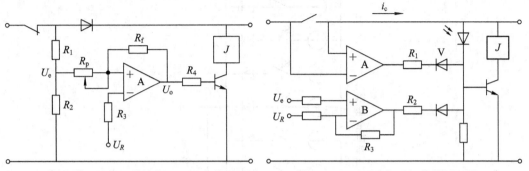

图 2 - 39　回滞可调的开关控制电压调节器原理图　　　图 2 - 40　无压降电压调节器原理图

继电器开关除受过电压和反电流控制外，它的吸合动作还受光电管 V 的控制，即只有当光线足够强时，系统才开始投入充电状态。

3. 双电压控制电压调节器

双电压控制电压调节器是根据铅酸蓄电池充电的碘化学原理过程而特别设计的充电控制器。它能够自动完成两个电压控制点的调解工作。

图 2 - 41 为双电压控制电压调节器的工作原理图。从图中可以看出，在一开始充电时电压调节器的调节电压点为 2.45 V/格，在这一点的电压能均衡充电电压。根据铅酸蓄电池的电化学工作原理，开始充电阶段，只有尽快达到这个电压值，蓄电池的电解液才能避免层化效应而以最高效率完成电化学反应，也就是充电效率最高。之后，充电电压必须立即下降，否则将开始造成电解液气化。所以系统在充电达到均衡充电电压时保护点 2.45 V/格改变为浮充电压保护点 2.35 V/格。这样蓄电池的整个充电过程便始终保持在最高效率状态，而且蓄电池的电解液也不会因过电压而造成气化损失。

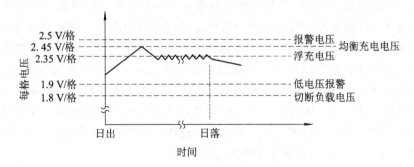

图 2 - 41　双电压控制电压调节器的工作原理示意图

4. 带微处理器的系统控制器

使用微处理器作光伏发电系统用控制器的检测控制核心有三大优势：高性能价格比，高检测控制精度，高运行可靠性和机动灵活性。

因此，使用微处理器作光伏发电系统的控制器核心是今后控制器的发展方向。

这里简要介绍一个使用 MCS51 系列单片机作控制检测核心的 2 kW 太阳能光伏发电系统，其充电控制原理如图 2 - 42 所示。

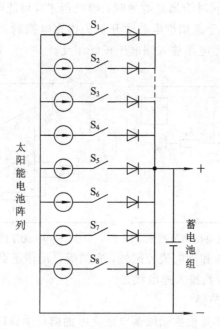

图 2-42　2 kW 光伏发电系统充电控制原理图

1）充电控制

　　蓄电池是中小型光伏发电系统，特别是独立运行的光伏发电系统不可缺少的储能设备，其成本占总系统成本的 15%~20%，因此延长蓄电池的使用寿命将直接关系到系统运行、维修成本及系统的可靠性。

　　本系统采用增量控制法控制太阳能电池阵列对蓄电池的充电过程，限制蓄电池的充电电压不会达到有害的程度，确保蓄电池寿命。图 2-42 给出了本系统充电控制原理，它将 2 kW 太阳能电池阵列分成 8 路，即每个控制增量为总量的 12.5%。在夏季来临后，日照时数见长，蓄电池接近充满状态。假设白天负载电流较小且恒定，则当太阳能电池电流增加时，蓄电池电压也逐渐增加。当电压达到蓄电池最高充电电压时，控制器即开始动作，切断一路太阳能电池阵列，使充电电压下降减少，于是蓄电池电压下调，脱离极限电压。随着太阳升高，太阳能电池电流增大，蓄电池开始逐渐充满，当电压再次达到最高极限时，控制器动作，又切断另一路太阳能电池阵列，再次使充电电流下跳。以此类推，始终保护蓄电池电压处在浮充状态。随着太阳能电池的充电电流的减小，蓄电池电压下降，各充电分路又一次分别投入充电，直到完成一天的充电过程，实现蓄电池的最佳充电效果。

　　2）太阳能电池阵列特性的检测及微机系统

　　太阳能电池光伏曲线就是在一定光强辐射和一定温度下太阳能电池的负载外特性，如图 2-43 所示。

　　光伏特性曲线是光伏发电系统的优化设计、运行状态可靠性、使用寿命及运行成本等各项指标的分析基础。在自然条件下，由于辐射到太阳能电池阵列上的太阳光强度的变化随天空的云量、大气透明度及太阳入射角度在不断变化着，电池板的温度也随着辐射的情况、环境温度及风力大小而不断变化，所以在自然条件下的 $I-U$ 特性曲线必须在极短的瞬间完成，才可能忽略光强和温度变化所带来的影响。

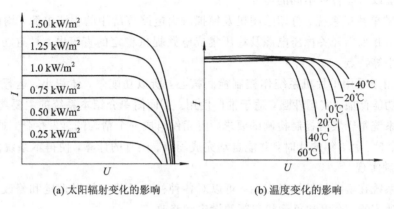

(a) 太阳辐射变化的影响　　　　　　(b) 温度变化的影响

图 2-43　不同光强和温度下的光伏特性

现代电子技术的发展，特别是微型计算机技术的使用，已使得在瞬间完成大量数据的采集和处理工作成为可能。图 2-44 为微机系统硬件框图。

本系统采用单片机作控制检测的核心，单片机独特的硬件结构，高效的指令系统和多址 I/O 数据运算能力、处理能力使得它既可以作为一种高效能的过程控制机，又可以成为有效的数据处理机，因此被广泛应用于工业控制、办公自动化设备、智能仪器仪表等领域。

本系统从实用角度出发，对负载控制、系统检测、抗干扰性等方面也进行了充分的考虑。例如，负载除一般配电控制外，还可以实现定时开、定时关等时间控制。系统检测包括对各主要参数的检测，如对充电电流、放电电流、蓄电池电压等的检测。本系统还能对一些环境参数进行检测，如对环境温度、太阳能电池板面上的太阳辐射强度、温度等进行检测。在抗干扰方面，本系统除在硬件上注意采取隔离屏蔽等措施外，还增加了程序监督电路，以随时跟踪监视程序运行情况，防止程序失常和进入死循环。

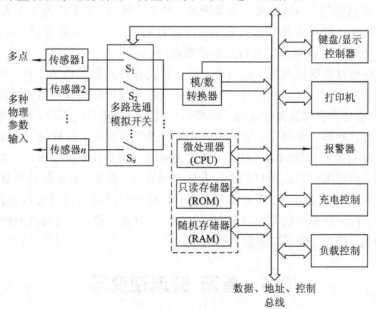

图 2-44　微机系统硬件框图

除此以外，本系统还考虑留有各种备用接口，如通信接口、备用电源启动接口、无线报警接口等,以适应各种不同的需要。

本系统的单片机系统、打印绘图机及模拟放大电路等所用的直流电源,均由系统内铅蓄电池供电,并采用开关稳压电源及稳压集成电路提供稳定的直流电,具有功耗低、工作可靠、体积小等特点。

本系统由于采用单片机系统作控制检测核心,所以功能强,体积小,运行可靠,而且操作简便,功能低廉,实用性强,适于推广使用。下面简单介绍本系统的主要功能。

(1)本系统基于实时控制检测的要求,由元件组成一个精确的秒发生器,通过秒累计,达到分、时、日、月、年的计时,并能自动完成闰年、闰月的计算,使得本系统的时间控制功能得以圆满实现。

(2)本系统在实行自动运行以后,可以对各种初值及状态加以设定和修改,如对日历时钟、蓄电池容量、充电和负载状态等的设定和修改。

(3)本系统有很强的控制功能,包括充电控制、配点控制、定时控制、备用电源启动控制等。

(4)本系统除可检测上述主要系统参数外,还可能通过控制电子负载完成对 2 kW 太阳能电池阵列或其子阵列的光伏特性的检测,即采集 100 对 I-U 值,描绘出 I-U 值曲线。

(5)本系统在采集数据的基础上,可以进行标度变换、数字变换以及多字节数值计算等,并输出结果。主要计算参数有:充电安时数、放电安时数、太阳能电池阵列的最大输出功率、填充因子等。

(6)本系统具有良好的显示功能,所有系统参数、状态均可由一个 8 位 LED 显示器显示输出。通过绘图打印功能,所有的系统参数、状态均可由一台小型四色打印绘图机打印输出。光伏电池阵列的光伏特性曲线也可描绘输出,在同一坐标中可同时描绘四条不同颜色的 I-U 特性曲线,以供比较。除此以外,本系统还可以输出打印问候话语及日期、时钟等。

(7)本系统有自测试功能,当系统主要部件出现故障或运行不正常时,如光电阵列开路或蓄电池电压过低等,能够自动启动报警器,并指示故障部位,以便工作人员及时检修。

(8)本系统在各种初值及状态设定后,可以自动完成以上全部功能。若无修改操作,则系统可按上电后程序自动设定的初值和状态运行。

(9)本系统可以根据键盘发出的指令,现场完成各种控制和检测工作。当本系统的微机系统处在检修期间时,可以通过开关完全用手动进行充电和负载配电的控制。

(10)本系统还具有键盘封锁功能,即当系统进入自动运行状态后,程序便对键盘实行软件封锁,只有重新输入密码后,系统才会开放键盘操作控制。这样便可有效地避免非操作人员操作及擅自修改系统的运行状态。锁定密码既可由设计人员根据用户要求一次性写入程序储存器,也可编程后由用户的操作人员自行修改、设定。本系统具有自动复位功能,即单片机系统除一般上电复位、手动键复位外,还设有程序监督自动复位电路。本系统还具有通信功能,因所用单片机系统设有 RS-232C 串行通信接口,故可以方便地实现与 PC 通信和传递数据、指令,也可以实现多机通信。

2.6　直流-交流逆变器

如前所述,所谓逆变器,就是把直流电能转变成交流电能以供给负载的一种电能转换装置,它正好是整流装置的逆向变换功能器件,因而被称为逆变器。

　　在光伏发电系统中，太阳能电池板在阳光照射下产生直流电，然而以直流电形式供电的系统有着很大的局限性。例如，日光灯、电视机、电冰箱、电风扇等大多数家用电器均不能直接用直流电源供电，绝大多数动力机械也是如此。此外，当供电系统需要升高电压或降低电压时，交流系统只需加一个变压器即可，而直流系统中的升、降压技术与装置则要复杂得多。因此，除特殊用户外，在光伏发电系统中都需要配备逆变器。逆变器一般还配备有自动稳频稳压功能，可保障光伏发电系统的供电质量。因此，逆变器已成为光伏发电系统中不可缺少的重要设备。

　　逆变器是一种具有广泛用途的电力电子装置。

　　当前，电力半导体器件的开发生产有了突飞猛进的发展。电力半导体器件是高效逆变电源的基础元件，目前，正向模块化、快速化、高频化、大容量化和智能化发展。

　　逆变器属于电力电子学范畴。电力电子学是在电气工程的三大领域——电力、电子与控制之间的一门边缘科学。逆变器功能要求逆变器按照一个重复开关的方式工作，这又是数控电子学的范畴；而开关动作的信号要求逆变连续，这又是模拟控制研究的对象。因此从事逆变器研究应具有电力电子、控制方面的有关知识，这一切也正是电力电子学所要研究的内容。

2.6.1　逆变器基本工作原理及电路系统构成

　　逆变器的种类很多，各自的工作原理、过程不尽相同，但是最基本的逆变过程是相同的。下面以最基本的逆变器——单相桥式逆变器电路为例，具体说明逆变器的"逆变"过程。单相桥式逆变器电路如图 2－45(a)所示。输入直流电压为 E，R 代表逆变器的纯电阻性负载。当开关 S_1、S_3 接通时，电流流过 S_1、R、S_3，负载上的电压极性是左正右负；当开关 S_1、S_3 断开，S_2、S_4 接通时，电流流过 S_2、R、S_4，负载上的电压极性反向。若两组开关 S_1 及 S_3、S_2 及 S_4 以频率 f 交替切换工作，则负载 R 上便可得到频率 f 的交变电压 U_r，其波形如图 2－45(b)所示。该波形为一方波，其周期 $T=1/f$。

　　图 2－45(a)电路中的开关 S_1、S_2、S_3、S_4 实际是各种半导体开关器件的一种理想模型。逆变器电路中常用的功率开关器件有功率晶体管(GTR)、功率场效应管(POWER MONSFET)、可关断晶闸管(GTO)及快速晶闸管(SCR)等。近年来又研制出功耗更低、开关速度更快的绝缘栅双极晶体管(IGBT)。

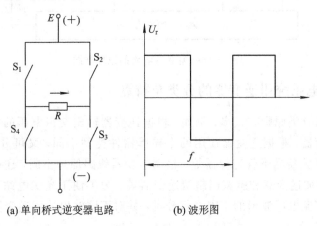

　　　　(a) 单向桥式逆变器电路　　　　　　(b) 波形图

图 2－45　直流电-交流电逆变原理示意图

　　图 2-45(a)所示电路是逆变器的逆变过程示意图。实际上要构成一台实用型逆变器，尚需增加许多重要的功能电路的及辅助电路。输出为正弦波电压，并具有一定保护功能的逆变器电路的原理框图如图 2-46 所示。其工作过程简述如下：由太阳能电池方阵(或蓄电池)送来的直流电进入逆变器主回路，经逆变器转换成为交流方波，再经滤波器滤波后成为正弦波电压，最后由变压器升压后送至用电负载。逆变器主回路中功率开关管的开关过程，是由系统控制单元通过驱动回路进行控制的。逆变器电路各部分的工作状态及工作参量，经由不同功能的传感器变换为可识别的电信号后，通过检测回路将信息送入系统控制单元进行比较、分析与处理。根据判断结果，系统控制单元对逆变器各回路的工作状况进行控制。例如，通过电压调节回路可调节逆变器的输出电压值。当检测回路送来的是短路信息时，系统控制单元通过保护回路，立即关断逆变器主回路的开关管，从而起到保护逆变器的作用。逆变器工作的主要状态信息及故障情况，通过系统控制单元可以送至显示及报警回路。根据逆变器的功率大小、功能多少的不同，图 2-46 中的系统控制单元，简单的可以是由一块组件构成的逻辑电路或专业芯片，复杂的可以是单片微处理器或 16 位微处理器等。此外，图 2-46 所示的是逆变器典型的电路系统原理，实际的逆变器电路系统可以比图 2-46 所示的简单许多，也可以较之更为复杂。最后要说明的是，一台功率完善、性能良好的逆变器，除具有如图 2-46 所示的全部功能电路外，还要有二次电源(即控制检测电路用电源)。该电源负责向逆变器所有的用电部件、元器件、仪表等提供不同等级的低压工作用电。

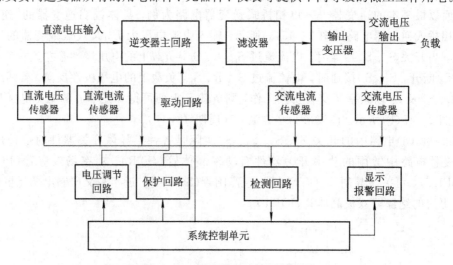

图 2-46　逆变器电路的原理框图

2.6.2　光伏发电系统用逆变器的分类及特点

　　有关逆变器的分类原则有很多，例如，根据逆变器输出交流电压的相数，可分为单相逆变器和三相逆变器；根据逆变器使用的半导体器件类型不同，又可分为晶体管逆变器、晶闸管逆变器及可关断晶闸管逆变器等；根据逆变器线路原理不同，还可分为自激振荡型逆变器、阶梯波叠加逆变器和脉宽调制型逆变器等。为了便于光伏电站选用逆变器，这里先以逆变器输出交流电压波形的不同进行分类，并对不同输出波形逆变器的特点作一简要说明。

1. 方波逆变器

方波逆变器输出的交流电压波形为方波，如图 2-47(a)所示。使用的功率开关管数量很少。设计功率一般在几十瓦至几百瓦之间。方波逆变器的优点是：价格便宜，维修简单。缺点是：由于方波电压中含有大量高次谐波，因此在以变压器为负载的用电器件中将产生附加损耗，对收音机和某些通信设备也有干扰。此外，这类逆变器中有的调压范围不够宽，保护功能不够完善，噪音也比较大。

2. 阶梯逆变器

阶梯逆变器输出的交流电压波形为阶梯波，如图 2-47(b)所示。逆变器实现阶梯波输出也有很多种不同的线路，输出波形的阶梯数目也不一样。阶梯逆变器的优点是：输出波形比方波有明显改善，高次谐波含量减少，当阶梯达到 17 个以上时，输出波形可实现准正弦波。当采用无变压器输出时，整机效率很高。缺点是：阶梯波叠加线路使用的功率开关管较多，其中有些线路形式还要求有多组直流电源输入。这给太阳能电池方阵的分组与接收以及蓄电池组的均衡充电均带来了麻烦。此外，阶梯波电压对收音机和某些通信设备仍有一些高频干扰。

3. 正弦波逆变器

正弦波逆变器输出的交流电压波形为正弦波，如图 2-47(b)所示。正弦波逆变器的综合技术性能好，功能完善，但线路复杂。正弦波逆变器的优点是：输出波形好，失真度低，对收音机及通信设备无干扰，噪声较小。缺点是：线路相对复杂，对维修技术要求较高，价格较贵。

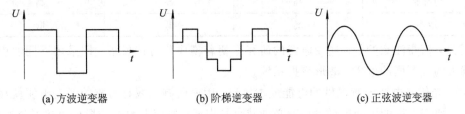

(a) 方波逆变器   (b) 阶梯逆变器   (c) 正弦波逆变器

图 2-47 三种类型逆变器的输出电压波形

上述三种逆变器的分类方法仅供光伏发电系统开发人员与用户在对逆变器进行识别和选型时参考。实际上，波形相同的逆变器在线路原理、使用期间及控制方法等方面仍有很大的区别。此外，从高效率逆变电源其变换方式的发展现状和前景来看，这里有必要着重介绍一下逆变电源按变换方式又可分为工频变换和高频变换的问题。目前市场上销售的逆变电源其变换方式多为工频变换。它利用分立器件或集成块产生 50 Hz 方波信号，然后利用这一信号区推动功率开关管，利用工频升压器产生 220V 交流电。这种逆变电源的结构简单，工作可靠，但由于电路结构本身的缺陷，不适合于带动感性负载，如电冰箱、电风扇、水泵、日光灯等。另外，这种逆变电源由于采用了工频变压器，因而体积大，笨重，价格高。

20 世纪 70 年代初期，20 kHz PWM 型开关电源的应用在世界上引起了所谓的"20 kHz 电源技术革命"。这种关于逆变电源变换方式的思想当时即被用在逆变电源系统中，但由于当时的功率器件昂贵，且损害大，高频高效逆变电源的研究一直处于停滞状态。到了 80 年代以后，随着功率场效应管工艺的日趋成熟及磁性材料质量的提高，高频变换逆变电源才走向市场。

高频变换逆变电源通过提高 DC-DC 变换频率，先将低压直流变为低压交流，经过脉冲变压器升压后再整流成高压直流。由于在 DC-DC 变换中采用了 PWM 技术，因而可得到稳定的直流电压，利用该电压可直接驱动交流节能灯、白炽灯、彩色电视机等负载。如对该高压直流进行类正弦变换或正弦变换，即可得到 220 V、50 Hz 正弦波交流电。这种逆变器由于采用高频变换(现多为 20 kHz 到 200 kHz)，因而体积小，重量轻；由于采用了二次调宽及二次稳压技术，因而输出电压非常稳定，负载能力强，性能价格比较高，是目前可再生能源发电系统中的首选品。随着谐振开关电源的发展，谐振变换的思想也被用在逆变电源系统中，即构成了谐振型高效逆变电源。这种逆变电源在 DC-DC 变换中采用了零电压或零电流开关技术，因而基本上可以消除开关损耗，即使当开关频率超过 1 MHz 后，电源的效率也不会明显降低。实验证明，在工作频率相同的情况下，谐振型变换的损耗可比非谐振型变换的损耗降低 30%～40%。目前，谐振型电源的工作频率可达到 500 kHz～1 MHz。表 2-7 列出了三种逆变电源的性能比较。

表 2-7　逆变电源的性能比较

比较项目	工频变换型	高频变换型	谐振变换型
效率	≤85%	≤90%	≤95%
负载能力	感性负载能力差	任何负载均可	任何负载均可
稳压精度	220±20 V	220±5 V	220±5 V
重量和体积	笨重，体积人	重量轻，体积小	重量轻，体积小
可靠性	高	高	高
成本	高	低	低

另外，值得注意的是，逆变电源的研究正朝着模块化方向发展，即采用不同的模块组合，就可构成不同的电压、波形变换系统。

由于光伏发电系统所提供的电能成本较高，因而研制高效且可靠的逆变电源就显得非常重要。要提高逆变电源的效率，就必须减小其损耗。逆变电源中的损耗通常可分为两类：导通损耗和开关损耗。由于器件具有一定的导通电阻 R_{ds}，因此当有电流流过时将会产生一定的功耗，这种损耗即为导通损耗。在器件开通和关断过程中，器件也将产生较大的损耗，这种损耗称为开关损耗。开关损耗可分为开通损耗、关断损耗和电容放电损耗。现代电源理论指出，要减小上述这些损耗，就必须对功率开关管实施零电压或零电流转换，即采用谐振型变换结构。

模块化具有调试简单、配制灵活等优点，因而在研制高效逆变电源的过程中，可以采用如图 2-48 所示的模块化结构。

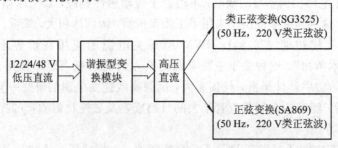

图 2-48　模块化结构示意图

用户可根据实际用电要求任意搭配各种模块，构成按要求输入或输出的高效逆变电源。

2.6.3　逆变器的主要技术性能及评价和选用

1. 逆变器的技术性能

表征逆变器性能的基本参数与技术条件的内容有很多。这里仅就评价光伏发电系统用逆变器经常用到的部分参数作一扼要说明。

1）额定输出电压

在规定的输入直流电压允许的波动范围内，额定输出电压表示逆变器应能输出的额定电压值。对输出额定电压值的稳定准确度，有如下规定：

（1）在稳态运行时，电压波动范围应有一个限定。例如，其偏差不超过额定值的±3%或±5%。

（2）在负载突变或有其他干扰因素影响的动态情况下，其输出电压偏差不应超过额定值的±8%或±10%。

2）输出电压的不平衡度

在正常工作条件下，逆变器输出的三相电压不平衡度（逆序分量对正序分量之比）应不超过一个规定值，以%表示，一般为5%或8%。

3）输出电压的波形失真度

当逆变器输出为正弦波时，应对允许的最大波形失真度（或谐波含量）作出规定。通常以输出电压的总波形失真度表示，其值不应超过5%（单相输出允许10%）。

4）额定输出频率

逆变器输出交流电压的频率应是一个相对稳定的值，通常为工频50 Hz。正常工作条件下其偏差应在±1%以内。

5）负载功率因数

负载功率因数表征逆变器带动感性负载的能力。在正弦波条件下，负载功率因数为0.7～0.9（滞后），额定值为0.9。

6）额定输出电流（或额定输出容量）

额定输出电流表示在规定的负载功率因数范围内逆变器的输出电流。有些逆变器产品给出的是额定输出容量，其单位以 V·A 或 kV·A 表示。逆变器的额定输出容量是当输出功率因数为1（即纯阻性负载）时，额定输出电压与额定输出电流的乘积。

7）额定输出效率

逆变器的效率是在规定的工作条件下，其输出功率对输入功率之比，以%表示。逆变器在额定输出容量下的效率为满负荷效率，在10%额定输出容量下的效率为低负荷效率。

8）保护

（1）过电压保护。对于没有电压稳定措施的逆变器，应有输出过电压的防护措施，以使负载免受输出过电压的损害。

（2）过电流保护。逆变器的过电流保护应能保证在负载发生短路或电流超过允许值时及时动作，使其免受浪涌电流的损伤。

9）启动特性

启动特性表征逆变器带负载启动的能力和动态工作时的性能。逆变器应保证在额定负载下能可靠启动。

10）噪声

电力电子设备中的变压器、滤波电感、电磁开关及风扇等部件均会产生噪声。逆变器正常运行时，其噪声应不超过 80 dB，小型逆变器的噪声应不超过 65 dB。

2. 对逆变器的评价

为了正确选用光伏发电系统用的逆变器，必须对逆变器的技术性能进行评价。根据逆变器对独立光伏发电系统运行特性的影响和光伏发电系统对逆变器的性能要求，以下几项是必不可少的评价内容。

1）额定输出容量

额定输出容量表征逆变器向负载供电的能力。额定输出容量值高的逆变器可带动更多的用电负载。但当逆变器的负载不是纯阻性，也就是输出功率小于 1 时，逆变器的负载能力将小于所给出的额定输出电容值。

2）输出电压的稳定度

输出电压稳定度表征逆变器输出电压的稳压能力。多数逆变器产品给出的是输入直流电压在允许波动范围内该逆变器输出电压的偏差％，这一量值通常称为电压调整率。高性能的逆变器应同时给出当负载由 0％→100％变化时，该逆变器输出电压的偏差％，通常称为负载调整率。性能良好的逆变器的电压调整率应小于等于 3％，负载调整率应小于等于 ±6％。

3）整机效率

逆变器的效率值表征自身功率损耗的大小，通常以％表示。对容量较大的逆变器，还应给出满负荷效率值和低负荷效率值。1 kW 以下的逆变器效率应为 80％～85％；1 kW 级的逆变器效率应为 85％～90％；10 kW 级的逆变器效率应为 90％～95％；100 kW 级的逆变器效率应超过 95％。逆变器效率的高低对光伏发电系统提高有效发电量和降低发电成本有着重要的影响。

4）保护功能

过电压、过电流及短路保护是保证逆变器安全运行的最基本措施。功能完善的正弦波逆变器还具有欠压保护、缺相保护及越限报警等功能。

5）启动性能

逆变器应保证在额定负载下的可靠启动。高性能的逆变器可做到连续多次满负荷启动而不损坏功率器件；小型逆变器为了自身安全有时采用软启动或限流启动。

以上是选用光伏发电系统用逆变器缺一不可的、最基本的评价项目。其他诸如逆变器的波形失真度、噪声水平等技术性能，对大功率光伏发电系统和并网型光伏电站也十分重要。

3. 逆变器的选用

在选用独立光伏发电系统用的逆变器时，除依据上述五项基本内容外，还应注意以下几点：

1）足够的额定输出容量和过载能力

逆变器的选用，首先要考虑的是它要具有足够的额定容量，以满足最大负荷下设备对电功率的要求。对以单一设备为负载的逆变器来说，其额定容量的选取较为简单；当用电设备为纯阻性负载或者功率因素大于 0.9 时，选取逆变器的额定容量为用电设备容量的 1.1～1.15 倍即可。逆变器以多个设备为负载时，逆变器容量的选取就要考虑几个用电设备同时工作的可能性，其专业术语称为负载系统的"同时数"。

2）较高的电压稳定性能

在独立的光伏发电系统中均以蓄电池为储能设备。当标称电压为 12 V 的蓄电池处于浮充电状态时，端电压可达 13.5 V，短时间过充电电压可达 15 V。蓄电池带负电荷放电终了时端电压可降至 10.5 V 或更低。蓄电池端电压的起伏可达标称电压的 30% 左右。这就要求逆变器的具有较好的调压性能，以保证光伏发电系统用稳定的交流电压供电。

3）在各种负载下具有高效率或较高效率

整机效率高是光伏发电用逆变器区别于通用性逆变器的一个显著特点。10 kW 级的通用型逆变器的实际效率只有 70%～80%，将其用于光伏发电系统时将带来总发电量 20%～30% 的电能损耗。光伏发电系统专用逆变器，在设计中应特别注意减少自身的功率损耗，以提高整机效率。这是提高光伏发电系统技术经济指标的一项重要措施。在整机效率方面，对光伏发电专用逆变器的要求是：kW 级以下逆变器的额定负荷效率为 80%～85%，低负荷效率为 65%～75%；10 kW 级逆变器的额定负荷效率为 85%～90%，低负荷效率为 70%～80%。

4）良好的过电流保护与短路保护功能

光伏发电系统在正常运行过程中，因负载故障、人员误操作及外界干扰等原因而引起的供电系统过流或短路，是完全可能出现的。逆变器对外电路的过电流及短路现象最为敏感，是光伏发电系统中的薄弱环节。因此，在选用逆变器时，必须要求它对过电流及短路有良好的自我保护功能。这是目前提高光伏发电系统可靠性的关键所在。

5）维护方面

高质量的逆变器在运行若干年后，因元器件失效而出现故障，应属于正常现象。除生产厂家需有良好的售后服务系统外，还要求生产厂家在逆变器生产工艺、结构及元器选型方面具有良好的可维护性。例如，损坏的元器件要有充足的备件或容易买到，元器件的互换性要好。在工艺结构上，元器件要容易拆装，更换方便。这样，即使逆变器出现故障，也可以迅速得到维护并恢复正常。

2.6.4　光伏电站逆变器的操作使用与维护检修

1. 操作使用

（1）应严格按照逆变器使用维护说明书的要求进行设备的连接和安装。在安装时，应认真检查：线径是否符合要求，各部件及端子在运输中是否有松动，应绝缘的地方是否绝缘良好，系统的接地是否符合规定。

（2）应严格按照逆变器使用维护说明书的规定操作使用。尤其是在开机前要注意输入电压是否正常，在操作时要注意开、关机的顺序是否正确，各表头和指示灯的指示是否正常。

（3）逆变器一般均有断路、过流、过压、过热等项目的自动保护，因此在发生这些情况时，无需人工停机。自动保护的保护点一般在出厂时已设定好，因此不用再进行调整。

（4）逆变器机柜内有高电压，操作人员一般不得打开柜门，柜门平时应锁死。

（5）在室温超过 30℃时，应采取散热降温措施，以防止设备发生故障，并延长设备使用寿命。

2. 维护检修

（1）应定期检查逆变器各部分的接线是否牢固，有无松动现象，尤其应认真检查风扇、功率模块、输入端子、输出端子以及接地等。

（2）逆变器一旦报警停机，不准马上开机，应查明原因并修复后再开机。检查应严格按逆变器维护手册的规定步骤进行。

（3）操作人员必须经过专门培训，应达到能够判断一般故障产生原因并能进行排除的水平。例如，能熟练地更换保险丝、组件以及损坏的电路板等。未经培训的人员，不得上岗操作使用设备。

（4）当发生不易排除的事故或事故的原因不清时，应做好相关详细记录，并及时通知生产厂家解决。

2.7　交流配电系统

2.7.1　光伏电站交流配电系统的构成和分类

光伏电站交流配电系统是用来接收和分配交流电能的电力设备。它主要由控制电器（断路器、隔离开关、符合开关等），保护电器（熔断器、继电器、避雷器等），测量电器（电流互感器、电压互感器、电压表、电流表、电度表、功率因数表等），以及母线和载流导体组成。

交流配电系统按照设备所处场所，可分为户内配电系统和户外配电系统；按照电压等级，可分为高压配电系统和低压配电系统；按照结构形式，可分为装配式配电系统和成套式配电系统。

中小型光伏电站一般供电范围较小，采用低压交流供电基本可满足用电需要。因此，低压配电系统在光伏电站中就成为连接逆变器与交流负载的一种接收和分配电能的电力设备。

2.7.2　光伏电站交流配电系统的主要功能和原理

由于投资的限制，目前西藏光伏电站的规模还不能完全满足当地的用电需求。为增加光伏电站的供电可靠性，同时减少蓄电池的容量和降低系统成本，供电站都配有备用柴油发电机组作为后备电源。后备电源的作用是：第一，当蓄电池馈电而太阳能电池方阵又无法及时补充充电时，可由后备柴油发电机组的充电设备给蓄电池组充电，并同时通过交流配电系统直接向负载供电，以保证供电系统正常运行；第二，当逆变器或者其他部件发生故障，光伏发电系统无法供电时，作为应急电源，可启动后备柴油发电机组，经交流配电系统直接为用户配电。因此，交流配电系统除在正常情况下将逆变器输出的电力提供给负载外，还应具有在特殊情况下将后备应急电源输出的电力直接向用户供电的功能。

由此可见，独立运行光伏电站交流配电系统至少应有两路电源输入：一路用于主逆变器输入，另一路用于后备柴油发电机组输入。在有备用逆变器的光伏发电系统中，其交流配电系统还应考虑增加一路输入。为确保逆变器和柴油发电机组的安全，杜绝逆变器与柴油发电机组同时供电的危险局面出现，交流配电系统的两种输入电源在切换时必须有绝对可靠的互锁装置，只要逆变器供电操作步骤没有完全排除干净，柴油发电机组供电便不可能进行；同样，在柴油发电机组通过交流配电系统向负载供电时，也必须确保逆变器绝对不介入交流配电系统。

交流配电系统的输出一般可根据用户要求设计。通常，独立光伏电站的供电保障率很难做到百分之百，为确保某些特殊负载的供电需求，交流配电系统至少应有两路输出，这样就可以在蓄电池电量不足的情况下，切断一路普通负载，确保向主要负载继续供电。在某些情况下，交流配电系统的输出还可以是三路或四路，以满足不同的需求。例如，有的地方需要远程送电，应进行高压输配电；有的地方需要为政府机关、银行、通信等重要单位设立供电专线等。

常用光伏电站交流配电系统主电路的基本原理结构如图 2-49 所示。

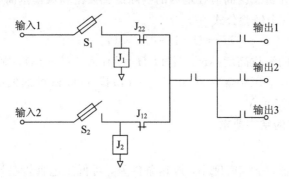

图 2-49　交流配电系统主线路的基本原理结构示意图

图 2-49 所示为两路输入、三路输出的配电结构。其中，S_1、S_2 是电开关。接触器 J_1 和 J_2 用于两路输入的互锁控制，即当输入 1 有电并闭合 S_1 时，接触器 J_1 线圈有电、吸合，接触器 J_{12} 将输入 2 断开；同理，当输入 2 有电并闭合 S_2 时，接触器 J_{22} 自动断开输入 1，起到互锁保护的作用。另外，配电系统的三路输出分别由 3 个接触器进行控制，可根据实际情况以及各路负载的重要程度分别进行控制操作。

2.7.3　对交流配电系统的主要要求

1. 对交流配电系统的通用要求

（1）动做准确，运行可靠。

（2）在发生故障时，能够准确、迅速地切断事故电流，避免事故扩大。

（3）在一定的操作频率工作时，具有较高的机械寿命和电气寿命。

（4）电器元件之间在电器、绝缘和机械等方面的性能能够配合协调。

（5）工作安全，操作方便，维修容易。

（6）体积小，重量轻，工艺好，制造成本低。

（7）设备自身能耗小。

2. 对交流配电系统的技术要求

1）选择成熟可靠的设备和技术

可选用符合国家技术标准的 PGL 型低压配电屏，这是用于发电厂、变电站交流 50 Hz、额定工作电压不超过 380 V 的低压配电照明的统一设计产品。为确保产品的可靠性，一次配电和二次控制回路均采用成熟可靠的电子线路。

2）充分考虑西藏地区的自然环境条件

按照有关电器产品的技术规定，通常低压电气设备的使用环境都限定在海拔 2000 m 以下，而西藏光伏电站大都位于海拔 4500 m 以上，远远超过这一规定。高海拔地理环境的主要气候特征是气压低，相对湿度大，温差大，太阳辐射强，空气密度低。随着海拔高度的增加，大气压力和相对密度下降，电器设备的外绝缘强度也随之下降。因此，在设计配电系统时，必须充分考虑当地恶劣环境对于电气设备的不利影响。按照国家有关标准的规定，安装在海拔高度超过 1000 m（但未超过 3500 m）的电气设备，在平地设计实验时，其外部绝缘的冲击和工频试验电压 U 应当等于国家标准规定的标准状态下的试验电压 U_0 再乘以一定的系数，即安装地点的海拔高度 H_0，如以 5000 m 代入公式，则 $U = 1.667 U_0$。

广州电器科学研究所总结高海拔地区的实际试验数据和从模拟高海拔地区人工试验箱中所得的数据，提出一个经验公式

$$U = U_0 [1 + 0.1 \times (H - 1)] \tag{2-15}$$

式中，H 为安装地区的海拔高度（km），若以 $H = 5$ 代入式（2-15），则 $U = 1.4 U_0$。我国低压电气设备的耐压试验电压通常取 2000 V，用在海拔 5000 m 处的低压电器设备的耐压试验电压应当取 2800～3500 V。

3. 交流配电系统的结构要求

1）散热

高海拔地区气压低，空气密度小，散热条件差，对低压电器设备影响大，必须在设计容量时留有较大的余地，以降低工作时的温升。充分考虑到西藏地区的环境条件，按照上述设计要求，交流配电系统在设计上对低压电气元件的选用都留有一定的余量，以确保系统的可靠性。

2）维护与维修

交流配电柜应为开启的双面维护结构，采用薄钢板及角钢焊接组合而成。屏前有可开启式的小门；屏面上方有仪表盘，可装设各种指示仪表。总之，配电柜应便于维护和维修。

3）接地

交流配电柜应具有良好的接地保护系统，主接地点一般要焊接在机柜的下方的骨架上，仪表盘也应有接地点与柜体相连，这样就构成了一个完整的接地保护电路，以便可靠地防止操作人员触电。

4. 交流配电柜的保护功能

交流配电柜应具有多种线路故障的保护功能。一旦发生保护动作，用户可根据情况进行处理，排除故障，恢复供电。

1）输出过载与短路保护

当输出电流有短路或过载等故障发生时，相应断路器会自动跳闸，断开输出。当有更严重的故障发生时，甚至会发生熔断器烧断。这时应首先查明原因，排除故障，然后再接通负载。

2）输入欠压保护

当系统的输入电压降到电源额定电压的 70％～35％时，输入控制开关自动跳闸断电；当系统的输入电压低于额定电压的 35％时断路器开关不能闭合送电。此时应查明原因，使配电装置的输入电压升高，再恢复供电。

交流配电柜在用逆变器输入供电时，具有蓄电池变压保护功能。当蓄电池放电到一定深度时，由控制器发出切断负载的信号，控制配电柜中的负载继电器动作，切断相应的负载。恢复送电时，只需进行按钮操作即可。

3）输入互锁保护

光伏电站交流配电柜最重要的保护是两路输入的继电器及断路器开关双重互锁保护。互锁保护功能是指当逆变器输入或柴油发电机组输入只要有一路有电时，另一路继电器就不能闭合，即按钮操作失灵。也就是说，断路器开关互锁保护只允许一路开关合闸通电，此时如果另一路也合闸，则两路将同时掉闸断电。

2.7.4　高压配电系统

大型光伏电站有时需要进行远距离送电。当送电距离超过 1 km 时，必须采用高压输配电系统，以确保送电质量。

高压输配电系统至少包括一个升压变压器、若干个降压变压器、高压断路器以及高压电杆、电缆等。

目前西藏安多、班戈光伏电站由于电站规模较大，送电距离较远，都采用 10 kV 高压输配电系统，送电效果良好。

高压配电系统中，无论是升压变压器还是降压变压器，工作时都可以达到 10 kV 的电压。所以在需要对高压输配电系统进行检修时，一定要确保逆变器和柴油发电机组处于停机状态，并在交流配电柜上悬挂"严禁供电"的指示牌。

第3章　风能及其发电技术

【内容摘要】

本章分析了独立运行和并网运行风力发电系统中的发电机、独立运行和并网运行的风力发电系统，以及风力发电机组设备、风电场升压变压器、配电线路及变电所设备，并介绍了风机设计及风力发电技术发展现状及趋势。

【理论教学要求】

理解独立运行和并网运行风力发电系统中的发电机工作原理，掌握独立运行和并网运行的风力发电系统的工作原理及风机设计。

【工程教学要求】

熟悉风力发电机组设备、风电场升压变压器、配电线路及变电所设备。

3.1　风及风能

3.1.1　风的形式

1. 大气环流

风的形成是空气流动的结果。空气流动的原因是地球绕太阳运转，日地距离和方位不同，地球上各纬度所接收的太阳辐射强度也就各异。赤道和低纬度地区比极地和高纬度地区太阳辐射强度大，地面和大气接收的热量多，因而温度高，这种温差形成了南北之间的气压梯度，使得空气流动。

地球自转形成的地转偏向力称为科里奥利力，简称偏向力或科氏力。在此力的作用下，在北半球，气流向右偏转，在南半球，气流向左偏转。所以，地球大气的运动除受到气压梯度的作用外，还受到地转偏向力的影响。地转偏向力在赤道为零，随着纬度的增高而增大，在极地达到最大。

由于地球表面受热不均，引起大气层中空气压力不均衡，因此，形成地面与高空的大气环流。各环流圈伸屈的高度，以赤道最高，中纬度次之，极地最低，这主要是由于地球表面增热程度随纬度增高而降低的缘故。这种环流在地球自转偏向力的作用下，形成了赤道到纬度30°N环流圈（哈德来环流）、纬度30°～60°N环流圈和纬度60°～90°

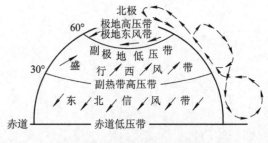

图3-1　三圈环流示意图

N环流圈，这便是著名的三圈环流，如图3-1所示。当然，所谓三圈环流，乃是一种理论上的环流模型。由于地球上海陆的分布不均匀，因此，实际的环流比上述情况要复杂得多。

2. 季风环流

在一个大范围地区内，风向或气压系统有明显的季节变化，这种在一年内随着季节的不同有规律转变风向的风，称为季风。季风盛行地区的气候又称季风气候。

亚洲东部的季风地区主要包括中国的东部、朝鲜、日本等。亚洲南部的季风，以印度半岛最为显著，这就是世界闻名的印度季风。

中国位于亚洲的东南部，所以东亚季风和南亚季风对中国气候变化都有很大影响。

形成中国季风环流的因素很多，主要是由于海陆差异、行星风带的季风转换以及地形特征等综合因素形成的。图 3-2 是季风的地理分布。

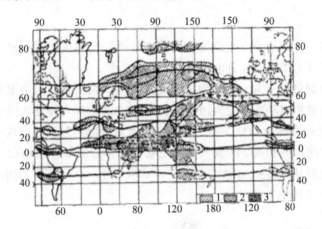

图 3-2　季风的地理分布

1）海陆分布对中国季风的作用

海洋的热容量比陆地大得多。冬季，陆地比海洋冷，大陆气压高于海洋，气压梯度力自大陆指向海洋，风从大陆吹向海洋；夏季则相反，陆地很快变暖，海洋相对比较冷，陆地气压低于海洋，气压梯度力由海洋指向大陆，风从海洋吹向大陆，如图 3-3 所示。

中国东临太平洋，南临印度洋，冬夏的海陆温差大，所以季风明显。

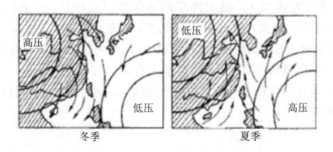

图 3-3　海陆热力差异引起的季风示意图

2）行星风带位置季节转换对中国季风的作用

地球上存在着 5 个风带。信风带、盛行西风带、极地东风带在南半球和北半球是对称分布的。这 5 个风带在北半球的夏季都向北移动，而冬季则向南移动。这样，冬季西风带的南缘地带在夏季可以变成东风带。因此，冬夏盛行风就会发生 180° 的变化。

冬季，中国主要在西风带的影响之下，强大的西伯利亚高压笼罩着全国，盛行偏北气流。夏季，西风带北移，中国在大陆热低压控制之下，副热带高压也北移，盛行偏南风。

3）青藏高原对中国季风的作用

青藏高原占中国陆地面积的四分之一，平均海拔在 4000 m 以上，对于周围地区具有热力作用。在冬季，高原温度较低，周围大气温度较高，形成下沉气流，从而加强了地面高压系统，使冬季风增强；在夏季，高原相对于周围自由大气是一个热源，加强了高原周围地区的低压系统，使夏季季风得到加强。另外，在夏季，西南季风由孟加拉湾向北推行，沿着青藏高原东部南北走向的横断山脉流向中国的西南地区。

3. 局地环流

1）海陆风

海陆风的形成与季风相同，也是由大陆和海洋之间的温度差异的转变引起的。不过海陆风的范围小，以日为周期，势力也相对薄弱。

由于海陆物理属性的差异，造成海陆受热不均匀，白天，陆上增温较海洋快，空气上升，而海洋上空气温相对较低，使地面有风自海洋吹向大陆，补充大陆地区上升气流，而陆上的上升气流流向海洋上空而下沉，补充海上吹向大陆的气流，形成一个完整的热力环流；夜间环流的方向正好相反，所以风从陆地吹向海洋。通常将这种白天从海洋吹向大陆的风称为海风，夜间从陆地吹向海洋的风称为陆风，将一天中海陆之间的周期性环流总称为海陆风（如图 3 - 4 所示）。

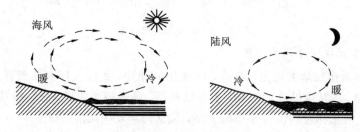

图 3 - 4　海陆风形成示意图

海陆风的强度在海岸最大，随着离岸距离的增加而减弱，一般影响距离约为 20～50 km。海风的风速比陆风大，在典型的情况下，风速可达 4～7 m/s，而陆风一般仅为 2 m/s 左右。海陆风最强烈的地区发生在温度日变化最大及昼夜海陆温差最大的地区。低纬度日照强，所以海陆风较为明显，尤以夏季为甚。

此外，在大湖附近同样日间有风自湖面吹向陆地，称为湖风，夜间风自陆地吹向湖面，称为陆风，合称湖陆风。

2）山谷风

山谷风的形成原理同海陆风是类似的。白天，山坡接收太阳光热较多，空气增温较多，而山谷上空，同高度上的空气因离地较远，增温较少，于是山坡上的暖空气不断上升，并从山坡上空流向谷地上空，谷底的空气则沿山坡向山顶补充，这样便在山坡与山谷之间形成一个热力环流。下层风由谷底吹向上坡，称为谷风。到了夜间，山坡上的空气受山坡辐射冷却影响，空气降温较多，而谷地上空，同高度的空气因离地面较远，降温较少，于是山坡上的冷空气因密度大，顺山坡流入谷地，谷底的空气因汇合而上升，并从上面向山顶上空流去，形成与白天相反的热力环流。下层风由山坡吹向谷地，称为山风。山风和谷风又总称为山谷风(如图 3 - 5 所示)。

(a) 谷风　　　　　　　　　　　　(b) 山风

图 3 - 5 　山谷风形成示意图

山谷风风速一般较弱,谷风风速比山风大一些,谷风速度一般为 2~4 m/s,有时可达 6~7 m/s。谷风通过山隘时,风速加大。山风速度一般仅为 1~2 m/s。但在峡谷中,风力还会增大。

4. 中国风能资源的形成

风资源的形成受多种自然因素的复杂影响,天气气候背景及地形和海陆的影响至关重要,因为风能在空间分布上是分散的,在时间分布上是不稳定和不连续的。也就是说,风速对天气气候非常敏感,时有时无,时大时小。尽管如此,风能资源在时间和空间分布上仍存在着很强的地域性和时间性。对中国来说,风能资源丰富及较丰富的地区,主要分布在北部和沿海及其岛屿两个大带里,其他只是在一些特殊地形或湖岸地区成孤岛式分布。

1) 三北(西北、华北、东北)地区风能资源丰富区

冬季(12~2 月份),整个亚洲大陆完全受蒙古高压控制,其中心位置在蒙古人民共和国的西北部,在高压中不断有小股冷空气南下,进入中国,同时还有移动性的高压(反气旋)不时地南下。南下时气温较低,当一次冷空气过程中其最低气温在 5℃ 以下,且这次过程中日平均气温 48 h 内最大降温达 10℃ 以上时,称为一次寒潮,不符合这一标准的称为一次冷空气。

影响中国的冷空气有 5 个源地,这 5 个源地侵入的路线称为路径。第一条路径来自新地岛以东附近的北冰洋面,从西北(NW)方向进入蒙古人民共和国西部,再东移南下影响中国,称为西北 1 路径,如图 3 - 6 中的 NW1;第二条源于新地岛以西北冰洋洋面,经俄罗

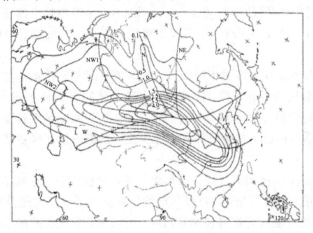

图 3 - 6 　寒潮路径图

斯、蒙古国进入中国，称为西北 2 路径，如图 3-6 中的 NW2；第三条源于地中海附近，称为西路径，东移到蒙古国西部再影响中国，如图 3-6 中的 W；第四条源于太梅尔半岛附近北冰洋洋面，向南移入蒙古国，然后再向东南影响中国，称为北路径，如图 3-6 中的 N；第五条源于贝加尔湖以东的东西伯利亚地区，进入中国东北及华北地区，称为东北路径，如图 3-6 中的 NE。

从图 3-6 中还可以看到，这五条路径进入中国后，分两条不同的路径南下：一条经河套、华北、华中，由长江中下游入海，有时可侵入华南地区，沿此路径入侵的寒潮可以影响中国大部分地区，出现次数占总次数的 60% 左右，是冷空气经过之地有连续的大风、降温、并常伴有风沙；另一条经过华北北部、东北平原，冷空气路径东移进入日本海，也有一部分经华北、黄河下游，向西南移入西湖盆地。这一条出现次数约占总次数的 40%。它常使渤海、黄海、东海出现东北大风，也给长江以北地区带来大范围的大风、降雪和低温天气。

这五条路径除东北路径外，一般都要经过蒙古人民共和国，当经过蒙古高压时得到新的冷高压的补充和加强，往往可以迅速南下，进入中国。每当冷空气入侵一次，大气环流必定发生一次大的调整，天气也将发生剧烈的变化。

欧亚大陆面积广大，北部气温低，是北半球冷高压活动最频繁的地区，而中国地处亚欧大陆南岸，是冷空气南下必经之路，三北地区正是冷空气入侵中国的前沿地区。一般冷高压前锋称为冷锋，在冷锋过境时，在冷锋后面 200 km 附近经常出现大风，可造成一次 6～10 级（10.8～24.4 m/s）大风。对风能资源利用来说，这就是一次可以有效利用风能的极好机会。强冷空气除在冬季入侵外，在春秋也常有入侵。

从中国三北地区向南，由于冷空气从源地长途跋涉，到达中国黄河中下游再到长江中下游，地面气温有所升高，原来寒冷干燥的气流性质逐渐改变为较冷湿润的气流性质（称为变性），也就是冷空气逐渐变暖，这时气压差也变小，所以，风速由北向南逐渐减少。

中国东部处于蒙古高压的东侧和东南侧，所以盛行风向都是偏北风，只是视其相对蒙古高压中心的位置不同而实际偏北的角度有所区别。三北地区多为西北风，秦岭黄河下游以南的广大地区盛行风向偏于北和东北之间。

春季（3～5 月份）是由冬季到夏季的过渡季节，由于地面温度不断升高，从 4 月份开始，中、高纬度地区的蒙古高压强度已明显地减弱，而这时印度低压（大陆低压）及其向东北伸展的低压槽控制了中国的华南地区，与此同时，太平洋副热带高压也由菲律宾向北逐渐侵入中国华南沿海一带，这几个高、低气压系统的强弱、消长都对中国风能资源有着重要的影响。

在春季，这几种气流在中国频繁地交替。春季是中国气旋活动最多的季节，特别是中国东北及内蒙古一带气旋活动频繁，造成内蒙古和东北的大风和沙暴天气。同样，江南气旋活动也较多，但造成的却是春雨和华南雨季。这也是三北地区风资源较南方丰富的一个主要原因。全国春季风向已不如冬季那样稳定少变，但仍以偏北风占优势，风的偏南分量显著地增加。

夏季（6～8 月份），东南地面气压分布形势与冬季完全相反。这时中、高纬度的蒙古高压向北退缩得已不明显，相反地，印度低压继续发展控制了亚洲大陆，为全国最盛的季风。太平洋副热带高压此时也向北扩展和单路西伸。可以说，东亚大陆夏季的天气气候变化基本上受这两个环流系统的强弱和相互作用所制约。

随着太平洋副热带高压的西伸北跳，中国东部地区均可受到它的影响，此高压的西部为东南气流和西南气流，带来了丰富的降水，但高、低压间压差小，风速不大。夏季是全国全年风速最小的季节。

夏季，大陆为热低压，海上为高压，高、低压间的等压线在中国东部几乎呈南北向分布的形式，所以夏季盛行偏南风。

秋季（9～11 月份）是由夏季到冬季的过渡季节，这时印度低压和太平洋高压开始明显衰退，而中高纬度的蒙古高压又开始活跃起来。冬季风来得迅速且维持稳定。此时，中国东南沿海已逐渐受到蒙古高压边缘的影响，华南沿海由夏季的东南风转为东北风。三北地区秋季已确立了冬季风的形势，各地多为稳定的偏北风，风速开始增大。

2）东南沿海及其岛屿风能资源丰富的地区

东南沿海及其岛屿地区的天气气候背景与三北地区基本相同，所不同的是海洋与大陆由两种截然不同的物质所组成，二者的辐射与热力学过程都存在着明显的差异。大陆与海洋间的能量交换不大相同，海洋温度变化慢，具有明显的热惰性，大陆温度变化快，具有明显的热敏感性，冬季海洋较大陆温暖，夏季较大陆凉爽。在冬季，每当冷空气到达海上时，风速增大，再加上海洋表面平滑，摩擦力小，一般风速比大陆增大 2～4 m/s。

东南沿海受台湾海峡的影响，每当冷空气南下到达时，由于狭管效应，使风速增大，因此是风能资源最佳的地区。

在沿海，每当夏秋季节均会受到热带气旋的影响。中国现行的热带气旋名称和等级标准见表 3-1。当热带气旋风速达到 8 级（17.2 m/s）以上时，称为台风。台风是一种直径为 1000 km 左右的圆形气旋，中心气压极低，距台风中心 10～30 km 的范围内是台风眼，台风眼中天气极好，风速很小。在台风眼外壁，天气最为恶劣，最大破坏风速就出现在这个范围内，所以一般只要不是在台风正面直接登陆的地区，风速一般小于 10 级（26 m/s），它的影响平均有 800～1000 km 的直径范围。每当台风登陆后，沿海可以产生一次大风过程，而风速基本上在风力机切出风速范围之内，这是一次满发电的好机会。

表 3-1　热带气旋名称和等级标准

中心附近最大风力等级	国际热带气旋名称	中国现行热带气旋名称	
		对国内	对国外
6、7	热带低压	热带低压	热带低压
8、9	热带风暴	台风	热带风暴
10、11	强热带风暴		
12 或 12 以上	台风	强台风	台风

台风登陆在中国每年约有 11 次，而广东每年台风登陆最多，为 3.5 次，海南次之，为 2.1 次，台湾为 1.9 次，福建为 1.6 次，广西、浙江、上海、江苏、山东、天津、辽宁等合计仅为 1.7 次。由此可见，台风影响的地区由南向北递减。对从台湾路径通过的次数进行等频率线图的分析，可知南海和东海沿海频率远大于北部沿海，对风能资源来说也是南大北小。由于台风登陆后中心气压升高极快，再加上东南沿海东北—西南走向的山脉重叠，所以形成的大风仅在距海岸几十公里内。风能功率密度由 300 W/m² 锐减到 100 W/m² 以下。

综上所述，冬春季的冷空气、夏秋的台风都能影响到沿海及其岛屿。相对于内陆来说，这里形成了风能丰富带。由于台湾海湾的狭管效应的影响，东南沿海及其岛屿是风能最佳丰富区。中国的海岸线有 18 000 多公里，有 6000 多个岛屿和近海广大的海域，是风能大、有开发利用前景的地区。

3）内陆风能资源丰富地区

在两个风能丰富带之外，我国内陆其他地区风能功率密度一般较小，但是在一些地区，由于湖泊和特殊地形的影响，风能比较丰富，如鄱阳湖附近较周围地区风能就大，湖南衡山、湖北九宫山、利川、安徽的黄山、云南太华山等较平地相比风能大。但是这些只限于很小范围之内，不像两大带那样大的面积。

青藏高原海拔在 4000 m 以上，这里的风速比较大，但空气密度小，如海拔 4000 m 以上的空气密度大致为地面的 0.67 倍。也就是说，同样是 8 m/s 的风速，在平原上风能功率密度为 313.6 W/m²，而在海拔 4000 m 只为 209.9 W/m²，所以对风能利用来说仍属一般地区。

5. 中国风速变化特性

1）风速年变化

各月平均风速的空间分布与造成风速的天气气候背景和地形以及海陆分布等有直接关系，就全国而论，各地年变化有差异，如三北地区和黄河中下游，全国风速最大的时期绝大部分出现在春季，风速最小出现在秋季。以内蒙古多伦为代表，最大风速在 3～5 月份，最小风速在 7～9 月份。冬季冷空气经三北地区奔腾而下，风速也较大，但春季不但有冷空气经过，而且春季气旋活动频繁，故而春季比冬季风要大些。北京也是 3 月份和 4 月份全年风速最大，7～9 月份风速最小。但在新疆北部，风速年变化情况和其他地区有所不同，而是春末夏初（4～7 月份）风速最大，冬季风最小，这是由于冬季处于蒙古高压盘踞之下，冷空气聚集在盆地之下，下层空气极其稳定，风速最小，而在 4～7 月份，特别是在 5、6 月份，冷锋和高空低槽过境较多，地面温度较高，冷暖平流很强，容易产生较大气压梯度，所以风速最大。

东南沿海全年风速变化，如图 3-7 所示。以福建平潭为例，夏季风较小，秋季风速最大。由于秋季北方冷高压加强南下，海上台风活跃北上，东南沿海气压梯度很大，再加上台湾海峡的狭管效应，因此风速最大；初夏因受到热带高压脊的控制，风速最小。

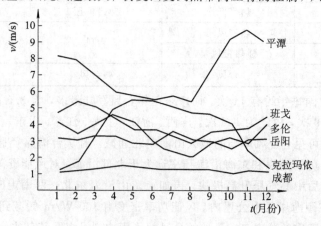

图 3-7　风速年变化

青藏高原以班戈为代表，春季风速最大，夏季最小。在春季，由于高空西风气流稳定维持在这一地区，高空动量下传，所以风速最大；在夏季，由于高空西风气流北移，地面为热低压，因此风速较小。

2）风速日变化

风速日变化即风速在一日之内的变化，一般有陆地上和海上日变化两种类型，主要与下面的性质有关。

陆地上风速日变化是白天风速大，午后 14 时左右达到最大，晚上风速小，在黎明前 6 时左右风速最小。这是由于白天地面受热，特别是午后地面最热，上下对流旺盛，高层风动量下传，使下层空气流动加速，而在午后加速最多，因此风速最大；日落后地面迅速冷却，气层趋于稳定，风速逐渐减小，到日出前地面气温最低，有时形成逆风，因此风速最小。

海上风速日变化与陆地相反，白天风速小，午后 14 时左右最小，夜间风速大，清晨 6 时左右风速最大，如图 3-8 所示（这是渤海钻井平台的观测资料）。地面风速日变化是因高空动量下传引起的，而动量下传又与海陆昼夜稳定变化不同有关。海上夜间海温高于气温，大气层热稳定度比白天大，正好与陆地相反。另外，海上风速日变化的幅度较陆面小，这是因为海面上水温和气温的日变化都比陆地小，陆地上白天对流强于海上夜间。

在近海地区或海岛上，风速的变化既受海面的影响又受陆地的影响，所以风速日变化并不明确地属于哪一类型。稍大的一些岛屿一般受陆地影响较大，白天风速较大，如成山头、南澳、西沙等。但有些较大的岛屿，如平潭岛，风速日变化几乎已经接近陆上风速日变化的类型。

风速的日变化还随着高度的增加而改变，如武汉阳逻铁塔高 146 m，风的梯度观测有 9 层，即 5、10、15、20、30、62、87、119、146 m。经 5 年观测，发现不同高度风速日变化的特点很不相同，如图 3-9 所示。

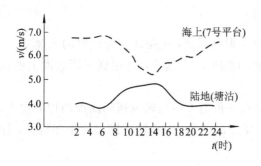

图 3-8　风速日变化

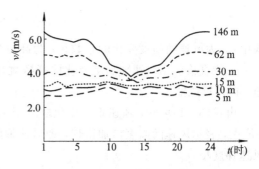

图 3-9　武汉阳逻铁塔平均风速日变化

由图 3-10 可见，大致在 15～30 m 处是分界线，在 30 m 以下的日变化是白天风大，夜间风小，在 30 m 以上随高度的增加，风速日变化逐渐由白天风大向夜间风大转变，到 62 m 以上基本上是白天风小，夜间风大。

这一结果与北方锡林浩特铁塔 4 年的实测资料的结果有着明显的差异，如图 3-11 所示。

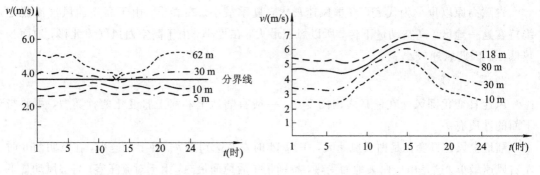

图 3-10　风速日变化分界线　　　　　　图 3-11　锡林浩特铁塔年平均日变化

由图 3-11 可见，在低层 $10 \sim 118$ m，都是日出后风速单调上升，直到午后达到最大，但达到最大的时间，低层 10 m 为 14 时；随高度增加向后推移，到 118 m，最大的时间在 17 时左右。此后，随着午后太阳辐射强度的减弱，上下层交换又随之减弱，相应风速又开始下降，在 7 时左右风速最小，且随高度向后推移，在 118 m 高度，风速最小值在 9 时左右。

这两地的风速随高度日变化不同，主要是由于武汉阳逻上下动量交换远比锡林浩特交换高度低。该结果同时也表明，中国北方地区昼夜温度场变化大，白天湍流交换比长江沿岸要大得多。因此在风能利用中，必须掌握各地不同高度风速日的变化规律。

6. 风速随高度变化

在近地层中，风速随高度有显著的变化。造成风在近地层中的垂直变化的原因有动力因素和热力因素，前者主要来源于地面的摩擦效应，后者则与近地层大气垂直稳定度有关系。

风速与高度的关系式为

$$u_n = u_1 \left(\frac{z_n}{z_1} \right)^{\alpha} \tag{3-1}$$

式中，α 为风速随高度变化的系数，u_1 为高度为 z_1 时的风速，u_n 是高度为 z_n 时的风速。

一般直接应用风速随高度变化的指数规律，以 10 m 为基准，订正到不同高度上的风速，再计算风能。

由式 (3-1) 可知，风速垂直变化取决于 α 值。α 值的大小反映风速随高度增加的快慢，α 值大，表示风速随高度增加得快，即风速梯度大，α 值小，表示风速随高度增加得慢，即风速梯度小。

α 值的变化与地面粗糙度有关。地面粗糙度是随地面的粗糙程度变化的常数。在不同的地面粗糙度的情况下，风速随高度变化差异很大。粗糙地面比光滑地面更易在近地层中形成湍流，使得垂直混合更为充分，混合作用加强，近地层风速梯度就减小，而梯度风的高度就较高。也就是说，粗糙的地面比光滑的地面到达梯度风的高度要高，所以使得粗糙的地面层中的风速比光滑地面的风速小。

指数 α 值一般为 $1/15 \sim 1/4$，最常用的是 $1/7$（即 $\alpha = 0.142$）。$1/7$ 代表气象站地面粗糙度。为了便于比较，表 3-2 中给出了 $\alpha = 0.12$、0.142、0.16 时的三种不同地面粗糙度。

表 3-2 风速随高度变化系数

离地高度/m	$\alpha=0.12$	$\alpha=0.142$	$\alpha=0.16$	离地高度/m	$\alpha=0.12$	$\alpha=0.142$	$\alpha=0.16$
10	1.10	1.10	1.00	55	1.23	1.27	1.31
15	1.05	1.06	1.07	60	1.24	1.29	1.33
20	1.09	1.10	1.12	65	1.25	1.30	1.35
25	1.12	1.14	1.16	70	1.26	1.32	1.37
30	1.14	1.17	1.19	75	1.27	1.33	1.38
35	1.16	1.19	1.22	80	1.28	1.34	1.39
40	1.18	1.22	1.25	85	1.29	1.36	1.41
45	1.20	1.24	1.27	90	1.30	1.37	1.42
50	1.21	1.26	1.29	100	1.32	1.39	1.45

α 值也可根据现场实测 2 层以上的资料推算出来,其计算公式为

$$\alpha=\frac{\ln u_n-\ln u_1}{\ln z_n-\ln z_1} \tag{3-2}$$

3.1.2 风能资源的计算及其分布

如前所述,风形成的主要原因是太阳辐射造成地球各部分受热不均匀,并因此形成了大气环流以及各种局地环流。除了这些有规则的运动形式之外,自然界的大气运动还有复杂而无规则的乱流运动。这就给风能资源潜力的估计、风电场的选址带来了很大的困难,但是在大的天气气候背景和有利的地形条件下仍有很强的规律可循。

1. 中国风能资源总储量的估计

风能利用究竟有多大的发展前景呢?这就需要对它的总储量有一个科学的估计。这样在制订今后可以发展的各种能源比例上就可以进行更合理的配置,充分发挥其效益。

1948 年普特南姆(Putnam)对全球风能储量进行了估算,他认为大气总能量约为 10^{14} MW。这个数量得到了世界气象组织的认可,并在 1954 年世界气象组织出版的技术报告第 4 期《来自于风的能量》中进一步假定上述数量的一千万分之一是可为人们所利用的,即有 10^7 MW 为可利用的风能。这就相当于 10 000 个每座发电量为 100 万千瓦的利用燃料发电的发电厂的发电量。这个数量相当于当今全世界能源的总需求量。冯·阿尔克斯(W. S. Von Arx)在 1974 年提出,上述的量过大,这个量只是一个储藏量,对于再生能源来说,必须跟太阳能的流入量对它的补充相平衡,其补充率较小时,将会衰竭,因此人们关心的是可利用的风的动能。他认为,地球上可以利用的风能为 10^6 MW。即使如此,可利用风能的数量仍旧是地球上可利用的水力能源的 10 倍。因此在再生能源中,风能是一种非常可观的、有前途的能源。

古斯塔夫逊在 1979 年从另一个角度推算了风能利用的极限。他根据风能从根本上说

来源于太阳能这一理论，认为可以通过估计到达地球表面的太阳辐射流有多少能够转变为风能，来得知有多少可利用的风能。根据他的推算，到达地球表面的太阳辐射流是 1.8×10^{17} W，经折算后也就是 350 W/m^2，其中转变为风的转换率 $\eta = 0.02$，可以获得的风能为 3.6×10^{15} W，即 7 W/m^2。在整个大气层中边界层中，风能占总风能的 35%，也就是边界层中能获得的风能为 1.3×10^{15} W，即 2.5 W/m^2。作为一种稳妥的估计，在近地面层中的风能提取极限是它的 $1/10$，即 0.25 W/m^2，全球的总量就是 1.3×10^{14} W。

根据全国年平均风能功率密度分布图，利用每平方米 25、50、100、200 W 等各等值线区间的面积乘以各等级风能功率密度，然后求其各区间积之和，可计算出全国 10 m 高度处风能储量为 322.6×10^{10} W，即 32.26 亿 kW，这个储量称作理论可开发量。考虑风力机间的湍流影响，一般取风力机间距为叶轮直径的 10 倍，因此按上述总量的 $1/10$ 估计，并考虑风力机叶片的实际扫掠面积(直径为 1 m 叶轮的面积为 $0.5^2 \times \pi = 0.785$ m^2)，再乘以扫掠面积系数 0.785，即为实际可开发量。由此，便可得到中国风能实际可开发量为 2.53×10^{11} W，即 2.53 亿 kW。这个值不包括海面上的风能资源量，同时仅是 10 m 高度层上的风能资源量，而非整层大气或整个近地层内的风能量。因此，本估算与阿尔克斯、古斯塔夫逊等人的估算值不属同一概念，不能直接与之比较。我国东海和南海开发利用的风能资源量为 7.5 亿 kW。

2. 风能的计算

风能的利用主要就是将它的动能转化为其他形式的能，因此计算风能的大小也就是计算气流所具有的动能。

在单位时间内流过垂直于风速截面积 $A(\text{m}^2)$ 的风能，即风功率为

$$\bar{\omega} = \frac{1}{2} \rho v^3 A \tag{3-3}$$

式中：$\bar{\omega}$ 为风能，单位为 W(即 kg·m^2·s^{-3})；ρ 为空气密度，单位为 kg/m^3；v 为风速，m/s。式(3-3)是常用的风功率公式，风力工程上又习惯称之为风能公式。

由式(3-3)可以看出，风能大小与气流通过的面积、空气密度和气流速度的立方成正比。因此，在风能计算中，最重要的因素是风速，风速取值准确与否对风能的估计有决定性作用。如风速大 1 倍，则风能可达原来的 8 倍。

为了衡量一个地方风能的大小，评价一个地区的风能潜力，风能密度是最方便和有价值的指标。风能密度是气流在单位时间内垂直通过单位截面积的风能。将式(3-3)除以相应的面积 A，当 $A = 1$ 时，便得到风功率密度的公式，也称风能密度公式，即

$$\bar{\omega} = \frac{1}{2} \rho v^3 \quad (\text{W/m}^2) \tag{3-4}$$

由于风速是一个随机性很大的量，必须通过一定时期的观测来了解它的平均状况，因此在一段时间长度内的平均风能密度可以将上式对时间积分后平均。

当知道了在 T 时间长度内风速 v 的概率分布 $P(v)$ 后，平均风能密度便可计算出来。

在研究了风速的统计特性后，可以用一定的概率分布形式来拟合风速分布 $P(v)$，这样就大大简化了计算的手续。

需要根据一个确定的风速来确定风力机的额定功率，这个风速称为额定风速。在这种风速下，风力机功率达到最大。风力工程中，把风力机开始运行做功时的这个风速称为启

动风速或切入风速。风速达到某一极限时,风力机有损坏的危险,必须停止运行,这一风速称为停机风速或切出风速。因此,在统计风速资料计算风能潜力时,必须考虑这两种因素。通常将切入风速到切出风速之间的风能称为有效风能。因此还必须引入有效风能密度这一概念,它是有效风能范围内的风能平均密度。

3. 风能资源分布

风能资源潜力的多少是风能利用的关键。

利用上述方法计算出的全国有效风能功率密度和可利用小时数代表了风能资源的丰欠。

将这两张图综合归纳分析可以看出如下几个特点:

1) 大气环流对风能分布的影响

东南沿海及东海、南海诸岛,因受台风的影响,最大年平均风速在 5 m/s 以上。大陈岛台山可达 8 m/s 以上,风能也最大。东南海沿岸有效风能密度 $\geqslant 200$ W/m²,其等值线平行于海岸线,有效风能出现时间百分率可达 80%～90%。风速 $\geqslant 3$ m/s 的风全年出现累积小时数为 7000～8000 h;风速 $\geqslant 6$ m/s 的风有 4000 h 左右。岛屿上的有效风能密度为 200～500 W/m²,风能可以集中利用。福建的台山、东山、平潭、三沙,台湾的澎湖湾,浙江的南麂山、大陈、嵊泗等岛,有效风能密度都在 500 W/m² 左右,风速 $\geqslant 3$ m/s 的风积累为 800 h,换言之,平均每天可以有 21 h 以上的风速 $\geqslant 3$ m/s。但在一些大岛,如台湾和海南,又具有独特的风能分布特点。台湾风能南北两端大,中间小;海南西部大于东部。

内蒙古和甘肃北部地区,高空终年在西风带的控制下。冬半年地面在蒙古高原东南缘,冷空气南下,因此,总有 5～6 级以上的风出现在春夏和夏秋之交。另外,这些地区气旋活动频繁,当气旋过境时,风速也较大。这一地区年平均风速在 4 m/s 以上,最高可达 6 m/s;有效风能密度为 200～300 W/m²,风速 $\geqslant 3$ m/s 的风全年积累小时数在 5000 h 以上,风速 $\geqslant 6$ m/s 的风在 2000 h 以上。其规律从北向南递减。其分布范围较大,从面积来看,是中国风能连成一片的最大地带。

云、贵、川、陕等省及甘南、豫西、鄂西和湘西等地区的风能较小。这些地区受西藏高原的影响,冬半年高空在西风带的死水区,冷空气沿东亚大槽南下,很少影响这里,夏半年海上来的天气系统也很难到这里,所以风速较弱,年平均风速约在 2.0 m/s 以上,有效风能密度在 500 W/m² 以下,有效风力出现时间仅 20% 左右。风速 $\geqslant 3$ m/s 的风全年出现累积小时数在 2000 h 以下,风速 $\geqslant 6$ m/s 的风在 150 h 以下。在四川盆地和西双版纳年平均风速最小,小于 1 m/s。这里全年静风频率在 60% 以上,如绵阳为 67%,巴中为 60%,阿坝为 67%,恩施为 75%,德格为 63%,耿马、孟定为 72%,景浩为 79%,有效风能密度仅 30 W/m² 左右。风速 $\geqslant 3$ m/s 的风全年出现累积小时数仅 3000 h 以上,风速 $\geqslant 6$ m/s 的风仅 20 多小时。换句话说,这里平均每 18 天以上才有 1 次历时 10 min、风速 $\geqslant 6$ m/s 的风。

2) 海陆和水体对风能分布的影响

中国沿海风能都比内陆大,湖泊都比周围的湖滨大。这是由于气流流经海面或湖面摩擦力较少,风速较大。由沿海向内陆或由湖面向湖滨,动能很快消耗,风速急剧减小,故有效风能密度利用率小，风速≥3 m/s 和风速≥6 m/s 的风的全年积累小时的等值线不但平行于海岸线和湖岸线，而且数值相差很大。福建海滨是中国风能分布丰富地带，而距海50 km 处，风能反变为贫乏地带。山东荣成和文登两地相差不到 40 km，而荣城有效风能密度为 240 W/m^2，文登为 141 W/m^2，相差 59%。台风风速随着登陆距离削减情况的统计结果如图 3-12 所示。台风登陆时在海岸上的地形如山脉、海拔高度和一般地形等都对风速有不同影响。

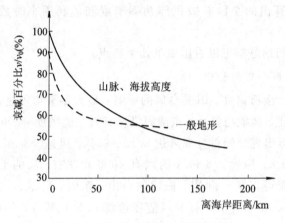

图 3-12　台风登陆风速衰减百分比

3）地形对风能分布的影响

（1）山脉对风能的影响。气流在运行中受到地形阻碍的影响，不但会改变风速，还会改变方向。其变化与地形形状有密切关系。一般范围较大的地形对气流有屏障的作用，使气流出现爬绕运动。所以在天山、祁连山、秦岭、大小兴安岭、阴山、太行山、南岭和武夷山等的风能密度线和可利用小时数曲线大都平行于这些山脉，特别明显的是东南沿海的几条东北—西南走向的山脉，如武夷山、戴云山、鹫峰山、括苍山等。所有东南沿海式山脉，山的迎风面风能丰富，风能密度为 200 W/m^2，风速≥3 m/s 的风出现的小时数约为 7000～8000 h；而在山区及其背风面风能密度在 50 W/m^2 以下，风速≥3 m/s 的风出现的小时数约为 1000～2000 h，难以利用。四川盆地和塔里木盆地由于天山和秦岭山脉的阻挡为风能不能利用区。雅鲁藏布江河谷，也是由于喜马拉雅山脉和冈底斯山的屏障，风能很小，不值得利用。

（2）海拔高度对风能的影响。由于地面摩擦消耗运动气流的能量，在山地风速是随着海拔高度增加而增加的。如表 3-3 所示，对高山与山麓年平均风速进行对比可知，每上升100 m，风速约增加 0.11～0.34 m/s。

事实上，在复杂山地，很难分清地形和海拔高度的影响，二者往往交织在一起，如北京八达岭风力发电试验站同时观测的平均风速分别为 2.8 m/s 和 5.8 m/s，相差 3.0 m/s。后者风大，一是由于它位于燕山山脉的一个南北向的低地，二是由于它的海拔比北京高500 多米，是二者同时作用的结果。

青藏高原海拔在 4000 m 以上，风速比周围地区大，但其有效风能密度较小，在150 W/m^2 左右。这是由于青藏高原海拔高，空气密度较小，因此风能较小，如在 4000 m的空气密度大致为地面的 67%。也就是说，同样是 8 m/s 的风速，在平地海拔 500 m 以下有效风能密度为 313.6 W/m², 而在 4000 m 只有 209.9 W/m²。

表 3-3　山顶与山麓的风速对比

站名	海拔高度/m	年平均风速/(m/s)	每百米递增率/(m/s)	站名	海拔高度/m	年平均风速/(m/s)	每百米递增率/(m/s)
泰山	1534	6.2		衡山	1266	6.2	
	1405	2.3	0.25		1165	2.82	0.34
泰安	129	2.7		衡阳	101	2.2	
五台山	2896	9.0		庐山	1164	5.5	
	2059	3.91	0.33		1132	1.9	0.23
原平	837	2.3		九江	32	2.9	
黄山	1840	5.7		华山	2065	4.3	
	1696	4.75	0.27		1716	1.73	0.11
屯溪	147	1.2		渭南	349	2.5	

（3）中小地形的影响。蔽风地形风速较小，狭管地形风速增大。明显的狭管效应地区如新疆的阿拉山口和达坂城、甘肃的安西、云南的下关等，这些地方风速都明显增大。

即使在平原上的河谷，如松花江、汾河、黄河和长江等河谷，风能也比周围地区大。

海峡也是一种狭管地形，与盛行风向一致时，风速较大，如台湾海峡中的澎湖列岛，年平均风速为 6.5 m/s，马祖为 5.9 m/s，平潭为 8.7 m/s，南澳为 8 m/s，又如渤海海峡的长岛，年平均风速为 5.9 m/s。

（4）局地风对风能的影响是不可低估的。在一个小山丘前，气流受阻，强迫抬升，所以在山顶流线密集，风速加强。山的背风面，因为流线辐射，风速减小。有时气流过一个障碍，如小山包等，其产生的影响在下方 5～10 km 的范围。有些低层风是由于地面粗糙度的变化形成的。

4. 风能区划

划分风能区划的目的是根据各地风能资源的差异，合理地开发利用。

1）区划标准

风能分布具有明显的地域性的规律，这种规律反映了大型天气系统的活动和地形作用的综合影响。

第一级区划选用能反映风能资源多寡的指标，即利用年有效风能密度和年风速 ≥3 m/s 的风的年积累小时数的多少将全国分为 4 个区，见表 3-4。

表 3-4　风能区划指标

指标	丰富区	较丰富区	可利用区	贫乏区
年有效风能密度/(W/m²)	≥200	200～150	150～50	≤50
风速≥3 m/s 的年小时数/h	≥5000	5000～4000	4000～2000	≤2000
占全国面积（%）	8	18	50	24

第二级区划指标选用一年四季中各季风能大小和有效风速出现的小时数。

第三级区划指标采用风力机安全风速，即抗大风的能力，一般取30年一遇。

根据这三种指标，将全国分为4个大区，30个小区。

一般仅粗略地了解风能区划的大的分布趋势，所以按一级指标划分就能满足要求。

2）中国风能分区及各区气候特征

按表3-5的指标将全国划分为4个区。

（1）风能丰富区（Ⅰ）。

① 东南沿海、山东半岛和辽东半岛沿海区（ⅠA）。这一地区面临海洋，风力较大。愈向内陆，风速愈小，风力等值线与海岸线平行。从表3-5中可以看出，除了高山站——台山、天池、五台山、贺兰山等外，全国气象站风速≥7 m/s的地方都集中在东南沿海。平潭年平均风速为8.7 m/s，是全国平地上最大的。该区有效风能密度在200 W/m²以上，海岛上可达300 W/m²以上，其中平潭最大（749.1 W/m²）。风速≥3 m/s的小时数全年有6000 h以上，风速≥6 m/s的小时数在3500以上，而平潭分别可达7939 h和6395 h。也就是说，风速≥3 m/s的风每天平均有21.75 h。这里的风能潜力是十分可观的。台山、南麂、成山头、东山、马祖、马公、东沙、嵊泗等地区的风能也都很大。

表3-5　全国年平均风速≥6 m/s的地点

省名	地点	海拔高度/m	年平均风速/(m/s)	省名	地点	海拔高度/m	年平均风速/(m/s)
吉林	天池	2670.0	11.7	福建	九仙山	1650.0	6.9
山西	五台山	2895.8	9.0	福建	平潭	24.7	6.8
福建	平潭海洋站	36.1	8.7	福建	崇武	21.7	6.8
福建	台山	106.9	8.3	山东	朝连岛	44.5	6.4
浙江	大陈岛	204.9	8.1	山东	青山岛	39.7	6.2
浙江	南麂岛	220.9	7.8	湖南	南岳	1265.9	6.2
山东	成头山	46.1	7.8	云南	太华山	2358.3	6.2
宁夏	贺兰山	2901.0	7.8	江苏	西连岛	26.9	6.1
福建	东山	51.2	7.3	新疆	阿拉山口	282.0	6.1
福建	马祖	91.0	7.3	辽宁	海洋岛	66.1	6.1
台湾	马公	22.0	7.3	山东	泰山	1533.7	6.1
浙江	嵊泗	79.6	7.2	浙江	括苍山	1373.9	6.0
广东	东沙岛	6.0	7.1	内蒙古	宝音图	1509.4	6.0
浙江	岱山岛	66.8	7.0	内蒙古	前达门	1510.9	6.0
山东	砣矶岛	66.4	6.9	辽宁	长海	17.6	6.0

这一区风能大的原因主要是，海面比起伏不平的陆地表面摩擦阻力小。在气压梯度相同的条件下，海面上风速比陆地要大。风能的季节分配，山东、辽东半岛春季最大，冬季次

之，这里 30 年一遇 10 min 平均最大风速为 35～40 m/s，瞬间风速可达 50～60 m/s，为全国最大风速的最大区域。而东南沿海、台湾及南海诸岛都是秋季风能最大，冬季次之，这与秋季台风活动频率有关。

② 三北部区（ⅠB）。本区是内陆风能资源最好的区域，年平均风能密度在 200 W/m² 以上，个别地区可达 300 W/m²。风速≥3 m/s 的时间 1 年有 5000～6000 h，虎勒盖可达 7659 h。风速≥6 m/s 的时间 1 年在 3000 h 以上，个别地点在 4000 h 以上（如朱日和为 4180 h）。本区地面受蒙古高压控制，每次冷空气南下都可造成较强风力，而且地面平坦，风速梯度较小，春季风能最大，冬季次之。30 年一遇 10min 平均最大风速可达 30～35 m/s，瞬时风速为 45～50 m/s，本区地域远较沿海广阔。

③ 松花江下游区（ⅠC）。本区风能密度在 200 W/m² 以上，风速≥3 m/s 的时间有 5000 h，每年风速≥6～20 m/s 的时间在 3000 h 以上。本区的大风多数是由东北低压造成的。东北低压春季最易发展，秋季次之，所以春季风力最大，秋季次之。同时，这一区又处于峡谷中，北为小兴安岭，南有长白山，这一区正好在喇叭口处，风速加大。30 年一遇 10 min 平均最大风速为 25～30 m/s，瞬时风速为 40～50 m/s。

（3）风能较丰富区（Ⅱ）。

① 东南沿海内陆和渤海沿海区（ⅡD）。从汕头沿海岸向北，沿东南沿海经江苏、山东、辽宁沿海到东北丹东。实际上是丰富区向内陆的扩展。这一区的风能密度为 150～200 W/m²，风速≥3 m/s 的时间有 4000～5000 h，风速≥6 m/s 的有 2000～3500 h。长江口以南，大致秋季风能大，冬季次之；长江口以北，大致春季风能大，冬季次之。30 年一遇 10 min 平均最大风速为 30 m/s，瞬时风速 50 m/s。

② 三北的南部区（ⅡE）。从东北图们江口区向西，沿燕山北麓经河西走廊，过天山到新疆阿拉山口南，横穿三北中北部。这一区的风能密度为 150～200 W/m²，风速≥3 m/s 的时间有 4000～4500 h。这一区的东部也是丰富区向南向东扩展的地区。在西部北疆是冷空气的通道，风速较大，形成了风能较丰富区。30 年一遇 10 min 平均最大风速为 30～32 m/s，瞬时风速为 45～50 m/s。

③ 青藏高原区（ⅡF）。本区的风能密度在 150 W/m² 以上，个别地区（如五道梁）可达 180 W/m²，而 3～20 m/s 的风速出现的时间却比较多，一般在 5000 h 以上（如茫崖为 6500 h）。所以，若不考虑风能密度，仅以风速≥3 m/s 出现时间来进行区划，那么该地区应为风能丰富区。但是，这里海拔在 3000～5000 m 以上，空气密度较小。在风速相同的情况下，这里风能比海拔低的地区小，若风速同样是 8 m/s，上海的风能密度为 313.3 W/m²，而呼和浩特为 286.0 W/m²，二地高度相差 1000 m，风能密度则相差 10%。林芝与上海高度相差约 3000 m，风能密度相差 30%；那曲与上海高度相差 4500 m，风能密度则相差 40%（见表 3-6）。由此可见，计算青藏高原（包括内陆的高山）的风能时，必须考虑空气密度的影响，否则计算值将会大大偏高。青藏高原海拔较高，离高空西风带较近，春季随着地面增热，对流加强，上下冷热空气交换，使西风急流动量下传，风力较大，故这一区的春季风能最大，夏季次之。这是由于此区夏季转为东风急流控制，西南季风爆发，雨季来临，但由于热力作用强大，对流活动频繁且旺盛，所以风力也较大。30 年一遇 10 min 平均最大风速为 30 m/s，虽然这里极端风速可达 11～12 级，但由于空气密度小，因此风压只能相当于平原的 10 级。

表 3-6　不同海拔高度风能的差异

风速/(m/s)	风能密度/(W/m²)				
	4.5 m (上海)	1063.0 m (呼和浩特)	11 984.9 m (阿合奇)	3000 m (林芝)	4507.0 m (那曲)
3	16.5	15.1	13.5	11.8	11.0
5	76.5	69.8	62.4	54.4	46.4
8	313.3	286.0	255.5	223.0	190.0
10	612.0	558.6	499.1	435.5	371.1

（3）风能可利用区（Ⅲ）。

① 两广沿海区（ⅢG）。这一区在南岭以南，包括福建海岸向内陆 50～100 km 的地带。风能密度为 50～100 W/m²，每年风速≥3 m/s 的时间为 2000～4000 h，基本上从东向西逐渐减小。本区位于大陆的南端，但冬季仍有强大冷空气南下，其冷锋可越过本区到达南海，使本区风力增大。所以，本区的冬季风最大；秋季受台风的影响，风力次之。由广东沿海的阳江以西沿海，包括雷州半岛，春季风能最大。这是由于冷空气在春季被南岭山地阻挡，一股股冷空气沿漓江河谷南下，使这一地区的春季风力变大。秋季，台风对这里虽有影响，但台风西行路径仅占所有台风的 19%，台风影响不如冬季冷空气影响的次数多，故本区的冬季风能较秋季大。30 年一遇 10 min 平均最大风速可达 37 m/s，瞬时风速可达 58 m/s。

② 大小兴安岭山地区（ⅢH）。大小兴安岭山地的风能密度在 100 W/m² 左右，每年风速≥3 m/s 的时间为 3000～4000 h。冷空气只有偏北时才能影响到这里，本区的风力主要受东北低压影响较大，故春、秋季风能大。30 年一遇最大 10 min 平均风速可达 37 m/s，瞬时风速可达 45～50 m/s。

③ 中部地区（ⅢI）。本区为从东北长白山开始向西过华北平原，经西北到中国最西端，贯穿中国东西的广大地区。本区由风能欠缺区（即以四川为中心）在中间隔开，这一区的形状与希腊字母"π"很相像，约占全国面积的 50%。"π"字形的前一半包括西北各省的一部分、川西和青藏高原的东部与南部。风能密度为 100～150 W/m²，一年风速≥3 m/s 的时间有 4000 h 左右。这一区春季风能最大，夏季次之。但雅鲁藏布江两侧（包括横断山脉河谷）的风能春季最大，冬季次之。"π"字形的后一半分布在黄河河长江中下游。这一地区风力主要是冷空气南下造成的，每当冷空气过境，风速明显加大，所以这一地区的春、冬季节风能大。由于冷空气南移的过程中，地面气温较高，冷空气很快变性分裂，很少有明显的冷空气到达长江以南。但这时台风活跃，所以这里秋季风能相对较大，春季次之。30 年一遇最大 10 min 平均风速为 25 m/s 左右，瞬时风速可达 40 m/s。

（4）风能欠缺区（Ⅳ）。

① 川云贵和南岭山地区（ⅣJ）。本区以四川为中心，西为青藏高原，北为秦岭，南为大娄山，东面为巫山和武陵山等。这一地区冬半年处于高空西风带"死水区"内，四周的高山使冷空气很难入侵。夏半年台风也很难影响到这里，所以，这一地区为全国最小风能区，风能密度在 500 W/m² 以下，成都仅为 35 W/m² 左右。风速≥3 m/s 的时间在 2000 h 以上，成都仅有 400 h，恩施、景洪两地更少。南岭山地风能欠缺，春、秋季冷空气南下，受到南岭阻挡，往往停留在这里，冬季弱空气到此地也形成南岭准静止锋，故风力较小。

南岭北侧受冷空气影响相对比较明显，所以冬、春季风力最大。南岭南侧多受台风影响，故在冬、秋两季风力最大。30 年一遇 10min 平均最大风速 20～25m/s，瞬时风速可达30～38 m/s。

② 雅鲁藏布江和昌都区（ⅣK）。雅鲁藏布江河谷两侧为高山。昌都地区也在横断山脉河谷中。这两个地区由于山脉屏障，冷、暖空气都很难侵入，所以风力很小。有效风能密度在 50 W/m² 以下，风速≥3 m/s 的时间在 2000 h 以下。雅鲁藏布江风能是春季最大，冬季次之，而昌都是春季最大，夏季次之。30 年一遇 10 min 平均最大风速 25 m/s，瞬时风速为 38 m/s。

③ 塔里木盆地西部区（ⅣL）。本区四面亦为高山环抱，冷空气偶尔越过天山，但为数不多，所以风力较小。塔里木盆地东部由于是一马蹄形"C"的开口，冷空气可以从东灌入，风力较大，所以盆地东部属可利用区。30 年一遇 10 min 平均最大风速 25～28 m/s，瞬时风速为 40 m/s 左右。

3）各风能区中不同下垫面风速的变化

前面已谈到，4 个风能区是粗略地区分。往往在一些情况下，丰富区中可能包括较丰富的地区，较丰富区又包括丰富的地区。这种差异一般是由于下垫面造成的，特别是山脊山顶和海岸带地区。

根据大量实测资料对比分析，参照国外的资料给出了如表 3-7 所示的 10 m 高 4 类不同地形条件下风能功率密度和年平均风速对比。

表 3-7　10 m 高 4 类不同地形条件下风能功率密度和年平均风速对比

风能区	城郊气象站（遮蔽）		开阔平原		海岸带		山脊和山顶	
风速 风能	风速 /(m/s)	风能 /(W/m²)	风速 /(m/s)	风能 /(W/m²)	风速 /(m/s)	风能 /(W/m²)	风速 /(m/s)	风能 /(W/m²)
丰富区	>4.5	>225	>6.0	>330	>6.5	>372	>7.0	>425
较丰富区	3.0～4.5	155～255	4.5～6.0	225～330	5.0～6.5	262～372	55～7.0	296～425
可利用区	2.0～3.0	95～115	3.0～4.5	123～225	3.5～5.0	155～262	4.0～5.5	193～296
贫乏区	<2.0	<95	<3.0	<123	<3.5	<155	<4.0	<193

由表 3-7 可知，气象站观测的风速较小，这主要是由于气象站一般位于城市附近，受城市建筑等的影响使风速偏小。例如，在丰富区，气象站年平均风速为 4.5 m/s，开阔的平原为 6 m/s，海岸带为 6.5 m/s，到山顶可达 7.0 m/s。这就说明地形对风速的影响是很大的。风能大的更为明显，同是丰富区气象站，风能功率密度为 225 W/m²，而山顶可达 425 W/m²，几乎增加了 1 倍。

3.2　风力发电机、蓄能装置

3.2.1　独立运行风力发电系统中的发电机

1. 直流发电机

1）基本结构及原理

较早时期的小容量风力发电装置一般采用小型直流发电机。在结构上有永磁式及

电励磁式两种类型。永磁式直流发电机利用永久磁
铁来提供发电机所需的励磁磁通，其结构形式如图
3-13所示；电励磁式直流发电机则借助励磁线圈
产生励磁磁通，由于励磁绕组与电枢绕组连接方式
不同，因此可分为他励与并励（自励）两种形式，其
结构形式如图3-14所示。

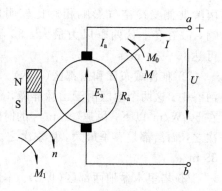

图 3-13　永磁式直流发电机

　　在风力发电装置中，直流发电机由风力机拖动旋
转时，根据法拉第电磁感应定律，在直流发电机的电
枢绕组中产生感应电势，在电枢的出线端（ab 两端）若
接上负载，就会有电流流向负载，即在 a、b 端有电能
输出，风能也就转换成了电能。

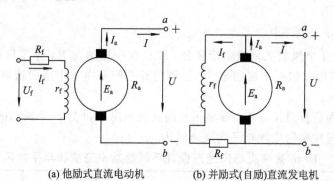

(a) 他励式直流电动机　　　　(b) 并励式(自励)直流发电机

图 3-14　电励磁式直流发电机

直流发电机电枢回路中各电磁物理量的关系为

$$E_a = C_e \Phi n \tag{3-5}$$

$$U = E_a - I_a R_a \tag{3-6}$$

励磁回路中各电磁物理量的关系如下：

他励发电机：

$$I_f = \frac{U_f}{R_f + r_f}$$

并励发电机：

$$I_f = \frac{U}{R_f + r_f} \tag{3-7}$$

$$\Phi = f(I_f) \tag{3-8}$$

以上式中：C_e 为电机的电势系数；Φ 为电机每极下的磁通量；R_a 为电枢绕组电阻；R_f
为励磁绕组的外接电阻；E_a 为绕组感应电势；U 为电枢端电压；n 为发电机转速；I_f 为励磁
电流。

　　2）发电机的电磁转矩与风力机的驱动转矩之间的关系

　　根据比奥-沙瓦定律，直流发电机的电枢电流与发电机的磁通作用会产生电磁力，并
由此而产生电磁转矩，电磁转矩可表示为

$$M = C_M \Phi I_a \tag{3-9}$$

式中：C_M 为电机的转矩系数；M 为电磁转矩；I_a 为电枢电流。

电磁转矩对风力机的拖动转矩为制动性质的，在转速恒定时，风力机的拖动转矩与发电机的电磁转矩平衡，即

$$M_1 = M + M_0 \qquad\qquad (3-10)$$

式中：M_1 为风力机的拖动转矩；M_0 为机械摩擦阻转矩。

当风速变化时，引起风力机的驱动转矩变化或者发电机的负载变化时，转矩的平衡关系为

$$M_1 = M + M_0 + J \frac{d\Omega}{dt} \qquad\qquad (3-11)$$

式中：J 为风力机、发电机及传动系统的总转动惯量；Ω 为发电机转轴的旋转角速率；$J \dfrac{d\Omega}{dt}$ 为动态转矩。

由式（3-11）可见，当负载不变，即 M 为常数时，若风速增大，发电机转速将增加；反之，转速将下降。由式（3-5）可知，转速的变化将导致感应电势及电枢端电压变化，为此风力机的调速装置应动作，以调整转速。

3）发电机与变化的负载连接时，电磁转矩与转速的关系

直流发电机与变化的负载电阻 R 连接时的线路如图 3-15 所示。根据式（3-5）、式（3-6）及 $U = I_a R$，可知

$$M = C_M \Phi \frac{E_a}{R_a + R} = C_M \Phi \frac{C_e \Phi n}{R_a + R} = \frac{C_e C_M \Phi^2 n}{R_a + R} = K_n \qquad (3-12)$$

$$K = \frac{C_e C_M \Phi^2}{R_a + R}$$

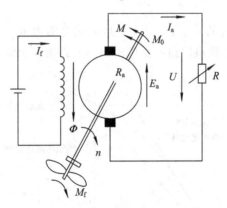

图 3-15　他励直流发电机与变化的负载电阻 R 连接

当励磁磁通 Φ 及负载电阻 R 不变化时，K 为一常数。故 M 与 n 的关系为直线关系，对应于不同的负载电阻，M 与 n 有不同的线性关系，如图 3-16 中的 A、B、C 三条直线，分别对应负载电阻为 R_1、R_2 及 R_3（$R_3 > R_2 > R_1$）时的 $M-n$ 特性。并励直流发电机的 $M-n$ 特性与他励的相似，只是在并励时励磁磁通将随电枢端电压的变化而改变，因此 $M-n$ 的关系不再是直流关系，其 $M-n$ 特性为曲线形状，如图 3-17 所示。

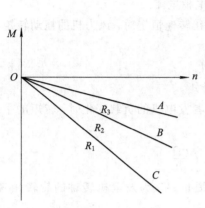

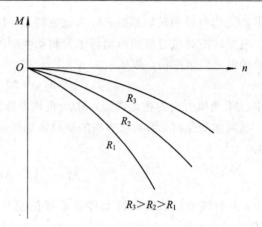

$R_3 > R_2 > R_1$

图 3-16 他励直流发电机的 $M-n$ 特性　　图 3-17 并励直流发电机的 $M-n$ 特性

4）并励直流发电机的自励

在采用并励发电机时，为了建立电压，在发电机具有剩磁的情况下，必须使励磁绕组并联到电枢两端的极性正确，同时励磁回路的总电阻 $R_f + r_f$ 必须小于某一定转速下的临界值。如果并联到电枢两端的极性不正确（即励磁绕组接反了），则励磁回路中的电流所产生的磁势将削减发电机中的剩余磁通，发电机的端电压就不能建立，即电机不能自励。

当励磁绕组解法正确，励磁回路中的电阻为 $r_f + R_f$ 时，由图 3-18 可知

$$\tan\alpha = \frac{U_0}{I_{f_0}} = \frac{I_{f_0}(r_f + R_f)}{I_{f_0}} = r_f + R_f$$

励磁回路电阻线与无载特性曲线的交点即为发电机自励后建立起来的电枢端电压 U_0。若励磁回路中串入的电阻值 R_f 增大，则励磁回路的电阻与无载特性曲线相切，无稳定交点，不能建立稳定的电压。

从图 3-18 可见，此时的 $\alpha_{cr} > \alpha$，对应于此 α_{cr} 的电阻值 $R_{cr} = \tan\alpha_{cr}$，此 R_{cr} 即为临界电阻值，所以为了建立电压，励磁回路的总电阻 $R_f + r_f$ 必须小于临界电阻值。

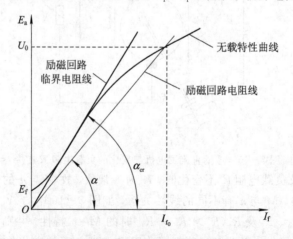

图 3-18 并励发电机的无载特性曲线及励磁回路电阻线

必须注意，若发电机励磁回路的总电阻在某一转速下能够自励，则当转速降低到某一转速数值时，可能不能自励，这是因为无载特性曲线与发电机的转速成正比。转速降低时，

无载特性曲线也改变了形状，因此，对于某一励磁回路的电阻值，就对应地有一个最小的临界转速值 n_{cr}，若发电机转速小于 n_{cr}，就不能自励。在小型风力发电装置中，为了使发电机建立稳定的电压，在设计风电装置时，应考虑使使风力机调速机构确定的转速值大于发电机最小的临界转速值。

2. 交流发电机

1) 永磁发电机

（1）永磁发电机的特点。永磁发电机的优点是：转子上无励磁绕组，因此不存在励磁绕组铜损耗，比同容量的励磁发电机效率高；转子上没有滑环，运转时更安全可靠；电机的重量轻，体积小，制造工艺简便，因此在小型及微型发电机中被广泛采用。永磁发电机的缺点是电压调节性能差。

（2）永磁材料。永磁电机的关键是永磁材料，表征永磁材料性能的主要技术参数为 B_r（剩余磁密）、H_c（矫顽力）、BH_{max}（最大磁能积）等。在小型及微型风力发电机中常用的永磁材料有铁氧体及钕铁硼两种；由于铝镍钴、钐钴两种材料价格高且最高磁能积不够高，故经济性差，用得不多。铁氧体材料价格较低，H_c 较高，能稳定运行，永磁铁的利用率较高，但氧化铁的 BH_{max} 约为 3.5×10^7 OeGs（高奥），B_r 在 4000 Gs（高斯）以下，而钕铁硼的 BH_{max} 为 $(25 \sim 40) \times 10^6$ OeGs，电机的总效率更高，因此在相同的输入机械功率下，输出的电功率可以提高，故而在微型及小型风力发电机中采用此种材料的更多，但与铁氧体比较，价格要贵些。无论是哪种永磁材料，都要先在永磁机中充磁才能获得磁性。

（3）永磁电机的结构。永磁发电机定子与普通交流电机相同，包括定子铁芯及定子绕组。定子铁芯槽内安放定子三相绕组或单相绕组。

永磁发电机的转子按照永磁体的布置及形状有凸极式和爪极式两类。图 3-19 所示为凸极式永磁转子电机结构，图 3-20 为爪极式永磁电机转子结构。

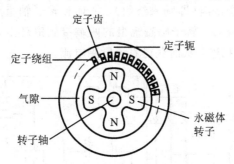

图 3-19　凸极式永磁电机结构图

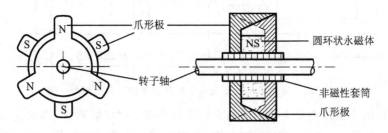

图 3-20　爪极式永磁电机转子结构图

凸极式永磁电机磁通走向为 N 极—气隙—定子齿槽—气隙—S 极,如图 3-19 所示,形成闭合磁通回路。

爪极式永磁电机磁通走向为:N 极—左端爪极—气隙—定子—右端爪极—S 极。

所有左端爪极皆为 N 极,所有右端爪极皆为 S 极,爪极与定子铁芯间的气隙距离远小于左右两端爪极之间的间隙,因此磁通不会直接由 N 极爪进入 S 极爪而形成短路,左端爪极与右端爪极皆做成相同的形状。

为了使永磁电机的设计能达到获得高效率及节约永磁材料的效果,应使永磁电机在运行时工作点接近最大磁能积处,此时永磁材料最节省。图 3-21 表示了永磁材料的磁通密度 B、磁场强度 H 及磁能积(BH)的关系曲线。图中,第Ⅱ象限的曲线为永磁材料的退磁曲线,第Ⅰ象限的曲线为磁能积曲线,若永磁材料工作于 a 点,则显而易见其磁能积(BH)接近于最大磁能积 BH_{max}。

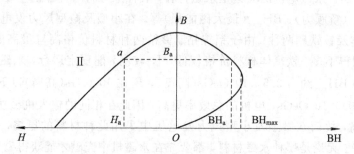

图 3-21　B、H 及 BH 的函数关系曲线

2)硅整流自励交流发电机

(1)结构、工作原理及电路图。硅整流自励交流发电机的电路图如图 3-22 所示。发电机的定子由定子铁芯和定子绕组组成。定子绕组为三相,Y 形连接,放在定子铁芯内圆槽内。转子由转子铁芯、转子绕组(即励磁绕组)、滑环和转子轴组成。转子铁芯可做成凸极式或爪形,一般多用爪形磁极。转子励磁绕组的两端接到滑环上,通过与滑环接触的电刷与硅整流器的直流输出端相连,从而获得直流励磁电流。

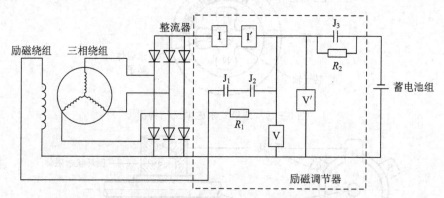

图 3-22　硅整流自励交流发电机及励磁调节器电路原理图

独立运行的小型风力发电机组的风力机叶片多数是固定桨距的,当风力变化时,风力机转速随之发生变化,与风力机相连接的发电机的转速也将发生变化,因而发电机的出口电压会发生波动,这将导致硅整流器输出的直流电压及发电机励磁电流变化,并造成励磁

磁场变化，这样又会造成发电机出口电压的波动。这种连锁反应使得发电机出口电压的波动范围不断增加。显而易见，如果电压的波动得不到控制，在向负载独立供电的情况下，将会影响供电的质量，甚至会造成用电设备损坏。此外，独立运行的风力发电机都带有蓄电池组，电压的波动会导致蓄电池组过充电，从而降低了蓄电池组的使用寿命。

为了消除发电机输出端电压的波动，硅整流交流发电机配有励磁调节器，如图 3-21 所示，励磁调节器由电压继电器、电流继电器、逆流继电器及其所控制的动断触点 J_1、J_2 和动合触点 J_3 以及电阻 R_1、R_2 等组成。

（2）励磁调节器的工作原理。励磁调节器的作用是使发电机能自动调节其励磁电流（也即励磁磁通）的大小，来抵消因风速变化而导致的发电机转速变化对发电机端电压的影响。

当发电机转速较低，发电机端电压低于额定值时，电压继电器 V 不动作，其动断触点 J_1 闭合，硅整流器输出端电压直接施加在励磁绕组上，发电机属于正常励磁状况；当风速加大，发电机转速增高，发电机端电压高于额定值时，动断触点 J_1 断开，励磁回路中被串入了电阻 R_1，励磁电流及磁通随之减小，发电机输出端电压也随之下降；当发电机电压降至额定值时，触点 J_1 重新闭合，发电机恢复到正常励磁状况。电压继电器工作时发电机端电压与发电机转速的关系如图 3-23 所示。

风力发电机组运行时，若用户投入的负载过多，则可能出现负载电流过大，超过额定值的状况，此时如不加以控制，使发电机过负荷运行，会对发电机的使用寿命有较大影响，甚至会损坏发电机的定子绕组。电流继电器的作用就是抑制发电机过负荷运行。电流继电器 I 的动断触点 J_2 串接在发电机的励磁回路中，发电机输出的负荷电流则通过电流继电器的绕组；当发电机的输出电流高于额定值时，继电器不工作，动断触点闭合，发电机属于正常励磁状况；当发电机输出电流高于额定值时，动断触点 J_2 断开，电阻 R_1 被串入励磁回路，励磁电流减小，从而降低了发电机输出端电压并减小了负载电流。电流继电器工作时，发电机负载电流与发电机转速的关系如图 3-24 曲线。

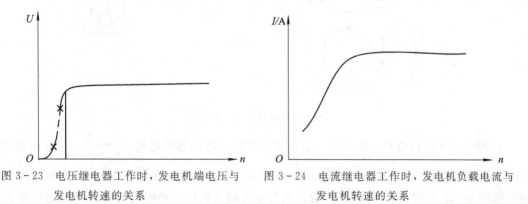

图 3-23　电压继电器工作时，发电机端电压与　　　图 3-24　电流继电器工作时，发电机负载电流与
　　　　　发电机转速的关系　　　　　　　　　　　　　　　发电机转速的关系

为了防止无风或风速太低时，蓄电池组向发电机励磁绕组送电，即蓄电池组由充电运行变为反方向放电状况（这不仅会消耗蓄电池所储电能，还可能烧毁励磁绕组），在励磁调节器装置中，还装有逆流继电器。逆流继电器由电压线圈 V'、电流线圈 I'、动合触点 J_3 及电阻 R_2 组成。发电机正常工作时，逆流继电器的电压线圈及电流线圈内流过的电流产生的吸力使动合触点 J_3 闭合；当风力太低，发电机端电压低于蓄电池组电压时，继电器电流

线圈瞬间流过反向电流，此电流产生的磁场与电压线圈内流过的电流产生的磁场作用相反，而电压线圈内流过的电流由于发电机电压下降也减小了，由其产生的磁场也减弱了，故由电压线圈及电流线圈内电流产生的总磁场的吸力减弱，使得动合触点 J_3 断开，从而断开了蓄电池向发电机励磁绕组送电的回路。

采用励磁调节器的硅整流交流发电机，与永磁发电机比较，其特点是能随风速变化自动调节发电机的输出端电压，防止产生对蓄电池过充电，延长蓄电池的使用寿命；同时还实现了对发电机的过负荷保护，但励磁调节器的动断触点，由于其断开和闭合的动作较频繁，需对触点材质及断弧性能做适当的处理。

用交流发电机进行风力发电时，发电机的转速要达到在该转速下的电压才能够对蓄电池充电。

3）电容自励异步电机

由异步发电机的理论可知，异步发电机在并网运行时，其励磁电流是由电网供给的，此励磁电流对异步电机的感应电势而言是电容性电流。在风力驱动的异步发电机独立运行时，为得到此电容性电流，必须在发电机输出端接上电容，从而产生磁场并建立电压。

自励异步电机建立电压的条件是：① 发电机必须有剩磁，一般情况下，发电机都会有剩磁存在，万一失磁，可用蓄电池充磁的方法重新获得剩磁；② 在异步发电机的输出端并上足够数量的电容，如图 3 - 25 所示。

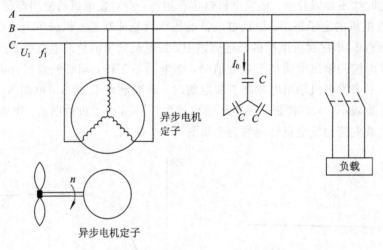

图 3 - 25　自励异步风力发电机

从图 3 - 25 可以看出，在异步发电机输出端所并的电容的容抗 $X_C = \dfrac{1}{\omega C}$，只有电容 C 增大，使 X_C 减小，励磁电流 I_0 才能增大；而只有 I_0 增大到足够大时，才能建立稳定的电压，如图 3 - 26 中的 a 点。a 点的位置是由发电机的无载特性曲线与电容 C 所确定的电容线交点决定的。对于建立了稳定电压的 a 点，应有如下关系：

$$\frac{U_1}{I_0} = X_C = \frac{1}{\omega C} = \arctan\alpha \qquad (3 - 13)$$

故 X_C 的大小，也即电容 C 的大小决定了电容线的斜率，若电容 C 减小，则容抗 X_C 增加，励磁电流 I_0 减小。从图 3 - 26 中可以看出，电容线将变陡，即角度 α 增大，当电容线与无载特性不相交时，就不能建立稳定电压。

　　最小的电容值为临界电容值 C_{cr} 时，电容线称为临界电容线，而临界电容线与横坐标轴之间的夹角为临界角度 α_{cr}。由此可知，在独立运行的自励异步发电机中，发电机输出端并联的电容值应大于临界电容值 C_{cr}，即 α 角度小于临界角度 α_{cr}。

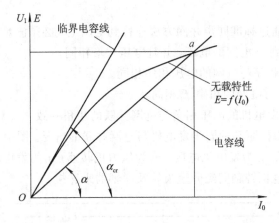

图3-26　独立运行的自励异步发电机电压的建立

　　值得注意的是，发电机的无载特性曲线与发电机的转速有关，若发电机的转速降低，则无载特性曲线也随之下降，可能导致自励失败而不能建立电压。独立运行的异步发电机在带负载运行时，发电机的电压及频率都将随负载的变化及负载的性质有较大的变化，要想维持异步电机的电压及频率不变，应采取调节措施。

　　为了维持发电机的频率不变，当发电机负载增加时，必须相应地提高发电机转子的转速。因为当负载增加时，异步发电机的滑差绝对值 $|S|$ 增大（异步电机的滑差 $S = \dfrac{n_S - n}{n_S}$，在异步电机作为发电机运行时，发电机的转速 n 大于电机旋转磁场的转速 n_S，故滑差 S 为负值），而发电机的频率 $f_1 = \dfrac{pn_S}{60}$（p 为发电机的极对数），故欲维持频率 f_1 不变，则 n_S 应维持不变，因此当发电机负载增加时，必须增大发电机转子的转速。

　　为了维持发电机的电压不变，当发电机负载增加时，必须相应地增加发电机端并接电容的数值。因为对数情况下，负载为电感性的，感性电流将抵消一部分容性电流，这样将导致励磁电流减小，相当于增加了电容线的夹角 α，使发电机的端电压下降（严重时可以使端电压消失），所以必须增加并接电容的数值，以补偿负载增加时感性电流增加而导致的容性励磁电流的减少。

3.2.2　并网运行风力发电系统中的发电机

1. 同步发电机

1）同步发电机并网方法

　　（1）自动准同步并网。在常规并网发电系统中，利用三相绕组的同步发电机是最普遍的。同步发电机在运行时既能输出有功功率，又能提供无功功率，且频率稳定，电能质量高，因此被电力系统广泛应用。在同步发电机中，发电机的极对数、转速与频率之间有着

严格不变的固定关系，即

$$f_S = \frac{pn_S}{60} \tag{3-14}$$

式中，p 为电机的极对数；n_S 为发电机转速，单位为 r/min；f_S 为发电机产生的交流点频率，单位为 Hz。

要把同步发电机通过标准同步并网方法连接到电网上，必须满足以下四个条件：

① 发电机的电压等于电网的电压，并且电压波形相同。

② 发电机的电压相序与电网的电压相序相同。

③ 发电机频率 f_S 与电网的频率 f_1 相同。

④ 并联合闸瞬间发电机的电压相角与电网并联的相角一致。

图 3-27 表示风力机驱动的同步发电机与电网并联的情况。图中，U_{AB}、U_{BC}、U_{CA} 为电网电压；U_{ABS}、U_{BCS}、U_{CAS} 为发电机电压；n_T 为风力机转速；n_S 为发电机转速。

风力机转轴与发电机转轴间经升速齿轮及联轴器来连接。

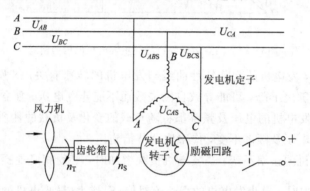

图 3-27　风力驱动的同步发电机与电网并联

满足上述理想并网条件的并网方式即为准同步并网方式。在这种并网条件下，并网瞬间不会产生冲击电流，不会引起电网电压的下降，也不会对发电机定子绕组及其他机械部件造成损坏。这是这种并网方式的最大优点，但对风力驱动的同步发电机而言，要准确达到这种理想并网条件实际上是不容易的，在实际并网操作时，电压、频率及相位往往都会有一些偏差，因此并网时仍会产生一些冲击电流。一般规定发电机与电网系统的电压差不超过 5%～10%，频率差不超过 0.1%～0.5%，使冲击电流不超出其允许范围。但如果电网本身的电压及频率也经常存在较大的波动，则这种通过同步发电机整步实现准同步并网就更加困难。

（2）自同步并网。自同步并网就是同步发电机在转子未加励磁，励磁绕组经限流电阻短路的情况下，由原动机拖动，待同步发电机转子转速升高到接近同步转速（约为同步转速的 80%～90%）时，将发电机投入电网，再立即投入励磁，靠定子与转子之间电磁力的作用，发电机自动进入同步运行。由于同步发电机在投入电网时未加励磁，因此不存在准同步并网时的对发电机电压和相角进行调节和校准的整步过程，并且从根本上排除了发生非同步合闸的可能性。当电网出现故障并恢复正常后，需要把发电机迅速投入并联运行时，经常采用这种并网方法。这种并网方法的优点是不需要复杂的并网装置，并网操作简单，并网过程迅速；这种并网方法的缺点是合闸后有电流冲击（一般情况下冲击电流不会超过同步发电机输出端三相突然短路时的电流），电网电压会出现短时间的下降，电网电压降低的程度和电压恢复时间的长短，同并入的发电机容量与电网容量的比例有关，在风力发电情况下还与风电场的风资源特性有关。

必须指出，发电机自同步过程与投入励磁的时间及投入励磁后励磁增长的速率密切相关。如果发电机在非常接近同步转速时投入电网，则应迅速加上励磁，以保证发电机能迅速被拉入同步，而且励磁增长的速率愈大，自同步过程也就结束得愈快；但是在同步发电机转速与同步转速相差较大的情况下应避免立即迅速投入励磁，否则会产生较大的同步力矩，并导致自同步过程中出现较大的振荡电流及力矩。

2）同步发电机的转矩-转速特性

当同步发电机并网后正常运行时，其转矩-转速特性曲线如图 3-28 所示。图中，n_S 为同步转速。由图 3-28 可以看出，发电机的电磁转矩对风力机来讲是制动转矩性质，因此不论电磁转矩如何变化，发电机的转速应维持不变（即维持为同步转速 n_S），以便维持发电机的频率与电网的频率相同，否则发电机将与电网解裂。这就要求风力机有精确的调速机构，当风速变化时，能维持发电机的转速不变，等于同步转速，这种风力发电系统的运行方式称为恒速恒频方式。与此相对应，在变速恒频系统运行方式（即风力机及发电机的转速随风速变化做

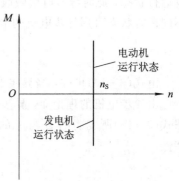

图 3-28　并网运行的同步电机的转矩-转速特性

变速运行，而在发电机输出端仍能得到等于电网频率的电能输出）下，风力机不需要调速机构。带有调速机构的同步风力发电系统的原理性框图如图 3-29 所示。

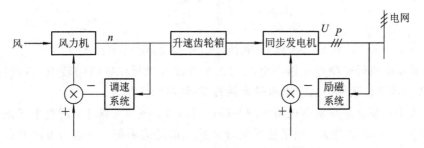

图 3-29　带有调速机构的同步风力发电系统的原理图

调速系统用来控制风力机转速（即同步发电机转速）及有功功率，励磁系统调控同步发电机的电压及无功功率。图中，n、U、P 分别代表风力机的转速、发电机的电压、输出功率。总之，同步发电机并网后，对发电机的电压、频率及输出功率必须进行有效的控制，否则会发生失步现象。

2. 异步发电机

1）异步发电机的基本原理及其转矩-转速特性

风力发电系统中并网运行的异步电机其定子与同步电机的定子基本相同，定子绕组为三相的，可采用三角形或星形接法；转子则有鼠笼型和绕线型两种。根据异步电机理论，

异步电机并网时由定子三相绕组电流产生的旋转磁场的同步转速取决于电网的频率及电机绕组的极对数，即

$$n_{\mathrm{S}} = \frac{60f}{p} \qquad\qquad (3-15)$$

式中：n_{S} 为同步转速；f 为电网频率；p 为绕组极对数。

按照异步电机理论又知，当异步电机连接到频率恒定的电网上时，异步电机可以有不同的运行状态：当异步电机的转速小于异步电机的同步转速（即 $n < n_{\mathrm{S}}$）时，异步电机以电动机的方式运行，处于电动运行状态，此时异步电机自电网吸取电能，而由其转轴输出机械功率；当异步电机由原动机驱动，其转速超过同步转速（即 $n > n_{\mathrm{S}}$）时，异步电机将处于发电运行状态，此时异步电机吸收由原动力供给的机械能，而向电网输出电能。异步电机的不同运行状态可用异步电机的滑差率 S 来区别表示。异步电机的滑差率定义为

$$S = \frac{n_{\mathrm{S}} - n}{n_{\mathrm{S}}} \times 100\% \qquad\qquad (3-16)$$

由式(3-16)可知，当异步电机与电网并联后作为发电机运行时，滑差率 S 为负值。

由异步电机的理论知，异步电机的电磁转矩 M 与滑差率 S 的关系如图 3-30 所示。根据式(3-16)所表明的 S 与 n 的关系，异步电机的 $M-S$ 特性也就是异步电机的 $M-n$ 特性。

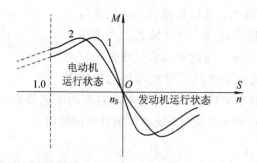

图 3-30　异步电机的转矩-转速（滑差率）特性曲线

改变异步电机转子绕组回路内电阻的大小可以改变异步电机的转矩-转速特性曲线，图3-30中曲线 2 代表转子绕组电阻较大的转矩-转矩特性曲线。

在由风力机驱动异步发电机与电网并联运行的风力发电系统中，滑差率 S 的绝对值取为 2%～5%。$|S|$ 取值越大，则系统平衡阵风扰动的能力越好。一般与电网并联运行的容量较大的异步风力发电机其转速的运行范围在 n_{S} 与 $1.05 \, n_{\mathrm{S}}$ 之间。

2）异步发电机的并网方法

由风力机驱动异步发电机与电网并联运行的原理图如图 3-31 所示。风力机为低速运转的动力机械，在风力机与异步发电机转子之间经增速齿轮传动来提高转速以达到适合异步发电机运转的转速。一般与电网并联运行的异步发电机多选 4 极或 6 极电机，因此异步电机转速必须超过 1500 r/min 或 1000 r/min，才能运行在发电状态，向电网送电。电机极对数的选择与增速齿轮箱关系密切。若电机的极对数选小，则增速齿轮传动的速比增大，齿轮箱加大，但电机的尺寸则小些；反之，若电机的极对数选大些，则传动速比减小，齿轮箱相对小些，但电机的尺寸则大些。

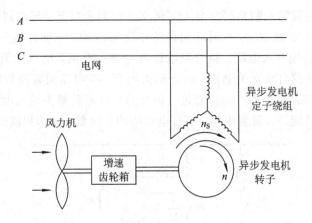

图 3 - 31　风力机驱动的异步发电机与电网并联

　　根据电机理论，异步发电机并入电网运行时，是靠滑差率来调整负荷的，其输出功率与转速近乎成线性关系，因此对机组的调速要求不像同步发电机那么严格精确，不需要同步设备和整步操作，只要转速接近同步转速时就可并网。国内及国外与电网并联运行的风力发电机组中，多采用异步发电机，但异步发电机在并网瞬间会出现较大的冲击电流(约为异步发电机额定电流的 4~7 倍)，并使电网电压瞬时下降。随着风力发电机组单机容量的不断增大，这种冲击电流对发电机自身部件的安全及对电网的影响也愈加严重。过大的冲击电流有可能使发电机与电网连接的主回路中的自动开关断开；而电网电压的较大幅度下降，则可能会使低压保护动作，从而导致异步发电机根本不能并网。当前在风力发电系统中采用的异步发电机网方法有以下几种。

　　(1)直接并网。这种并网方法要求在并网时发电机的相序与电网的相序相同，当风力驱动的异步发电机转速接近同步转速时即可自动并入电网；自动并网的信号由测速装置给出，而后通过自动空气开关合闸完成并网过程。显然，这种并网方式比同步发电机的准同步并网方式简单。但如上所述，直接并网时会出现较大的冲击电流及电网的下降，因此这种并网方法只适用于异步电动机容量在百千瓦以下，而电网容量较大的情况。中国最早引进的 55 kW 风力发电机组及自行研制的 50 kW 风力发电机组都是采用这种方法并网的。

　　(2)降压并网。这种并网方法是在异步电机与电网之间串接电阻、电抗器或者自耦变压器，以降低并网合闸瞬间冲击电流幅值及电网电压下降的幅度。因为电阻、电抗器等元件要消耗功率，所以在发电机并入电网以后，进入稳定运行状态时，必须将其迅速切除，这种并网方法适用于百千瓦以上、容量较大的机组。显然，这种并网方法的经济性较差。中国引进的 200 kW 异步风力发电机组就采用这种并网方式，并网时发电机每相绕组与电网之间皆串接有大功率电阻。

　　(3)通过晶闸管软并网。这种并网方法是在异步发电机定子与电网之间通过每相串入一只双向晶闸管连接起来。三相均由晶闸管控制。双向晶闸管的两端与并网自动开关 S_2 的动合触头并联(如图 3 - 32 所示)。接入双向晶闸管的目的是将发电机并网瞬间的冲击电流控制在允许的限度内。其并网过程如下：当风力发电机组接收到由控制系统内微处理机发出的启动命令后，先检查发电机的相序与电网的相序是否一致，若相序正确，则发出松闸命令，风力发电机组开始启动。当发电机转速接近同步转速(约为同保护转速的 99%~

100％)时，双向晶闸管的控制角同时由 180°到 0°逐渐同步打开。与此同时，双向晶闸管的导通角则由 0°到 180°逐渐增大，此时并网自动开关 S₂ 未动作，动合触头未闭合，异步发电机即通过晶闸管平稳地并入电网。随着发电机转速继续升高，电机的滑差率逐渐趋于零，当滑差率为零时，并网自动开关动作，动合触头闭合，双向晶闸管被短接，异步发电机的输出电流将不再经双向晶闸管，而是通过已闭合的自动开关触头流入电网。在发电机并网后，应立即在发电机端并入补偿电容，将发电机的功率因数(cosφ)提高到 0.95 以上。

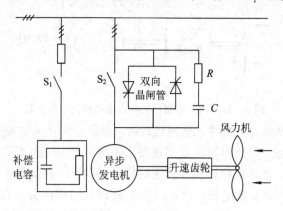

图 3-32　异步电机经晶闸管软并网原理图

　　这种软并网方法的特点是通过控制晶闸管的导通角，将发电机并网瞬间的冲击电流值限制在规定的范围内(一般为额定电流的 1.5 倍以下)，从而得到一个平滑的并网暂态过程。

　　图 3-32 所示的软并网线路中，在双向晶闸管两端并接有旁路并网自动开关，并在零转差率时实现自动切换，在并网暂态过程完毕后将双向晶闸管短接。与此种软并网连接方式相对应的另一种软并网方式是在异步电动机与电网之间通过双向晶闸管直接连接，在晶闸管两端没有并接的旁路并网自动开关，双向晶闸管既在并网过程中起到控制冲击电流的作用，同时又作为无触头自动开关，在并网后继续存在于主回路中。这种软并网连接方式可以省去一个并网自动开关，因而控制回路也有较高的开关频率，这是其优点。但这种连接方式需选用电流允许值大的高反压双向晶闸管，这是因为在这种连接方式下，双向晶闸管中通过的电流需满足通过异步电机的额定电流值，而具有旁路并网自动开关的软并网连接方式中的高反压双向晶闸管只要能通过较发电机空载电流略高的电流就可以满足要求，这是这种连接方式的不利之处。这种软并网连接方式的并网过程与上述具有并网自动开关的软并网连接方式的并网过程相同，在双向晶闸管开始导通阶段，异步电机作为电动机运行，但随着异步电机转速的升高，滑差率渐渐接近于零，当滑差率为零时，双向晶闸管已全部导通，并网过程也就结束。

　　晶闸管软并网技术虽然是目前一种先进的并网方法，但它也对晶闸管器件及与之相关的晶闸管触发器提出了严格的要求，即晶闸管器件的特性要一致、稳定以及触发电路可靠，只有发电机主回路中的每相双向晶闸管特性一致，控制极触发电压、触发电流一致，全开通后压降相同，才能保证可控硅导通角在 0°～180°范围内同步逐渐增大，才能保证发电机三相电流平衡，否则会对发电机不利。目前在晶闸管软并网方法中，根据晶闸管的通断状况，触发电路有移相触发和过零触发两种方式。移相触发会造成发电机每相电流为正负半波对称的非正弦波(缺角正弦波),含有较多奇次谐波分量,这些谐波会对电网造成污染公害,必须加以限制和消除。

过零触发是在设定的周期内,逐步改变晶闸管大的导通周波数,最后达到全部导通,使发电机平稳并入电网,因而不产生谐波干扰。

通过晶闸管软并网将风力驱动的异步发电机并入电网是目前国内外中型及大型风力发电组中普遍采用的,中国引进和自行开发研制生产的 250、300、600 kW 并网型异步风力发电机组都采用这种并网技术。

3. 双馈异步发电机

1) 工作原理

众所周知,同步发电机在稳态运行时,其输出端电压的频率与发电机的极对数及发电机转子的转速有着严格固定的关系,即

$$f = \frac{pn}{60} \tag{3-17}$$

式中,f 为发电机的输出电压频率,单位为 Hz;p 为发电机的极对数;n 为发电机的旋转速度,单位为 r/min。

显而易见,在发电机转子变速运行时,同步发电机不可能发出恒频电能。由电机结构知,绕线转子异步电机的转子上嵌装有三相对称绕组。根据电机原理知道,在三相对称绕组中通入三相对称交流电,则将在电机气隙内产生旋转磁场,此旋转磁场的转速与所通入的交流电的频率及电机的极对数有关,即

$$n_2 = \frac{60 f_2}{p} \tag{3-18}$$

式中,n_2 为绕线转子异步电机转子的三相对称绕组通入频率为 f_2 的三相对称电流后所产生的旋转磁场相对于转子本身的旋转速度,单位为 r/min;p 为绕线转子异步电机的极对数;f_2 为绕线转子异步电机转子三相绕组通入的三相对称交流电频率,单位为 Hz。

由式(3-18)可知,改变频率 f_2,即可改变 n_2,而且若改变通入转子三相电流的相序,还可以改变此转子旋转磁场的转向。因此,若设 n_1 为对应于电网频率为 50 Hz($f_1 = 50$ Hz)时异步发电机的同步转速,而 n 为异步电机转子本身的旋转速度,则只要维持

$$n \pm n_2 = n_1 = 同步转速 \tag{3-19}$$

则异步电机定子绕组的感应电势,如同在同步发电机时一样,其频率将始终维持为 f_1 不变。

异步发电机的滑差率 $S = \dfrac{n_1 - n}{n_1}$,则异步电机转子三相绕组内通入的电流频率应为

$$f_2 = \frac{pn_2}{60} = \frac{p(n_1 - n)}{60} = \frac{pn_1}{60} \times \frac{n_1 - n}{n_1} = f_1 S \tag{3-20}$$

式(3-20)表明,在异步电机转子以变化的转速转动时,只要在转子的三相对称绕组中通入滑差率(即 $f_1 S$)的电流,则在异步电机的定子绕组中就能产生 50 Hz 的恒频电势。

根据双馈异步电机转子转速的变化,双馈异步电机可有以下三种运行状态:

(1) 亚同步运行状态。在此种状态下 $n < n_1$,由于频率为 f_2 的电流产生的旋转磁场转速 n_2 与转子的转速方向相同,因此有 $n + n_2 = n_1$。

（2）超同步运行状态。此种状态下 $n>n_1$，改变通入转子绕组的频率为 f_2 的电流相序，则其所产生的旋转磁场转速 n_2 的转向与转子相反，因此有 $n-n_2=n_1$。为了实现 n_2 转向反向，在由亚同步运行转向超同步运行时，转子三相绕组必须能自改变其相序；反之，也是一样。

（3）同步运行状态。此种状态下 $n=n_1$，频率 $f_2=0$，这表明此时通入转子绕组的电流的频率为 0，也就是直流电流，因此与普通同步电机一样。

2）等值电路及向量图

根据电机理论，双馈异步发电机的等值电路如图 3-33 所示。

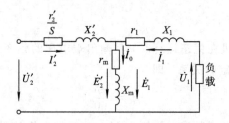

图 3-33　双馈异步发电机的等值电路

图 3-33 中，r_1、X_1、r_m、X_m、r_2'、X_2' 为定子、转子绕组及励磁绕组参数；U_1、I_1、E_1 及 U_2'、I_2'、E_2' 分别代表定子及转子绕组的电压、电流、感应电势；I_0 为励磁电流。只要知道电机的参数，利用等值电路，就可以计算不同滑差率及负载的发电机的运行性能。

双馈异步发电机稳态运行时的向量如图 3-34 所示。向量图表明，在亚同步运行时，转子电路的滑差率 $S=m_2U_{2N}I_2\cos\varphi_2$ 为正值（$\cos\varphi_2>0$），表明需要有转子外接电源送入功率；在超同步运行时，转子电路的滑差率 $S=m_2U_2I_2\cos\varphi_2$ 为负值（$\cos\varphi_2<0$），表明转子可向外接电源送出功率。

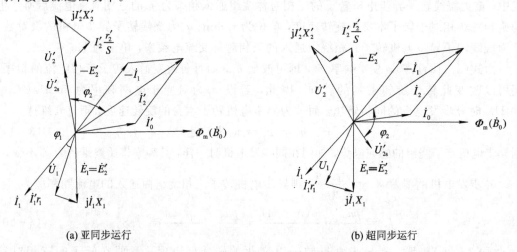

(a) 亚同步运行　　　　　　　　　　　　(b) 超同步运行

图 3-34　双馈异步发电机稳态运行时的向量图

3）功率传递关系

双馈异步发电机在亚同步运行及超同步运行时的功率流向如图 3-35 所示。图中，P_{em} 为发电机的电磁功率，S 为电机的滑差率。

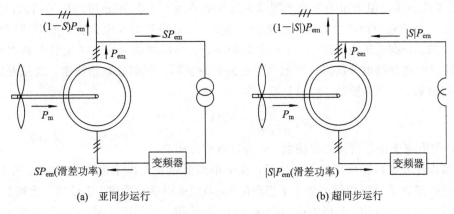

图 3 - 35　双馈异步发电机运行时的功率流向

4. 低速交流发电机

1）风力机直接驱动的低速交流发电机的应用场合

众所周知，火力发电厂中应用的是高速交流发电机，核发电厂中应用的也是高速交流发电机，其转速为 300 r/min 或 1500 r/min。在水力发电厂中应用的则是低速交流发电机，视水流落差的高低其转速为几十转每秒至几百转每秒。这是因为火力发电厂是由高速旋转的汽轮机直接驱动交流发电机，而水力发电厂中应用的则是由低速旋转的水轮机直接驱动交流发电机。

风力机也属于低速旋转的机械，中型及大型风力机的转速约为 10～40 r/min，比水轮机的转速还要低。大型风力发电机组在风力机与交流发电机之间装有增速齿轮箱，借助齿轮箱提高转速，因此应用的仍是高速交流发电机。如果由风力机直接驱动交流发电机，则必须应用低速交流发电机。

2）低速交流发电机的特点

（1）外形特点。根据电机理论可知，交流发电机的转速（n）与发电机的极对数（p）及发电机发出的交流电的频率（f）有固定关系，即

$$p = \frac{60f}{n} \tag{3-21}$$

当 $f=50$ Hz 为恒定值时，发电机的转速愈低，发电机的极对数应愈多。由电机结构知，发电机的定子内径（D_i）与发电机的极数（$2p$）及极距（τ）成正比，即

$$D_i = 2p\tau \tag{3-22}$$

因此低速发电机的定子内径大于高速发电机的定子内径。由电机设计的原理又知，发电机的容量（P_N）与发电机定子内径（D_i）、发电机的轴向长度（l）有关，即

$$P_N = \frac{1}{C}nD_i^2l \tag{3-23}$$

由式（3-23）可知，当发电机的设计容量一定时，发电机的转速愈低，则发电机的尺寸（D_i^2l）愈大。由式（3-23）可知，对于低速发电机，发电机的定子内径大，因此发电机的轴向长度相对于定子内径而言是很小的，即 $D_i \gg l$。也可以说，低速发电机的外形酷似一个扁平的大圆盘。

（2）绕组槽数。低速发电机极数多，发电机每极每相的槽数（q）少，当 q 为小的整数（如

$q=1$)时不能利用绕组分布的方法来削减谐波磁密在定子绕组中感应产生的谐波电势,同时由定子上齿槽效应而产生的齿谐波电势也加大了,这将导致发电机绕组的电势波形不再是正弦形的。根据电机绕组理论,采用分数槽绕组,可以削弱高次谐波电势及高次齿谐波电势,使发电机绕组电势波形得到改善,成为正弦波形。所谓分数槽绕组,就是发电机的每极每相槽数,它不是整数,而是分数,即

$$q = \frac{Z}{2pm} = 分数 = b + \frac{c}{d} \tag{3-24}$$

式中,Z 为沿定子铁芯内圆的总槽数;m 为发电机的相数。

大型水轮发电机多采用分数槽绕组,在中小型低速发电机中也可采用斜槽(把定子铁芯上的槽数或转子磁极扭斜一个定子齿距的大小)或采用磁性槽楔,也可减小齿谐波电势。

在风力发电系统中,若风力机为变速运行,并采用 AC-DC-AC 方式与电网连接,也可不采用分数槽绕组,而在逆变器中采用 PWM(脉宽调制)方式来获得正弦形的交流电。

(3)转子极数。低速交流发电机转子磁极数多,采用永久磁体,可以使转子的结构简单,制造方便。

低速交流发电机的定子内径大,因而转子尺寸大,及惯量也大,这对平抑风力变化引起的电动势变化是有利的;但转子轮缘的结构和其截面尺寸应满足允许的机械强度及导磁的需要。

(4)结构形式。风力机的结构分为水平轴及垂直轴两种形式。低速交流发电机也有水平轴及垂直轴两种形式。德国采用的是水平轴结构,而加拿大采用的是垂直轴结构。

5. 无刷双馈异步发电机

1) 结构

无刷双馈异步发电机在结构上由两台绕线式三相异步电机组成,一台作为主发电机,其定子绕组与电网连接,另一台作为励磁电机,其定子绕组通过变频器与电网连接。两台异步电机的转子为同轴连接,转子绕组在电路上互相连接,因而在转子转轴上皆没有滑环和电刷,其结构性原理图如图 3-36 所示。

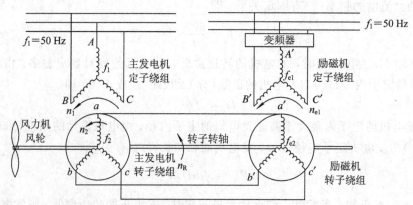

图 3-36　无刷双馈异步发电机结构原理图

2) 利用无刷双馈异步发电机实现变速恒频发电的原理

如图 3-36 所示,若风力风轮经升速齿轮箱(图中未画出)带动异步电机转子旋转的转速为 n_R,则当风速变化时,n_R 也变化,即异步电机为变速运行。

设主发电机的极对数为 p，励磁机的极对数为 p_e，则由发电机的基本结构知，励磁机定子绕组是经变频器与电网连接的。设励磁机定子绕组由变频器输入的电流频率为 f_{e1}，则励磁机定子绕组产生的旋转磁场 n_{e1} 为

$$n_{e1} = \frac{60 f_{e1}}{p_e} \qquad (3-25)$$

这样在励磁机转子绕组中将感应产生频率为 f_{e2} 的电势及电流。若 n_R 与 n_{e1} 转向相反，则

$$f_{e2} = \frac{p_e(n_R + n_{e1})}{60} \qquad (3-26)$$

若 n_R 与 n_{e1} 转向相同，则

$$f_{e2} = \frac{p_e(n_R - n_{e1})}{60} \qquad (3-27)$$

因为两台电机的转子绕组在电路上是互相连接的，故主发电机转子绕组中电流的频率 $f_2 = f_{e2}$，即

$$f_2 = f_{e2} = \frac{p_e(n_R \pm n_{e1})}{60} \qquad (3-28)$$

由电机原理又知，主发电机转子绕组电流产生的旋转磁场相对于主发电机转子自身的旋转速度为

$$n_2 = \frac{60 f_2}{p}$$

将式(3-28)代入上式，则有

$$n_2 = \frac{p_e}{p}(n_R \pm n_{e1}) \qquad (3-29)$$

此主发电机转子旋转磁场相对于其定子的转速为

$$n_1 = n_R \pm n_2 \qquad (3-30)$$

在式(3-30)中，若主发电机转子旋转磁场的转速 n_2 与 n_R 的转向相反，应取"－"号；反之，若 n_2 与 n_R 的旋转方向相同，应取"＋"号，表明主发电机转子绕组与励磁机转子绕组是反相序连接的。

这样定子绕组中感应电势频率应为

$$f_1 = \frac{p n_1}{60} = \frac{p(n_R \pm n_2)}{60} \qquad (3-31)$$

将式(3-29)代入式(3-31)，整理后可得

$$f_1 = \frac{(p \pm p_e)n_R}{60} \pm f_{e1} \qquad (3-32)$$

由式(3-32)可以看出，当风力机的风轮以转速 n_R 作变速运行时，只需改变由变频器输入励磁机定子绕组电流的频率 f_{e1}，就可实现主发电机定子绕组输出电流的频率为恒定值(即 $f_1 = 50 \text{ Hz}$)，达到了变速恒频发电的目的。

3) 能量传递关系

无刷双馈异步发电机运行时的能量传递情况在低风速运行与高风速运行时是不相同的，下面分别加以说明。

（1）低风速运行时，$n_1 > n_R$，n_{e1} 与 n_R 旋转方向相反，如图 3-37(a) 所示。此时能量传递情况如图 3-37(b) 所示。图中，P_m 为电机轴上输入的机械功率；P_{e1} 为由变频器输入的电功率；P_1 为主发电机定子绕组输出的电功率（不考虑电机及变频器的各种损耗）。

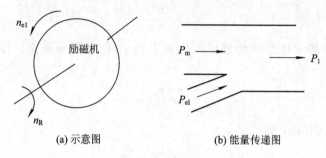

(a) 示意图　　　　　　　　(b) 能量传递图

图 3-37　低风速运行时能量传递情况图

（2）高风速运行时，$n_R > n_1$，n_{e1} 与 n_R 旋转方向相反，如图 3-38(a) 所示。此时能量传递情况如图 3-38(b) 所示。从电机轴上输入的机械功率 P_m 分别从主发电机定子绕组转换为电功率并从励磁机定子绕组转变为电功率后经变频器馈入电网。

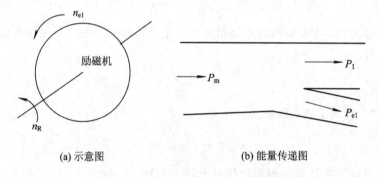

(a) 示意图　　　　　　　　(b) 能量传递图

图 3-38　高风速运行时能量传递情况

4）优缺点

这种发电机的优点是：

（1）由于不存在滑环及电刷，因此运行时的事故率小，更安全可靠。

（2）在高风速运行时除去主发电机向电网送入电功率外，励磁机经变频器可向电源馈送电功率。

由于采用了两台异步电机，因此整个电机系统的结构尺寸增大，这将导致风电机组的结构尺寸及质量增加。

6. 交流整流子发电机

在风力发电系统中采用交流整流子发电机（A. C. Commutator Machine），亦可以实现在风力机变速运转下获得恒频交流电。交流整流子发电机是一种特殊的发电机，这样发电机的输出频率等于其励磁频率，而与原动机的转速无关，因此只需有一个频率恒定的交流励磁电源，例如 50Hz 的励磁电源就可以了。这种采用交流整流子发电机的变速恒频发电系统是由苏联科学院院士 M. Π. Kostenko 于 20 世纪 40 年代提出的，其后在 80 年代美国的大学曾进行过将这种发电机用于风力发电系统中的研究。图 3-39 为这种系统的原理性简图。

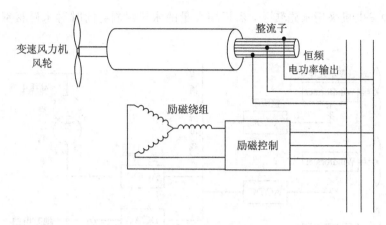

图 3-39　变速恒频交流整流子发电机系统

7. 高压同步发电机

1) 结构特点

高压同步发电机是将同步发电机的输出端电压提高到 10～20 kV，甚至高达 40 kV 以上。因为发电机的定子绕组输出电压高，因而可以不用升压变压器而直接与电网连接，即兼有发电机及变压器的功能，是一种综合的发电设备，故称为 Powerformer，是由 ABB 公司于 1998 年研制成功的。这种电机在结构上有两个特点：一是发电机的定子绕组不是采用传统发电机中带绝缘的矩形截面铜导体，而是利用圆形的电缆线制成，电缆具有坚固的绝缘，此外因为定子绕组的电压高，所以为了满足绕组匝数的要求，定子铁芯槽形为深槽的；二是发电机转子采用永磁材料制成，且为多极的，因为不需要电流励磁，故转子上没有滑环。

2) 高压发电机(Powerformer)在风力发电系统中的应用

(1) 高压发电机与风力机转子叶轮直接连接，不用增速齿轮箱，以低速运转，减少了齿轮箱运行时的能量损耗，同时由于省去了一台升压变压器，又免除了变压器运行时的损耗，转子上没有励磁损耗及滑环上的摩擦损耗，故与采用具有齿轮增速传动及绕线转子异步发电机的风力发电系统比较，系统的损耗降低，效率约可调高 5% 左右。这种高压发电机应用在风力发电系统中，又称为 Windformer。

(2) 由于不采用增速齿轮箱，因此减少了运行时的噪声及机械应力，降低了维护工作量，提高了运行的可靠性。与传统的发电机相比，采用电缆线圈可减少线圈匝间及相间绝缘击穿的可能性，也提高了系统运行的可靠性。

(3) 采用 Windformer 技术的风电场与电网连接方便、稳妥。风电场中每台高压发电机的输入端可经过整流装置变换为高压直流电输出，并接到直流母线上，实现并网，再将直流电经逆变器转换为交流电，输送到地方电网。若需要将电力远距离输送，可通过再设置更高变比的升压变压器接入高压输电线路，如图 3-40 所示。

(4) 这种高压发电机因采用深槽形定子铁芯，会导致定子齿抗弯强度下降，故必须采用新型强固的槽楔，使定子铁芯齿得以压紧。同时因应用电缆来制造定子绕组，使得电机的质量增加约 20%～40%，但由于省去了一台变压器及增速齿轮箱，因此风电机组的总质量并未增加。

（5）这种发电机采用永磁转子，需要用大量的永磁材料，同时对永磁材料的性能稳定性要求高。

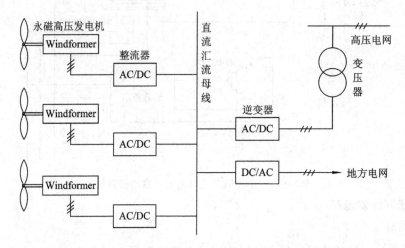

图 3-40　采用 Windformer 技术的风电厂电气连接图

　1998 年 ABB 公司展示了单机容量为 3～5 MW，电压为 1.2 kV 的高压永磁同步发电机，计划安装于瑞典的 Nassuden 风电场（该风场为近海风场，年平均风速为 8 m/s，估算年发电量可达 11 GW·h），以期对海上风电场运行做出评价。

3.2.3　蓄能装置

　风能是随机性的能源，具有间歇性，并且是不能直接储存起来的，因此，及时在风能资源丰富的地区，把风力发电机作为获得电能的主要方法时，必须配备适当的蓄能装置。在风力强时，除了通过风力发电机组向用电负荷提供所需的电能以外，可将多余的风能转换为其他形式的能量在蓄能装置中储存起来；在风力弱或无风时，再将蓄能装置中储存的能量释放出来并转换为电能，向用电负荷供电。可见，蓄能装置是风力发电系统中实现稳定和持续供电必不可少的工具。

　当前风力发电系统中的蓄能方式主要有蓄电池蓄能、飞轮蓄能、电解水制氢蓄能、抽水蓄能、压缩空气蓄能等几种。

1. 蓄电池蓄能

　在独立运行的小型风力发电系统中，广泛使用蓄电池作为蓄能装置。蓄电池的作用是当风力较强或用电负荷减小时，可以将风力发电机发出的电能中的一部分储存在蓄电池中，也就是向蓄电池充电；当风力较弱、无风或用电负荷增大时，储存在蓄电池中的电能向负荷供电，以补足风力发电机所发电能的不足，达到维持向负荷持续稳定供电的作用。风力发电系统中常用的蓄电池有铅酸电池（亦称铅蓄电池）和镍镉电池（亦称碱性蓄电池）。

　单格铅酸蓄电池的电动势约为 2 V，单格碱性蓄电池的电动势约为 1.2 V，将多个单格蓄电池串联组成蓄电池组，可获得不同的蓄电池组电势，例如 12、24、36 V 等。当外电路闭合时蓄电池正负两极间的电位差即为蓄电池的端电压（亦称电压）。蓄电池的端电压在充电和放电过程中不相同，充电时蓄电池的电压高于其电动势，放电时蓄电池的电压低于其电动势，这是因为蓄电池有电阻，且蓄电池的内阻随温度的变化比较明显。

蓄电池的容量以 A·h 表示，容量为 100 A·h 的蓄电池代表该蓄电池若放电电流为 10 A，则可连续放电 10 h；若放电电流为 5 A，则可连续放电 20 h。在放电过程中，蓄电池的电压随着放电而逐渐降低。放电时铅酸蓄电池的电压不能低于 1.8 V，碱性蓄电池的电压不能低于 1.1 V，蓄电池放电时的最佳电流值为 10 h 放电率电流，蓄电池的最佳充电电流值等于其最佳放电电流值。

蓄电池经过多次充电及放电以后，其容量会降低。当蓄电池的容量降低到其额定值的 80％ 以下时，就不能再使用了。也就是说，蓄电池有一定的使用寿命。影响蓄电池寿命的因素很多，如充电或放电过度、蓄电池的电解液溶度太大或纯度降低以及在高温环境下使用等都会使蓄电池的性能变坏，缩短蓄电池的使用寿命。

2. 飞轮蓄能

由运动学知识可知，做旋转运动的物体皆具有动能，此动能也称为旋转的惯性能，其计算公式为

$$A = \frac{1}{2}J\Omega^2 \tag{3-33}$$

式中：A 为旋转物体的惯性能量，单位为 J；J 为旋转物体的转动惯量，单位为 N·m·S⁻²；Ω 为旋转物体的旋转角速度，单位为 rad/s。

式(3-33)所表示的为旋转物体达到稳定的旋转角速率 Ω 时所具有的动能。若旋转物体的旋转角速度是变化的，例如由 Ω_1 增加到 Ω_2，则旋转物体增加的动能为

$$\Delta A = J \int_{\Omega_2}^{\Omega_1} \Omega \mathrm{d}\Omega = \frac{1}{2}J(\Omega_2^2 - \Omega_1^2) \tag{3-34}$$

这部分增加的动能储存在旋转体中，反之，若旋转物体的旋转角速度减小，则有部分旋转的惯性动能被释放出来。

由动力学原理知，旋转物体的转动惯量 J 与旋转物体的重力及旋转部分的惯性直径有关，即

$$J = \frac{GD^2}{4g} \tag{3-35}$$

式中：G 为旋转物体的重力，单位为 N；D 为旋转物体的惯性直径，单位为 m；g 为重力加速度，$g = 9.81 \text{ m/s}^2$。

风力发电系统中采用飞轮蓄能，即在风力发电机的轴系上安装一个飞轮，利用飞轮旋转时的惯性储能原理，当风力强时，风能以动能的形式储存在飞轮中，当风力弱时，储存在飞轮中的动能则释放出来驱动发电机发电。采用飞轮蓄能可以平抑由于风力起伏而引起的发电机输出电能的波动，改善电能的质量。

风力发电系统中采用的飞轮一般由钢制成，飞轮的尺寸大小则视系统所需储存和释放能量的多少而定。

3. 电解水制氢蓄能

众所周知，电解水可以制氢，而且氢可以储存。在风力发电系统中采用电解水制氢蓄能就是在用电负荷小时，将风力发电机组提供的多余电能用来电解水，使氢和氧分离，把电能储存起来；当用电负荷增大，风力减弱或无风时，使储存的氢和氧在燃料电池中进行化学反应而直接产生电能，继续向负荷供电，从而保证供电的连续性。故这种蓄能方式是

将随时的不可储存的风能转换为氢能储存起来，而制氢、储氧及燃料电池则是这种蓄能方式的关键技术和部件。

燃料电池(Fuel cell)是一种化学电池，其作用原理是把燃料氧化时所释放出来的能量通过化学变化转化为电能。在以氢作燃料时，就是利用氢和氧化合时的化学变化所释放出来的化学能，通过电极反应，直接转化为电能，即 $H_2 + \frac{1}{2}O_2 \rightarrow H_2O +$ 电能。由此化学反应式可看出，除产生电能外，只能产生水。因此，利用燃料电池发电是一种清洁的发电方式，而且由于没有高温高压等条件要求，工作起来更安全可靠。利用燃料电池发电的效率很高，例如碱性燃料电池的发电效率可达到 $50\% \sim 70\%$。

在这种蓄能方式中，氢的储存也是一个重要环节。储氢技术有多种形式，其中以金属氧化物储氢最好，其储氢度高，优于气体储氢及液态储氢，不需要高压和绝热的容器，安全性能好。

国外还研制出一种再生式燃料电池(Regenerative Fuel cell)，这种燃料电池既能利用氢氧化合直接产生电能，反过来应用它可以电解水而产生氢和氧。

毫无疑问，电制水制氢蓄能是一种高效、清洁、无污染、工作安全、寿命长的蓄能方式，但燃料电池及储氢装置的费用较贵。

4. 抽水蓄能

抽水蓄能方式在地形条件合适的地区可采用。所谓地形条件合适，就是在安装风力发电机的地点附近有高地，在高地处可以建造蓄水池或水库，而在低地处有水。当风力强而用电负荷所需要的电能少时，风力发电机发出的多余的电能驱动抽水机，将低地处的水抽到高处的蓄水池或水库中存储起来；在无风期或是风力较弱时，将高低蓄水池或水库中存储的水释放出来流向低地水池，利用水流的动能推动水轮机转动，并带动与之相连接的发电机发电，从而保证用电负荷不断电。实际上，这时已是风力发电机和水力发电同时运行，共同向负荷供电。当然，在无风期，只要在高地蓄水池或水库中有一定的蓄水量，就可通过水力发电来维持供电。

5. 压缩空气蓄能

与抽水蓄能方式相似，这种蓄能方式也需要特定的地形条件，即需要有可挖掘的坑、废弃的矿坑或地下的岩洞。当风力强，用电负荷少时，可将风力发电机发出的多余的电能驱动一台由电动机带动的空气压缩机，将空气压缩后存储在地坑内；而在无风期或用负荷增大时，则将存储在地坑内的压缩空气释放出来，形成高速气流，从而推动涡轮机转动，并带动发电机发电。

3.3　风力发电系统的构成及运行

3.3.1　独立运行的风力发电系统

1. 直流系统

图 3-41 为一个风力机驱动的小型直流发电机经蓄能装置向电阻性负载供电的电路图。图中，L 代表电阻性负载(如照明灯等)，J 为逆流继电器控制的动断触点。当风力减

小，风力机转速降低，致使直流发电机电压低于蓄电池组电压时，发电机不能对蓄电池充电，而蓄电池却要向发电机反向送电。为了防止这种情况出现，在发电机电枢电路与蓄电池组之间装有由逆流继电器控制的动断触点，当直流发电机电压低于蓄电池组电压时，逆流继电器动作，断开动断触点 J 使蓄电池不能向发电机反向供电。

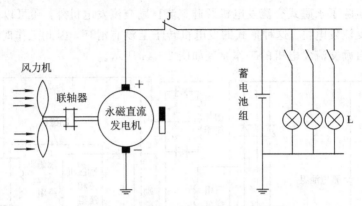

图 3 - 41　独立运行的直流风力发电系统

以蓄电池组作为蓄能装置的独立运行风力发电系统中，蓄电池组容量的选择至关重要，因为这是保证在无风期能对负载持续供电的关键因素。一般来说，蓄电池容量的选择与选定的风力发电机的额定数值(容量、电压等)、日负载(用电量)状况以及该风力发电机安装地区的风况(无风期持续时间)等有关；同时还应按 10 h 放电率电流值(蓄电池的最佳充放电电流值)的规定来计算蓄电池组的充电及放电电流值，以保证合理地使用蓄电池，延长蓄电池的使用寿命。

2. 交流系统

如果在蓄电池的正负极两端接上电阻性的直流负载(如图 3 - 42 所示)，则构成了一个由交流风力发电机组经整流器组整流后向蓄电池充电并向直流负载供电的系统。如果在蓄电池的正负极端接上逆变器，则可向交流负载供电，如图 3 - 43 所示。

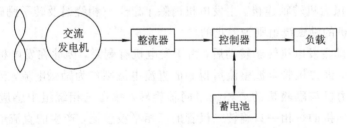

图 3 - 42　交流发电机向直流负载供电

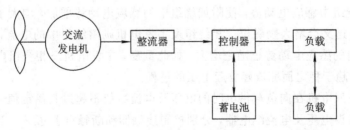

图 3 - 43　交流发电机向交流负载供电

　　逆变器可以是单相逆变器,也可以是三相逆变器,视负载为单相或三相而定。照明及家用电器(如电视机、电冰箱等)只需单相交流电源,选单相逆变器;对于动力负载(如电动机等),必须采用三相逆变器。对逆变器输出的交流电的波形,按负载的要求可以是正弦波形或方波。

　　交流发电机除了永磁式交流发电机及硅整流自励交流发电机外,还可以采用无刷励磁的硅整流自励交流发电机。这种形式的发电机转子上没有滑环,因此工作时更加可靠。无刷励磁硅整流自励交流发电机的工作原理如图3-44所示。

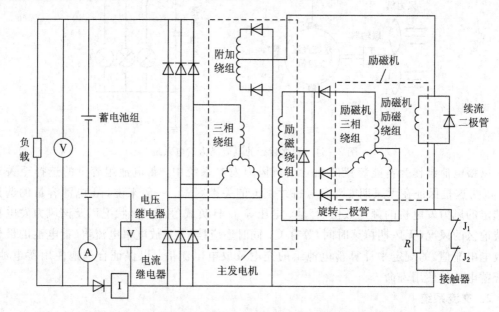

图3-44　无刷励磁硅整流自励交流发电机原理图

　　无刷励磁硅整流自励交流发电机在结构上由主发电机及励磁机两部分组成。励磁机为转枢式,即励磁机的三相绕组与主发电机的励磁绕组皆在主发电机的同一转轴上,并经联轴器及齿轮箱与风力机转轴连接。主发电机内除了定子三相绕组及转子励磁绕组外,尚有附加绕组;励磁机的励磁绕组则为静止的。

　　当风力机驱动主发电机转子转动后,由于发电机有剩磁,因此在发电机的附加绕组中产生感应电动势,经二极管全波整流后得到的直流电流则作为励磁电流,流经励磁机的励磁绕组。此时风力机与励磁机的三相绕组同轴旋转,故在三相绕组中感应产生交流电动势,再经过与之连接的每相一只旋转二极管的三相半波整流,产生的直流电供给主发电机的励磁绕组。主发电机的励磁绕组通电后,在主发电机三相绕组中产生交变感应电动势,同时也在附加绕组中感应电动势,使附加绕组中的感应电动势增加,增大了励磁机的励磁绕组中的电流。这又会增大励磁机三相绕组及主发电机励磁绕组中的电流,从而导致主发电机三相绕组内的感应电动势也随之增大。如此重复,主发电机三相绕组内的感应电动势越来越大,最后趋于稳定而完成建立起电压的过程。

　　为了控制主发电机在向负载供电时的电压及电流数值不超过其额定值,可以在主发电机的主回路中装设电压及电流继电器,分别控制接触器动断触点J_1及J_2。当风力增大,主发电机输出电压高于额定值时,电压继电器动作,J_1触点打开,励磁机的励磁电流将流经

电阻 R，电流减小，并导致主发电机励磁电流减小，从而迫使主发电机输出电压下降；当风速下降，主发电机电压降低到一定程度时，电压继电器复位，J_1 触点恢复闭合，发电机输出电压又升高。如此不断调节，即能保持主发电机的输出电压维持在额定值附近。当主发电机电流超过额定值时，电流继电器动作，J_2 触点打开，电阻 R 被串入励磁机的励磁绕组电路中，励磁电流下降，进而导致主发电机的输出电压下降，迫使输出电流也下降。

有蓄能电池的独立运行的交流风力发电系统中，蓄电池容量大的选择方法与直流系统相同。

3.3.2　并网运行的风力发电系统

1. 风力机驱动双速异步发电机与电网并联运行

1）双速异步发电机

在与电网并联运行的风力发电系统中大多采用异步发电机。由于风能的随机性，风速的大小经常变化，驱动异步发电机的风力机不可能经常在额定风速下运转，通常风力机在低于额定风速下运行的时间约占风力机全年运行时间的 60%～70%。为了充分利用低风速时的风能，增加全年的发电量，近年来广泛应用双速异步发电机。

双速异步发电机系统指具有两种不同的同步转速（低同步转速及高同步转速）的电机。根据前述的异步电机理论，异步电机的同步转速与异步电机定子绕组的极对数及所并联电网的频率有如下关系：

$$n_{\mathrm{S}} = \frac{60f}{p} \qquad\qquad (3-36)$$

式中：n_{S} 为异步电机的同步转速，单位为 r/min；p 为异步电机定子绕组的极对数；f 为电网的频率，我国电网的频率为 50 Hz。

因此并网运行的异步电机的同步转速与电机的极对数成反比。例如，4 极的异步电机的同步转速为 1500 r/min，6 极的异步电机的同步转速为 1000 r/min。可见，只要改变异步电机定子绕组的极对数，就能得到不同的同步会转速。如何改变电机定子绕组的极对数呢？有以下三种方法：

（1）采用两台定子绕组极对数不同的异步电机：一台为低速同步转速的，另一台为高同步转速的；

（2）在一台电机的定子上放置两套极对数不同的相互独立的绕组，即所谓的双绕组的双速电机。

（3）在一台电机的定子上仅安置一套绕组，靠改变绕组的连接方式获得不同的极对数，即所谓的单绕组双速电机。

双速异步发电机的转子皆为鼠笼式的，因为鼠笼式转子能自动适应定子绕组极对数的变化。双速异步发电机在低速运转时的效率较单速异步发电机高，滑差损耗小；在低风速时发电较多。国内外由定桨距失速叶片风力机驱动的双速异步发电机皆采用 4/6 极变极的，即其同步转速为 1500/1000 r/min，低速时对应于低功率输出，高速时对应于高功率输出。

2）双速异步发电机的并网

如前所述，近代异步发电机并网时多采用晶闸管软并网方法来限制并网瞬间的冲击电流。双速异步发电机与单速异步发电机一样也是通过晶闸管软并网方法来限制启动并网时的冲击电流的，同时也在低速（低功率输出）与高速（高功率输出）绕组相互切换过程中起限制瞬变电流的作用。双速异步发电机通过晶闸管软切入并网的主电路，如图 3 - 45 所示。双速异步发电机启动并网及高低输出功率的切换信号皆由计算机控制。

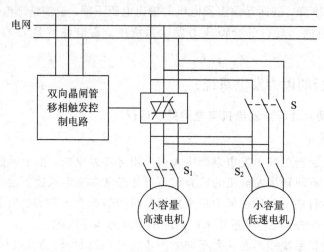

图 3 - 45 　双速异步发电机主电路连接图

双速异步发电机的并网过程如下：

（1）当风速传感器测量的风速达到启动风速（一般为 3.0～4.0 m/s）以上，并连续维持达 5～10 min 时，控制系统计算机发出启动信号，风力机开始启动，此时发电机被切换到小容量低速绕组（例如 6 极，1000 r/min）。当转速接近同步速时，根据预定的启动电流值通过晶闸管接入电网，异步发电机进入低功率发电状态。

（2）若风速传感器测量的 1 min 平均风速远超过启动风速（例如 7.5 m/s），则风力机启动后，发电机被切换到大容量高速绕组（例如 4 极，1500 r/min）。当发电机转速接近同步转速时，根据预定的启动电流值，通过晶闸管接入电网，异步发电机直接进入高功率发电状态。

3）双速异步发电机的运行控制

双速异步发电机的运行状态，即高功率输出或低功率输出（采用两台容量不同的发电机时即为大电机运行或小电机运行），是通过功率控制来实现的。

（1）小容量电机向大容量电机的切换。当小容量发电机的输出在一定时间（例如5 min）内平均值达到某一设定值（例如小容量电机额定功率的 75％左右），则通过计算机控制将自动切换到大容量电机。为完成此过程，发电机暂时从电网中脱离出来，风力机转速升高，根据预先设定的启动电流值，当转速接近同步速时通过晶闸管并入电网，所设定的电流值应根据风电场内变电所所允许的最大电流来确定。由于小容量电机向大容量电机的切换是由低速向高速的切换，故这一过程是在电动机状态下进行的。

（2）大容量电机向小容量电机的切换。当双速异步发电机在高输出功率（即大容量）运行时，若输出功率在一定时间（例如 5 min）内平均下降到小容量电机额定容量的 50％以下时，则通过计算机控制系统，双速异步发电机将自动由大容量电机切换到小容量电机（即低输出功率）运行。必须注意的是，当大容量电机切出，小容量电机切入时，虽然由于风速的降低，风力机的转速已逐渐减慢，但因小容量电机的同步转速较大容量电机的同步转速低，故异步发电机将处于超同步转速状态下，小容量电机在切入（并网）时所限定的电流值应小于小容量电机在最大转矩下相对应的电流值，否则异步发电机会发生超速，导致超速保护动作而不能切入。

2. 风力机驱动滑差可调的绕线式异步发电机与电网并联运行

1) 基本工作原理

现代风电场中应用最多的并网运行的风力发电机是异步发电机。异步发电机在输出额定功率时的滑差率数值是恒定的，约在 $2\%\sim5\%$ 之间。众所周知，风力机自流动的空气中吸收的风能随风速的起伏而不停地变化，风力发电机组的设计都是在风力发电机输出额定功率时使风力机的风能利用系数（C_P 值）处于最高数值区。当来流风速超过额定风速时，为了维持发电机的输出功率不超过额定值，必须通过风轮叶片失速效应（即定桨距风轮叶片的失速控制）或是调节风力机叶片的桨距（即变桨距风轮叶片的桨距调节）来限制风力机自流动空气中吸收的风能，以达到限制风力机的出力，这样风力发电机组将在不同的风速下维持不变的同一转速。按照风力机的特性可知，风力机的风能利用系数（C_P 值）与风力机运行时的叶尖速比（TSR）有关（见图 3-46），因此，当风速变化而风力机转速不变化时，风力机的 C_P 值将偏离最佳运行点，从而导致风电机组的效率降低。为了提高风电机组的效率，国外的风力发电机制造厂家研制了滑差可调的绕线式异步发电机。这种发电机可以在一定的风速范围内，以变化的转速运转，而同时发电机则输出额定功率，不必借助调节风力机叶片桨距来维持其额定功率输出。这样就避免了风速频繁变化时的功率起伏，改善了输出电能的质量；同时也减少了变桨距控制系统的频繁动作，提高了风电机组运行的可靠性，延长了使用寿命。

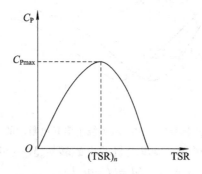

图 3-46　风能利用系数（C_P 值）与叶尖比（TSR）的关系曲线

由异步发电机的原理可知，如不考虑其定子绕组电阻损耗及附加损耗，异步发电机的输出电功率 P 基本上等于其电磁功率，即

$$P \approx P_{em} = M\Omega_1 \tag{3-37}$$

式中：P_{em} 为电磁功率；M 为发电机的电磁转矩；Ω_1 为旋转磁场的同步旋转角速度。M 的计算式为

$$M = \frac{m_1 p U_1^2 \dfrac{r_2'}{S}}{2\pi f_1 \left[\left(r_1 + c_1 \dfrac{r_2'}{S} \right)^2 + (x_1 + c_1 x_2')^2 \right]} \tag{3-38}$$

式中：p 为异步发电机定子及转子的极对数；m_1 为电机的相数；U_1 为定子绕组的相电压；r_1 及 x_1 为定子绕组的电阻及漏抗；r_2' 及 x_2' 为转子绕组折合后的电阻及漏抗；f_1 为电网的频率。Ω 和 S 的计算式分别为

$$\Omega_1 = \frac{2\pi f_1}{p} \tag{3-39}$$

$$S = \frac{n_S - n}{n_S} \times 100\% \tag{3-40}$$

式中：n_S 为发电机的同步转速；n 为发电机的转速。

在电网电压及频率恒定不变的情况下，异步发电机并入电网后，在输出额定电功率时，其滑差率应为负值，即异步发电机的转速应高于同步转速（$n > n_S$），而电磁转矩 M 为制动性质的。现设异步发电机在转速为 n_a，滑差率为 S_a，电磁转矩为 M_N 时发出额定功率，如图 3-47 中的 a 点。当风速变化（例如风速增大）时，风力机及发电机的转速也随之增大，则异步发电机的滑差率的绝对值 $|S|$ 也将增大。此时只要增加绕线转子内串入的电阻 r_2，并维持 r_2 的数值不变，则由式（3-38）可知，异步发电机的电磁转矩 M 就保持不变，发电机输出的电功率 P 也维持不变。此时异步发电机的转速已由图 3-47 所示的 $M-S$ 特性曲线 1 上 a 点移到特性曲线 2（特性曲线 2 为增大绕线转子电阻 r_2 后的 $M-S$ 特性曲线）上的 b 点，异步发电机的转速由 $n_a = (1+|S_a|)n_S$ 变为 $n_b = (1+|S_b|)n_S$，而滑差由 S_a 变为 S_b。

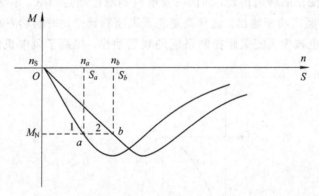

图 3-47　绕线式异步电机改变转子绕组串联电阻时的 $M-S$ 特性曲线

由异步电机的基本理论可知，异步电机的电磁转矩 M 也可表示为

$$M = C_M \Phi_m I_{2a} \tag{3-41}$$

$$C_M = \frac{1}{\sqrt{2}} m_2 p \omega_2 k \omega_2$$

$$I_{2a} = I_2 \cos\varphi_2$$

式中：C_M 为绕线转子异步电机的转矩系数，对已制成的电机，为一常数；Φ_m 为电机气隙中基波磁场每极磁通量，在定子绕组相电压不变的情况下，Φ_m 为常数；I_{2a} 为转子电流的有功分量。

由式（3-41）可知，只要保持 I_{2a} 不变，则电磁转矩 M 不变，联系式（3-38），可见当风速变化，异步发电机的转速变化时，改变异步发电机绕线转子所串电阻 r_2，使转子电流的有功分量 I_{2a} 不变，则能实现维持 r_2/S 为常数，从而达到发电机输出功率不变的目的。在

这种允许滑差率有较大变化的异步发电机中，通过由电力电子器件组成的控制系统，以调整绕线转子回路中的串接电阻值来维持转子电流不变，所以这种滑差可调的异步发电机又称转子电流控制(Rotor Current Control)，简称 RCC 异步电机。

2) 滑差可调的异步发电机的结构

滑差可调的异步发电机从结构上讲与串电阻调速的绕线式异步电动机相似，其整个结构包括绕线式转子的异步电机、绕线转子外接电阻、由电力电子器件组成的转子电流控制器及转速和功率控制单元。图 3 - 48 所示为滑差可调的异步发电机的结构布置原理。

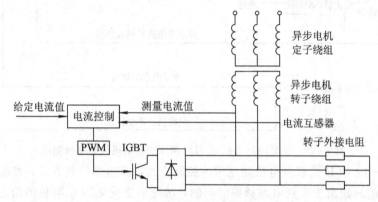

图 3 - 48　滑差可调的异步发电机的结构布置

图 3 - 48 由电流互感器测量出的转子电流值与由外部控制单元给定的电流基准值比较后计算得出转子回路的电阻值，并通过电力电子器件 IGBT(绝缘栅极双极型晶体管)的导通和关断来进行调整；而 IGBT 的导通与关断则由 PWM(脉冲宽度调制器)来控制。因为由这些电力电子器件组成的控制单元其作用是控制转子电流的大小，故称为转子电流控制器。此转子电流控制器可调节转子回路的电阻值使其在最小值(只有转子绕组自身电阻)与最大值(转子绕组自身电阻与外接电阻之和)之间变化，使发电机的滑差率能在 0.6%～10% 之间连续变化，维持转子电流为额定值，从而达到维持发电机输出的电功率为额定值。

3) 滑差可调的异步发电机的功率调节

在采用变桨距风力机的风力发电系统中，由于桨距调节有滞后时间，特别在惯量大的风力机中，滞后现象更为突出，因此在阵风或风速变化频繁时，会导致桨距大幅度频繁调节，发电机输出功率也将大幅波动，对电网造成不良影响。所以单纯靠变桨距来调节风力机的功率输出，并不能实现发电机输出功率的稳定性，利用具有转子电流控制器的滑差可调异步电机与变桨距风力机的配合，共同完成发电机输出功率的调节，则能实现发电机电功率的稳定输出。

具有转子电流控制器的滑差可调异步发电机与变桨距风力机配合时的控制原理如图 3 - 49 所示。

按照图 3 - 49 所示的控制原理图，变桨距风力机-滑差可调异步发电机的启动并网及并网后的运行状况如下：

(1) 图 3 - 49 中 S 代表机组启动并网前的控制方式，属于转速反馈控制。当风速达到启动风速时，风力机开始启动，随着转速的升高，风力机的叶片节距连续变化，使发电机的转速上升到给定转速值(同步转速),之后发电机并入电网。

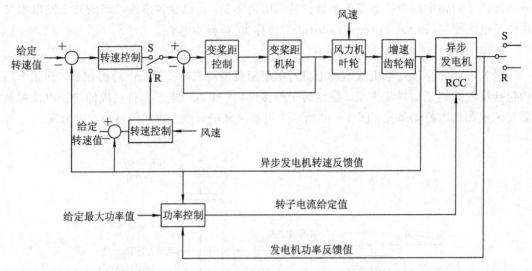

图 3-49　变桨距风力机-滑差可调异步发电机控制原理框图

(2) 图 3-49 中 R 代表发电机并网后的控制方式,即功率控制方式。当发电机并入电网后,发电机的转速由于受到电网频率的牵制,转速的变化表现在电机的滑差率上,风速较低时,发电机的滑差率较小,当风速低于额定风速时,通过转速控制环节、功率控制环节及 RCC 控制环节将发电机的滑差调到最小,滑差率为 1%(即发电机的转速大于同步速的 1%),同时通过变桨距机构将叶片攻角调至零,并保持在零附近,以便最有效地吸收风能。

(3) 当风速达到额定风速时,发电机的输出功率达到额定值。

(4) 当风速超过额定风速时,如果风速持续增加,风力机吸收的风能不断增大,风力机轴上的机械功率输出大于发电机输出的电功率,则发电机的转速上升。反馈到转速控制环节后,转速控制输出将使变桨距机构动作,改变风力机叶片攻角,以保证发电机为额定输出功率不变,维持发电机在额定功率下运行。

(5) 当风速在额定风速以上,风速处于不断的短时上升和下降的情况下时,发电机输出功率的控制状况如下:当风速上升时,发电机的输出功率上升,大于额定功率,则功率控制单元改变转子电流给定值,使异步发电机转子电流控制环节动作,调节发电机转子回路电阻,增大异步发电机的滑差(绝对值),发电机的转速上升。由于风力机的变桨距离变化有滞后效应,因此叶片攻角还未来得及变化,而风速已下降,发电机的输出功率也随之下降,则功率控制单元又将改变转子电流给定值,使异步发电机转子电流控制环节动作,调节转子回路电阻值,减小发电机的滑差(绝对值)使异步发电机的转速下降。根据上述的基本工作原理可知,在异步发电机转速上升或下降的过程中,发电机转子的电流将保持不变。可见,在短暂的风速变化时,借助转子电流控制环节的作用即可维持异步发电机的输出功率恒定,从而减少了对电网的扰动影响。必须指出,正是由于转子电流控制环节的动作时间远比变桨距机构的动作时间要快(也即前者的响应速度远较后者为快),因此才能实现仅仅借助转子电流控制器就实现发电机功率的恒定输出。

滑差可调异步发电机运行时风速、发电机转速及发电机输出功率随时间的变化情况如

图 3－50 所示。该图显示的是丹麦 Vestas 公司制造的由变桨距风力机及具有 RCC 控制环
节的异步发电机组成的额定功率为 660 kW 的风力发电机组的运行状况曲线。从图 3－53
上可以看出，在风速波动变化的情况下，由于实现了异步发电机的滑差可调，因此保证了
风力发电机在额定风速以上起伏时维持额定输出功率不变。

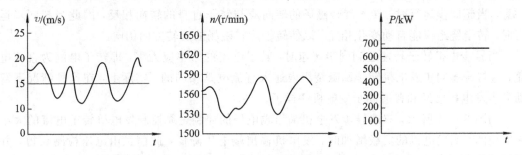

图 3－50　滑差可调异步发电机运行时风速 v、发电机转速 n 及输出功率 P 随时间 t 的变化曲线

3. 变速风力机驱动双馈异步发电机与电网并联运行

现代兆瓦级以上的大型并网风力发电机组多采用风力机叶片桨距可以调节及变速运行
的方式，实现优化风力发电机组内部件的机械负载及优化系统内的电网质量。众所周知，
风力机变速运行时将使其连接的发电机也作变速运行，因此必须采用在变速运转时能发出
恒频恒压电能的发电机，才能实现与电网的连接。将具有绕线转子的双馈异步发电机与应
用最新电力电子技术的 IGBT 变频器及 PWM 控制技术结合起来组成变速恒频发电系统，
就能实现这一目的。

1）系统组成

由变桨距风力机及双馈异步发电机组成的变速恒频发电系统与电网的连接情况如图
3－51所示。

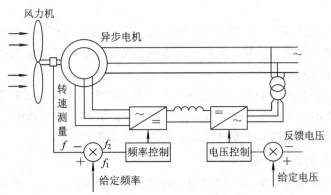

图 3－51　变速风力机-双馈异步发电机系统与电网连接图

当风速变化时，系统的工作情况如下：

当风速降低时，风力机转速降低，异步发电机转子转速也降低，转子绕组电流产生的
旋转磁场转速将低于异步电机的同步转速 n_S，定子绕组感应电动势的频率 f 低于
f_1(50 Hz)，与此同时转速测量转子立即将转速降低的信息反馈到控制转子电流频率的电
路，使转子电流的频率增高，则转子旋转磁场的转速又回升到同步转速 n_S，这样定子绕组
感应电磁的频率 f 又恢复到额定频率 f_1(50 Hz)。

同理,当风速增高时,风力机及异步电机转子转速升高,异步发电机定子绕组的感应电动势的频率将高于同步转速所对应的频率 f_1(50 Hz),测速装置会立即将转速和频率升高的信息反馈到控制转子电流频率的电流,使转子电流的频率降低,从而使转子旋转磁场的转速回降至同步转速 n_s,定子绕组的感应电动势频率重新恢复到频率 f_1(50 Hz)。必须注意,当超同步运行时,转子旋转磁场的转向应与转子自身的转向相反,因此当超同步运行时,转子绕组应能自动变化相序,以使转子旋转磁场的旋转方向倒向。

当异步电机转子转速达到同步转速时,转子电流的频率应为零,即转子电流为直流电流,这与普通同步发电机转子励磁绕组内通入直流电是相同的。实际上,在这种情况下双馈异步发电机已经和普通同步发电机一样了。

如图 3-51 所示,双馈异步发电机输出端电压的控制是靠控制发电机转子电流的大小来实现的。当发电机的负载增加时,发电机输出端电压降低,此信息由电压检测获得,并反馈到控制转子电流大小的电路,也即通过控制三相半控或全控整流桥的晶闸管导通角,使导通角增大,从而使发电机转子电流增加,定子绕组的感应电动势增高,发电机输出端电压恢复到额定电压。反之,当发电机负载减小时,发电机输出端电压升高,通过电压检测后获得的反馈信息将使半控或全控整流桥的晶闸管的导通角减小,从而使转子电流减小,定子绕组输出端电压降回至额定电压。

2)变频器及控制方式

在双馈异步发电机组成的变速恒频风力发电系统中,异步发电机转子回路中可以采用不同类型的循环变流器(Cycle Converter)作为变频器。

(1)采用交-直-交电压型强迫换流变频器。采用此种变频器可实现由亚同步运行到超同步运行的平稳过渡,这样可以扩大风力机变速运行的范围。此外,由于采用了强迫换流,还可实现功率因数的调节,但由于转子电流为方波,因此会在电机内产生低次谐波转矩。

(2)采用交-交变频器,可以省去交-直-交变频器中的直流环节,同样可以实现由亚同步到超同步运行的平稳过渡,并实现功率因数的调节,其缺点是需应用较多晶闸管,同时在电机内也会产生低次谐波转矩。

(3)采用脉宽调制的变频器。采用最新电力电子技术的 IGBT 变频器及 PWT 控制技术,可以获得正弦形转子电流,电机内不会产生低次谐波转矩,同时能实现功率因数的调节。现代兆瓦级以上的双馈异步发电机多采用这种变频器。

3)兆瓦级机组的技术数据

国外开发研制的由变桨距风力机及双馈异步发电机组成的中、大型变速恒频发电系统的技术数据如下:

异步发电机滑差率变化范围最大为 25%～35%。

异步发电机功率因数为 0.95(领先)～0.65(滞后)。

异步发电机输出有功功率为 300～3000 kW。

确定功率为 1.5 MW,4 极(同步转速 1500 r/min)的双馈异步发电机的运行数据见表 3-8 及图 3-52。

表 3 - 8　1.5 MW 双馈异步发电机功率/转速数据表

异步发电机转速 $n/(r/min)$	1125	1500	1725	1875
滑差率 $S(\%)$	25	0	-15	-25
发电机电功率输出 $P/P_N(\times 100\%)$	33%	85%	100%	100%
发电机电功率输出 P/MW	0.5	1.2	1.5	1.5
发电机最大功率输出(10s)百分比	$P_{max}/P_N \times 100\% = 115\%$			

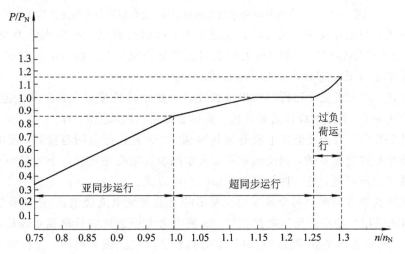

图 3 - 52　1.5 MW 双馈异步发电机连续运转时输出电功率与转速关系曲线

4）系统的优越性

（1）这种变速恒频发电系统有能力控制异步发电机的滑差在恰当的数值范围内变化，因此可以实现优化风力机叶片的桨距调节，也就是可以减少风力机叶片桨距的调节次数，这对桨距调节机构是有利的。

（2）可以降低风力发电机组运转时的噪声水平。

（3）可以降低机组剧烈的转矩起伏，从而能够减小所有部件的机械应力，这为减轻部件质量或研制大型风力发电机组提供了有力的保证。

（4）由于风力机是变速运行的，其运行速度能够在一个较宽的范围内被调节到风力机的最优化效率数值，因此可使风力机的 C_p 值得到优化，从而获得高的系统效率。

（5）可以实现发电机低起伏的平滑的电功率输出，达到优化系统内的电网质量，同时减小发电机的温度变化。

（6）与电网连接简单，并可实现功率因数的调节。

（7）可实现独立(不与电网连接)运行，几个相同的运行机组也可实现并联运行。

（8）这种变速恒频系统内的变频器的内容取决于发电机变速运行时的最大滑差功率。

一般电机的最大滑差率为 $-25\% \sim +35\%$，因此变频器的最大容量仅为发电机额定容量的 $1/4 \sim 1/3$。

4. 变速风力机驱动交流发电机经变频器与电网并联运行

由风力机驱动交流(同步)发电机经变频装置与电网并联的原理性框图如图 3-53 所示。在这种风力发电系统中,风力机可以是水平轴变桨距控制或失速控制的定桨距风力机,也可以是立轴的风力机,例如达里厄(Darrieus)型风力机。

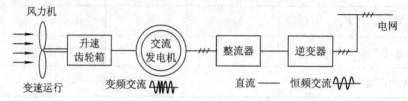

图 3-53　风力机驱动交流发电机经整流-逆变装置与电网连接图

在这种风力发电系统中,风力机为变速运行,因而交流发电机发出的为变频交流电,经整流-逆变装置(AC-DC-AC)转换后获得恒频交流电输出,再与电网并联,因此这种风力发电系统也属于变速恒频风力发电系统。

如前所述,风力机变速运行时可以做到使风力机维持或接近在最佳叶尖速比下运行,从而使风力机的 C_p 值达到或接近最佳值,实现更好地利用风能的目的。

在这种关系中,由于交流发电机是通过整流-逆变装置与电网连接的,发电机的频率与电网的频率是彼此独立的,因此通常不会发生同步发电机并网时由于频率差而产生的冲击电流或冲击力矩问题,是一种较好的平稳的并网方式。

这种系统的缺点是需要将交流发电机发出的全部交流电能经整流-逆变装置转换后送入电网,因此采用大功率高反压的晶闸管。这种电力电子器件的价格相对较高,控制也较复杂。此外,非正弦形逆变器在运行时产生的高频谐波电流流入电网,会影响电网的电能质量。

5. 风力机直接驱动低速交流发电机经变频器与电网连接运行

这种并网运行风力发电系统的特点是:由于采用了低速(多极)交流发电机,因此在风力机与交流发电机之间不需要安装升速齿轮箱,而成为无齿轮箱的直接驱动型,如图 3-54所示。

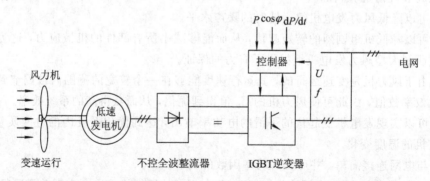

图 3-54　无齿轮箱直接驱动型变速恒频风力发电系统与电网连接图

这种系统中的低速交流发电机,其转子的极数大大多于普通交流同步发电机的极数,因此这种电机的转子外圆及定子内径尺寸大大增加,而其轴向长度则相对很短,呈圆环状。为了简化电机的结构,减小发电机的体积和质量,采用永磁体励磁是有利的。由于IGBT(绝缘栅双极型晶体管)是一种结合大功率晶体管及功率场效应晶体管两者特点的复合型电力电子器件，它既具有工作速度快、驱动功率小的优点，又兼有大功率晶体管的电流能力大、导通压降低的优点，因此在这种系统中多采用 IGBT 逆变器。

无齿轮箱直接驱动型风力发电系统的优点主要有以下几点：

（1）不采用齿轮箱，机组水平轴向的长度大大减小，电能产生的机械传动路径被缩短，避免了因齿轮箱旋转而产生的损耗、噪声以及材料的磨损甚至漏油等问题，使机组的工作寿命更加有保障，也更适合于环境保护的要求。

（2）避免了齿轮箱部件的维修及更换，不需要齿轮箱润滑油以及对油温的监控，因而提高了投资的有效性。

（3）由于发电机具有大的表面，散热条件更有利，可以使发电机运行时的温升降低，减小发电机温升的起伏。

德国及加拿大都曾研究开发过中、大型无齿轮箱直接驱动型风力发电机组，德国已批量生产容量为 500 kW 及 1.5 MW 的大、中型机组。

6. 变速风力机经滑差连接器驱动同步发电机与电网并联运行

如前所述，风力机驱动同步发电机与电网并联时，若风速变化、风力机变速运行，则同步发电机输出端将发出变频变压的交流电，是不能与电网并联的。如果在风力机与同步发电机之间采用电磁滑差连接器来连接，则当风力机做变速运行时，借助电磁滑差连接器，同步发电机能发出恒频恒压的交流电，实现与电网的并联运行，这种系统的原理图如图 3 - 55 所示。

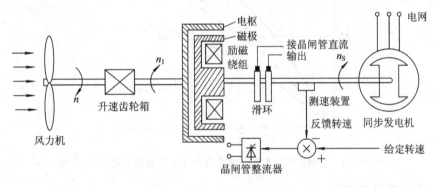

图 3 - 55　采用电磁滑差连接器的变速恒频风力发电系统原理图

电磁滑差连接器是一个特殊的电力机械，它起着离合器的作用，它由两个旋转的部分组成，一个旋转部分与原动机相连，另一个旋转部分与被驱动机械相连，这两个旋转部分之间没有机械上的连接，而是以电磁作用的方式来实现原动机与被驱动机械之间的弹性连接并传递力矩。从结构上看，电磁滑差连接器与滑差电机相似，在图 4 - 55 中，它由电枢、磁极、励磁绕组、滑环等组成。其励磁绕组由晶闸管整流器供给电流，励磁电流的大小则由晶闸管控制。

系统的工作原理如下：当风力机的转速由于风速的变化而改变时，电磁滑差连接器的主动轴转速 n_1 将随之变化，但与同步发电机连接的电磁滑差连接器的从动轴通过速度负反馈，自动调节电磁滑差连接器的励磁电流维持不变，也就是使电磁滑差连接器的主动轴与从动轴之间的转速差（即滑差）作相应的变化，这一点从具有不同励磁电流时电磁滑差连接器的机械特性（见图 3 - 56）上就可以看出。

图 3-56 所示为励磁电流分别为 i_{e1}，i_{e2}，i_{e3} 时的 M-S 特性曲线。M 为通过电磁作用施加于从动轴上的力矩；S 为滑差，即 $S=(n_1-n_2)/n_1$。设风力发电机组工作于励磁电流为 i_{e1} 的 M-S 特性曲线上的 a 点，此时力矩为 M_N，电磁滑差连接器的主动轴转速为 n_1，从动轴转速 $n_2=n_S$（n_S 为同步发电机的同步转速）。现若风速加大，风力机转速 n 及电磁滑差连接器的主动轴转速 n_1 皆升高，则从动轴转速 n_2 也将升高，但通过测速装置及转速负反馈，及时调节励磁电流由 i_{e1} 变为 i_{e2}，风电机组将工作于励磁电流为 i_{e2} 的 M-S 特性曲线上的 b 点，从而维持作用于同步发电机轴上的力矩为 M_N 不变。从动轴的转速 $n_2=n_S$ 也维持不变。这样同步发电机输出端的电压及频率皆将维持为额定值不变，但此时电磁滑差连接器的滑差已由 a 点的 S_a 变为 b 点的 S_b。同理，当风速继续增大时，风力发电机组将由 b 点过渡到 c 点，而滑差则由 S_b 变为 S_c。当风速减小时，励磁电流将由 i_{e3} 向 i_{e1} 变化，而滑差则由 S_c 向 S_a 变化。这种系统的优点是当风力机随风速的变化而作变速运行时，可以使风力机的 C_P 值得到优化，同时可以在较宽的滑差变化范围内，在发电机端获得恒频的交流电，而且发电机输出的电压波形为正弦波。这种系统的缺点是当滑差较大时，有相当大的一部分风能将被消耗在电磁滑差连接装置的发热损耗上，使整个系统的效率降低。由于这种系统是变速恒频的发电系统，故也可将其作为独立运行的电源使用。

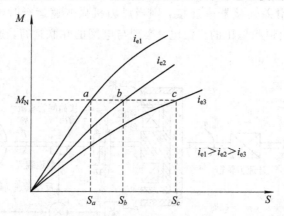

图 3-56　不同励磁电流时，电磁滑差连接装置的力矩-滑差特性

3.3.3　风光互补发电

由太阳光电池组成的太阳光电池方阵（阵列）供电系统称为太阳光发电系统。目前太阳光发电系统有三种运行方式：一种是将太阳光发电系统与常规的电力网连接，即并网连接运行；一种是由太阳光发电系统独立地向用电负荷供电，即独立运行；一种是由风力发电系统与太阳光发电系统联合运行。

独立运行的太阳光发电系统由太阳光电池方阵、太阳光跟踪系统、电能储存装置（蓄电池）、控制装置、辅助电源及用户负荷等组成，系统组成框图如图 3-57 所示。

采用风力-太阳光联合发电系统是为了更高效地利用可再生能源，实现风力发电与太阳光发电的互补，在风力强的季节或时间内以风力发电为主，以太阳光发电为辅向负荷供电。中国西北、华北、东北地区冬春季风力强，夏秋季风力弱，但太阳辐射强，从资源的利用上恰好可以互补，因此在电网覆盖不到的偏远地区或海岛利用风力-太阳光发电系统是一种合理的和可靠的获得电力供应的方法。

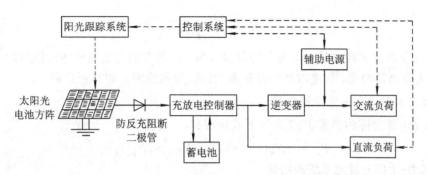

图 3-57 独立运行的太阳光电池供电系统

设计风力-太阳光发电系统的步骤如下：

（1）汇集及测量当地风能资源、太阳能资源、其他天气及地理环境数据，包括每月的风速、风向数据、年风频数据、每年最长的持续无风时数、每年最大的风速及发生的月份、韦布尔（Weble）分布系数等，全年太阳日照时数、在水平表面上全年每平方米面积上接收的太阳辐射能、在具有一定倾斜角度的太阳光电池组件表面上每天太阳辐射峰值时数及太阳辐射能等，当地在地理上的纬度、经度、海拔高度、最长连续阴雨天数、年最高气温及发生的月份、年最低气温及发生的月份等。

（2）计算当地负荷状况，包括负荷性质、负荷的工作电压、负荷的额定功率、全天耗电量等。

（3）确定风力发电及太阳光发电分担的向负荷供电的份额。

（4）根据确定的负荷份额计算风力发电及太阳光发电装置的容量。

（5）选择风力发电机及太阳光电池阵列的型号，确定及优化系统的结构。

（6）确定系统内其他部件（蓄电池、整流器、逆变器及控制器、辅助后备电源等）。

（7）编制整个系统的投资预算，计算每度电（kW·h）的发电成本。

1. 太阳光电池方阵容量的确定

设计风力-太阳光发电系统时，应根据用户负荷来确定太阳光电池方阵的容量，一般应该按照用户负荷所需电能全部由光电池供给来考虑，计算方法及步骤如下：

1）确定太阳光电池方阵内太阳光电池单体（或组件）的串联个数

独立运行的太阳光电池供电系统总是和蓄电池配套使用，一部分电能供负载使用，另一部分电能则储存到蓄电池内以备夜晚或阴雨天使用。

设太阳光电池对蓄电池的浮充电压值 U_F 的计算式为

$$U_F = U_f + U_d + U_t \qquad (3-42)$$

式中：U_f 为根据负载的工作电压确定的蓄电池在浮充状态下所需的电压；U_d 为线路损耗及防反充二极管的电压降；U_t 为太阳电池工作时温升导致的电压降。

假设太阳光电池单体（或组件）的工作电压为 U_m，则太阳光电池单体（或组件）的串联数为

$$N_S = \frac{U_f + U_d + U_t}{U_m} = \frac{U_F}{U_m} \qquad (3-43)$$

2）确定太阳光电池方阵内太阳光电池单体（或组件）的并联个数

太阳光电池单体（或组件）的并联个数 N_P 可按下式计算，即

$$N_P = \frac{Q_L}{I_m H} \eta_C F_C \qquad (3-44)$$

式中：Q_L 为负载每天耗电量；H 为平均日照时数；I_m 为太阳光电池单体（或组件）平均工作电流；η_C 为蓄电池的充、放电效率的修正系数；F_C 为其他因素的修正系数。

3）确定太阳光电池方阵的容量

太阳光电池方阵的容量 P_m，可按下式确定：

$$P_m = (N_s U_m) \cdot (N_P I_m) = N_s N_P U_m I_m \qquad (3-45)$$

2. 风力-太阳光发电系统的结构

风力-太阳光发电联合供电系统的结构组成形式如图 3-58 所示。该系统根据风力及太阳辐射的变化情况可以在以下三种模式下运行：

（1）风力发电机独自向负荷供电；

（2）风力发电机及太阳光电池方阵联合向负荷供电；

（3）太阳光电池方阵独立向负荷供电。

太阳光电池方阵独立供电时蓄电池容量为

$$Q_B = 1.2 D Q_L K \qquad (3-46)$$

式中：Q_B 为蓄电池容量；D 为最长连续阴雨天数；K 为蓄电池允许释放容量的修正系数；1.2 为安全系数。

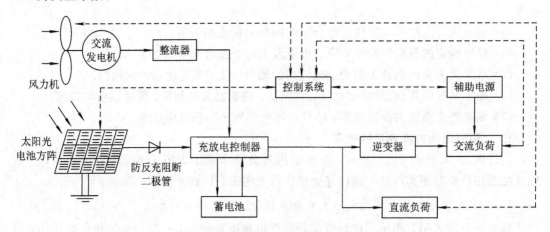

图 3-58　风力-太阳光发电联合供电系统

3.4　并网风力发电机组的设备

3.4.1　风力发电机组设备

1. 风力发电机组结构

1）水平轴风力发电机

关于各种形式的风力发电机组前面已做了详细的论述，这里根据风电场建设项目中对设备选型的要求，重点论述不同结构风电机组的选型原则，以便读者在风电场建设中选择机组时参考。

　　(1) 结构特点。水平轴风力发电机是目前国内外广泛采用的一种结构形式,其主要优点是风轮可以架设到离地面较高的地方,从而减少了由于地面扰动对风轮动态特性的影响。它的主要机械部件都在机舱中,如主轴、齿轮箱、发电机、液压系统及调向装置等。水平轴风力发电机的优点如下:

　　① 风轮架设在离地面较高的地方,随着高度的增加发电量增高。

　　② 叶片角度可以实现功率调节直到顺桨(即变桨距)或采用失速调节。

　　③ 风轮叶片的叶型可以进行空气动力最佳设计,可达最高的风能利用效率。

　　④ 启动风速低,可自启动。

　　缺点如下:

　　① 主要机械部件在高空中安装,拆卸大型部件时不方便。

　　② 与垂直轴风力机比较,叶型设计及风轮制造较为复杂。

　　③ 需要对风装置(即调向装置),而垂直轴风力机不需要对风装置。

　　④ 质量大,材料消耗多,造价较高。

　　(2) 上风向与下风向。水平轴风力发电机组也可分为上风向和下风向两种结构形式。这两种结构的不同之处主要是风轮在塔架前方还是在后面。欧洲的丹麦、德国、荷兰、西班牙的一些风电机组制造厂家都采用水平轴上风向的机组结构形式,有一些美国的厂家曾采用过下风向机组。顾名思义,对上风向机组,风先通过风轮,然后再达塔架,因此气流在通过风轮时因受塔架的影响,要比下风向时受到的扰动小得多。上风向必须安装对风装置,因为上风向风轮在风向发生变化时无法自动跟随风向。在小型机组上多采用尾翼、尾轮等机构,人们常称这种方式为被动式对风偏航(passive yawing)。现代大型风电机组多采用在计算机控制下的偏航系统,采用液压马达或伺服电动机等通过齿轮传动系统实现风电机组机舱对风,称为主动对风偏航(active yawing)。上风向风电机组其测风点的布置是人们常感到困难的问题,如果布置在机舱的后面,则风速、风向的测量准确性会受到风轮旋转的影响。有人曾把测风系统装在轮毂上,但实际上也会受到气流扰动而无法准确地测量风轮处的风速。下风向风轮,由于塔影效应(tower shadow effect),使得叶片受到周期性的载荷变化影响,又由于风轮被动对风而产生陀螺力矩,这样使风轮轮毂的设计变得复杂起来。此外,每一叶片在塔架外通过时气流会产生扰动,从而引起噪声。

　　(3) 主轴、齿轮箱和发电机的相对位置。

　　① 紧凑型(compact)。这种结构是风轮直接与齿轮箱低速轴连接,齿轮箱高速轴输出端通过弹性联轴节与发电机连接,发电机与齿轮箱外壳连接。这种结构的齿轮箱是专门设计的。由于结构紧凑,因此可以节省材料和相应的费用。风轮上的力和发电机的力都是通过齿轮箱壳体传递到主框架上的。这样的结构主轴与发电机轴将在同一平面内。这样的结构在齿轮箱损坏拆下时,需将风轮、发电机都拆下来,拆卸麻烦。

　　② 长轴布置型。这种结构中风轮通过固定在机舱主框架的主轴,再与齿轮箱低速轴连接。这时的主轴是单独的,有单独的轴承支承。这种结构的优点是风轮不是作用在齿轮箱低速轴上的,齿轮箱可采用标准的结构,减少了齿轮箱低速轴受到的复杂力矩,降低了费用,减少了齿轮箱受损坏的可能性;刹车装置安装在高速轴上,减少了由于低速轴刹车造成的齿轮箱的损害。

　　(4) 叶片数的选择。从理论上讲,减少叶片数、提高风轮转速可以减小齿轮箱速比,减小齿轮箱的费用，降低叶片费用，但采用1～2个叶片的，动态特性降低，产生振动，为避免结构的破坏，必须在结构上采取措施，如跷跷板机构等，而且当转速很高时，会产生很大的噪声。

2）垂直轴风力发电机

顾名思义，垂直轴风力发电机是一种风轮叶片绕垂直于地面的轴旋转的风力机械。我们通常见到的是达里厄型(Darrieus)和H型(可变几何式)。过去人们利用的古老的阻力型风轮，如Savonius风轮、Darrieus风轮，代表着升力型垂直轴风力机的出现。

自20世纪70年代以来有些国家又重新开始设计研制立轴式风力发电机，一些兆瓦级立轴式风力发电机在北美投入运行，但这种风轮的利用仍有一定的局限性，它的叶片多采用等截面的NACA0012～18系列的翼形，采用玻璃钢或铝材料，利用拉伸成型的办法制造而成。这种方法使一种叶片的成本相对较低，模具容易制造。由于在各圆周运行范围内，当叶片运行在后半周时，它非但不产生升力反而产生阻力，使得这种风轮的风能利用率低于水平轴。虽然它质量小，容易安装，且大部件如齿轮箱、发电机等都在地面上，便于维护检修，但是它无法自启动，而且风轮离地面近，风能利用率低，气流受地面影响大。这种形式的风力发电机的主要制造者是美国的FloWind公司。在美国加州安装有近两千台这样的设备。FloWind还设计了一种EHD型风轮，即将Darrieus叶片沿垂直方向拉长以增加驱动力矩，并使额定输出功率达到300 kW。另外，还有可变几何式结构的垂直轴风力发电机，如德国的Heideberg机组和英国的VAWT机组。这种机组只是在实际样机阶段，还未投入大批量商业运行。尽管这种结构可以通过改变叶片的位置来调节功率，但造价昂贵。

3）其他形式

其他形式如风道式、龙卷风式、热力式等，目前仍处于开发阶段，在大型风电场机组选型中还无法考虑，因此不再详细说明。

2. 风力发电机组部件

在选择机组部件时，应充分考虑部件的厂家、产地和质量等级要求，否则如果部件出现损坏，日后修理是个很大的问题。

1）风轮叶片

叶片是风力发电机组最关键的部件。它一般采用非金属材料(如玻璃钢、木材等)。风力发电机组中的叶片不像汽轮机叶片是在密封的壳体中，它的外界运行条件十分恶劣。它要承受高温、暴风雨(雪)、雷电、盐雾、阵(飓)风、严寒、沙尘暴等的袭击。由于处于高空(水平轴)，因此在旋转过程中，叶片要受重力变化的影响以及由于地形变化引起的气流扰动的影响，所以，叶片上的受力变化十分复杂。这种动态部件的结构材料的疲劳特性，在风力发电机选择时要格外慎重考虑。当风力达到风力发电机组设计的额定风速时，在风轮上就要采取措施以保证风力发电机的输出功率不会超过允许值。这里有两种常用的功率调节方式，即变桨距和固定桨距失速调节。

(1)变桨距。变桨距风力机是指整个叶片绕叶片中心轴旋转，使叶片攻角在一定范围(一般0°～90°)内变化，以便调节输出功率不超过设计容许值。在机组出现故障时，需要紧急停机，一般应先使叶片顺桨，这样机组结构中受力小，可以保证机组运行的安全可靠性。变桨距叶片一般叶宽小，叶片轻，机头质量比失速机组小，无需很大的刹车，启动性能好。

在低空气密度地区仍可达到额定功率，在额定风速后，输出功率可保持相对稳定，保证较高的发电量。但由于增加了一套变桨距机构，因而增加了故障发生的概率，而且处理变距结构中叶片轴承故障难度大。变浆距机组比较适合在高原空气密度低的地区运行，避免了当失速机安装角确定后，有可能夏季发电低，而冬季又超发的问题。变桨距机组适合于额定风速以上风速较多的地区，这样发电量的提高比较显著。上述特点应在选择机组时加以考虑。

（2）定桨距（带叶尖刹车）。定桨距确切地说应该是固定桨距失速调节式，即机组在安装时根据当地风资源情况，确定一个桨距角度（一般为 $-4°\sim4°$），按照这个角度安装叶片。风轮在运行时叶片的角度就不再改变了，当然如果感到发电量明显减小或经常为过功率状态，可以随时进行叶片角度调整。

定桨距风力机一般装有叶片刹车系统，当风力发电机需要停机时，叶尖刹车打开，当风轮在叶尖（气动）刹车的作用下其转速低到一定程度时，再由机械刹车使风轮刹住到静止。当然，也有极个别风力发电机没有叶尖刹车，但要求有较昂贵的低速刹车以保证机组的安全运行。定桨距失速式风力发电机的优点是：轮毂和叶根部件没有结构运动部件，费用低，因此控制系统不必设置一套程序来判断控制变桨距过程；在失速的过程中功率的波动小。但这种结构也存在一些先天的问题，即叶片设计制造中，由于定桨距失速叶宽大，机组动态载荷增加，因此要求一套叶尖刹车，在空气密度变化大的地区，在季节不同时输出功率变化很大。

综合上述，两种功率调节方式各有优缺点，适合范围和地区不同，在风电场风电机组选择时应充分考虑不同机组的特点以及当地风资源情况，以保证安装的机组达到最佳的出力效果。

2）齿轮箱

齿轮箱是联系风轮与发电机的桥梁。为减少使用更昂贵的齿轮箱，应提高风轮的转速，减小齿轮箱的增速比，但实际中叶片数受到结构限制，不能太少，从结构平衡等特性来考虑，还是选择三叶片比较好。目前风电机组齿轮箱的结构（如图 3-59 所示）有下列几种：

（1）二级斜齿。这是风电机组中常采用的齿轮箱结构之一。这种结构简单，可采用通

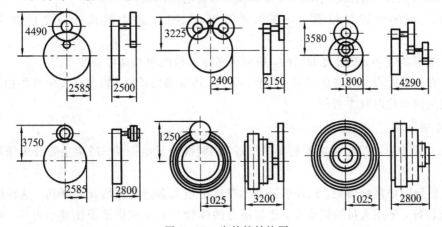

图 3-59　齿轮箱结构图

用先进的齿轮箱，与专门设计的齿轮箱比，价格可以降低。在这种结构中，轴之间存在距离，与发电机 X 轴是不同轴的。

（2）斜齿加行星轮结构。由于斜齿增速轴要平移一定距离，因此机舱变宽。另一种结构是行星轮结构。行星轮结构紧凑，价格比相同变比的斜齿低一些，效率在变比相同时要高一些。在变距机组中常考虑液压轴（控制变距）会穿过，因此采用二级行星轮加一级斜齿增速，使变距轴从行星轮中心通过。

根据前面所述，为避免齿轮箱价格太高，升速比要尽量小，但实际上风轮转速在 20～30 r/min 之间，发电机转速为 1500 r/min，那么升速比应在 50～75 之间变化。风轮转速受到叶尖速度不能太高的限制，以避免太高的叶尖噪声。

齿轮箱在运行中由于要承担动力的传递，会产生热量，这就需要良好的润滑和冷却系统以保证齿轮箱的良好运行。如果润滑方式和润滑剂选择不当，则润滑系统失效就会损坏齿面或轴承。润滑剂的选择问题在后面讨论运行维护时还将详细论述。冷却系统应能有效地将齿轮动力传输过程中发出的热量散发到空气中去。在运行中还应监视轴承的温度，一旦轴承的温度超过设定值，就应该及时报警停机，以避免更大的损坏。

当然在冬季如果天气长期处于 0℃ 以下，应考虑给齿轮箱的润滑油加热，以保证润滑油不会在低温黏度变低时无法飞溅到高速轴轴承上进行润滑而造成高速轴轴承损坏。

3）发电机

风电场中有如下几种形式发电机可供风电机组选型时选择：

（1）异步发电机。

（2）同步发电机。

（3）双馈异步发电机。

（4）低速永磁发电机。

4）电容补偿装置

由于异步发电机并网需要无功补偿，如果全部由电网提供，无疑对风电场经济运行不利，因此目前绝大部分风电机组中带有电容补偿装置。一般电容器组由若干个几十千法的电容器组成，并分成几个等级，根据风电机组容量大小来设计每级补偿多少。每级补偿切入和切出都要根据发电机功率的多少来增减，以便功率因数向 1 趋近。

根据上面的论述可以看出，在风力机组选型时，发电机选择应考虑如下几个原则：

（1）考虑高效率、高性能的同时，应充分考虑结构简单和高可靠性。

（2）在选型时应充分考虑质量、性能、品牌，还要考虑价格，以便在发电机组损坏时修理，在机组国产化时减少费用。

5）塔架

塔架在风力发电机组中主要起支撑作用，同时吸收机组振动。塔架主要分为塔筒状和桁架式。

（1）锥型圆塔筒状塔架。国外引进及国产机组绝大多数采用塔筒式结构。这种结构的优点是刚性好，冬季人员登塔安全，连接部分的螺栓与桁架式塔架相比要少得多，维护工作量少，便于安装和调整。目前我国完全可以自行生产塔架，有些已达到了国际先进水平。

40 m 塔筒主要分上下两段，安装方便。一般两者之间用法兰及螺栓连接。塔筒材料多采用 Q235D 板焊接而成，法兰要求采用 Q345 板（或 Q235D 冲压）以提高层间抗剪切力。从塔架底部到塔顶，壁厚逐渐减少，如 6、8、12 mm。从上到下采用 5° 的锥度，因此塔筒上每块钢板都要计算好尺寸再下料。在塔架的整个生产过程中，对焊接的要求很高，要保证法兰的平面度以及整个塔筒的同心。

（2）桁架式塔架。桁架式是类似于电力塔的结构形式。这种结构风阻小，便于运输。但组装复杂，并且需要每年对塔架上的螺栓进行紧固，工作量很大。冬季爬塔条件恶劣。多采用 16Mn 钢材料的角钢结构（热镀锌），螺栓多采用高强型（10.9 级）。它更适于南方海岛使用，特别是阵风大、风向不稳定的风场，桁架塔更能吸收机组运行中产生的扭矩和振动。

（3）塔架与地基的连接。塔架与地基的连接主要有两种方式：一种是地脚螺栓，另一种是地基环。地脚螺栓除要求塔架底法兰螺孔有良好的精度外，还要求地脚螺栓强度高，在地基中需要良好定位，并且在底法兰与地基间要打一层膨胀水泥。地基环则要加工一个短段塔架并要求良好防腐后放入地基。塔架底端与地基采用法兰直接连接，便于安装。

塔架在选型时应充分考虑外形美观、刚性好、便于维护、冬季登塔条件好等特点（特别在中国北方）。当然在特定的环境下，还要考虑运输和价格等问题。

6）控制系统

（1）控制系统的功能和要求。控制系统总的功能和要求是保证机组运行的安全可靠。通过测试各部分的状态和数据，来判断整个系统的状况是否良好，并通过显示和数据远传，将机组的各类信息及时准确地报告给运行人员，帮助运行人员观察情况，诊断故障原因。记录发电数据，实施远方复位，启停机组。

① 控制系统的功能包括以下几方面：

a. 运行功能：保证机组正常运行的一切要求，如启动、停机、偏航、刹车变桨距等。

b. 保护功能：超速保护、发电机超温、齿轮箱（油、轴承）超温、机组振动、大风停机、电网故障、外界温度太低、接地保护、操作保护等。

c. 记录数据：记录动作过程（状态）、故障发生情况（时间、统计）、发电量（日、月、年）、闪烁文件记录（追忆）、功率曲线等。

d. 显示功能：显示瞬间平均风速、瞬间风向、偏航方向、机舱方向；显示平均功率、累积发电量，发电机转子温度，主轴、齿轮箱发电机轴承温度，双速异步发电机、发电机运行状态，刹车状态、泵油、油压、通风状况，机组状态；显示功率因数、电网电压、输出电流（三相）、风轮转速、发电机转速、机组振动水平；显示外界温度、日期、时间、可用率等。

e. 控制功能：偏航、机组启停、泵油控制、远传控制等。

f. 试验功能：超速试验、停机试验、功率曲线试验等。

② 控制系统。要求计算机（或 PLC）工作可靠，抗干扰能力强，软件操作方便、可靠，控制系统简洁明了，检查方便，其图纸清晰，易于理解和查找并且操作方便。

（2）远方传输控制系统（远控系统）。

远方传输控制系统指的是风电机组到主控制室直至全球任何一个地方的数据交换，能实现实时状态显示、现场控制器显示、监视和操作等功能。远传系统主要由上位机(主控系统)中通信板、通信程序、通信线路、下位机和 Modem 以及远控程序组成。远控系统应能控制尽可能多的机组,并尽量使远控画面与主控画面一致(相同);有良好的显示速度,稳定的通信质量;远控程序应可靠,界面友好,操作方便;通信系统应加装防雷系统;具有支持文件输出、打印功能;有图表生成系统,可显示功率曲线(如棒图、条形图和曲线图)。

3. 风力发电机组选型的原则

1) 对质量认证体系的要求

风力发电机组选型中最重要的一个方面是质量认证。这是保证风电场机组正常运行及维护最根本的保障体系。风电机组制造都必须具备 ISO9000 系列的质量保证体系的认证。

国际上开展认证的部门有 DNV、Lloyd 等,参与或得到授权进行审批和认证的试验机构有:丹麦 Risoe 国家试验室、德国风能研究所(DEWI)、德国 WindTest KWK、荷兰 ECN 等。目前国内正由中国船级社(CCS)组织建立中国风电质量认证体系。

风力发电机的认证体系中包括型号认证(审批)。丹麦对批量生产的风电机组进行型号审批包括三个等级:

(1) A 级。所有部件的负载、强度和使用寿命的计算说明书或测试文件必须齐备,不允许缺少,不允许采用非标准件。认证有效期为一年,由基于 ISO9001 标准的总体认证组成。

(2) B 组。该认证基于 IOS9002 标准,安全和维护方面的要求与 A 级相同。不影响基本安全的文件可以列表并可以使用非标准年。

(3) C 级。该认证专门用于试验和示范样机,只认证安全性,不对质量和发电量进行认证。

型号认证包括四个部分:设计评估、形式试验、制造质量和特性试验。

(1) 设计评估。设计评估资料包括:提供控制及保护的系统的相关文件,保证安全以及模拟试验的相关内容及相关图纸;载荷校验文件,包括极端载荷、疲劳载荷(在各种外部运行条件下载荷的计算);结构动态模型及试验数据;结构和机电部件设计资料;安装运行维护手册及人员安全手册等。

(2) 形式试验。形式试验包括安全及性能试验、动态性能试验和载荷试验。

(3) 制造质量。在风电机组运抵现场后,应进行现场的设备验收认证。在安装高度和运行过程中,应按照 ISO9000 系列标准进行验收。风力发电机组通过一段时间的运行(如保修期内)应进行保修期结束的认证。认证内容包括技术服务是否按合同执行,损坏零部件是否按合同规定赔偿等。

(4) 风力发电机组测试。

① 功率曲线:按照 IEC61400 - 12 的要求进行。

② 噪声试验:按照 IEC61400 - 11 噪声测试中的要求进行。

③ 电能品质:按照 IEC61400 - 21 电能品质测试要求进行。

④ 动态载荷:按照 IEC61400 - 13 机械载荷测试要求运行。

⑤ 安全性及性能试验:按照 IEC61400 - 1 安全性要求进行。

2）对机组功率曲线的要求

功率曲线是反映风力发电机组发电输出性能好坏的最主要的曲线之一。一般有两条功率曲线，由厂家提供，一条是理论（设计）功率曲线，另一条是实测功率曲线，通常由公正的第三方即风电测试机构（如 Lloyd、Risoe 等机构）测得。国际电工组织（IEC）颁布实施了 IEC61400-12 功率性能试验的功率曲线的测试标准。这个标准对如何测试标准的功率曲线有明确的规定。所谓标准的功率曲线，是指在标准状态下（15℃，101.3 kPa）的功率曲线。不同的功率调节方式，其功率曲线形状也就不同，不同的功率曲线在相同的风况条件下，年发电量（AEP）不同。一般来说，失速型风力发电机在叶片失速后，功率很快下降之后还会再上升，而变距型风力发电机在额定功率之后，基本在一个稳定功率上波动。功率曲线是风力发电机组发电机功率输出与风速的关系曲线。对于某一风场的测风数据，可以按 bin 分区的方法（按 IEC61400-12 规定，bin 宽为 0.5 m/s），求得某地风速分布的频率（即风频）。根据风频曲线和风电机组的功率曲线，就可以计算出这台机组在这一风场中的理论发电量。当然，这里假设风力发电机组的可利用率为 100（忽略对风损失、风速在整个风轮扫风面上的矢量变化）。理论发电量

$$E_{AEP} = 8760 \sum_{i=1}^{n} \left[F(v_i) P_i \right] \qquad (3-47)$$

式中：v_i 为 bin 中的平均风速；$F(v_i)$ 为 bin 中平均风速出现的概率；P_i 为 bin 中平均风速对应的平均功率。

在实际中如果有了某风场的风频曲线，就可以根据风力发电机组的标准功率曲线计算出该机组在这一风场中的理论年发电量。在一般情况下，可能并不知道风场的风能数据，也可以采用风速的 Rayleigh 分布曲线来计算不同年平均风速下某台风电机组的年发电量。Rayleigh 分布的函数式为

$$F(v) = 1 - \exp\left[-\frac{\pi}{4} \left(\frac{v}{\bar{v}} \right)^2 \right] \qquad (3-48)$$

式中：$F(v)$ 为风速的 Rayleigh 分布函数；v 为风速，单位为 m/s；$\bar{v}$ 为年平均风速。

这里的计算是根据单台风电机组功率曲线和风频分布曲线进行的简便年发电量计算，仅用于对机组的基本计算，不是针对风电场的。实际风电场各台风电机组年发电量将根据专用的软件来计算，年发电量将受可利用率、风电机组安装地点风资源情况、地形、障碍物、尾流等多因素的影响，理论计算仅是理想状态下的年发电量的估算。

3）对机组制造厂家业绩的考查

业绩是评判一个风电制造企业水平的重要指标之一。通常主要以其销售的风电机组数量来评价一个企业的业绩好坏。世界上某一种机型的风力发电机，用户的反映直接反映该厂家的业绩。当然人们还常常以风电制造公司所建立的年限来说明该厂家生产的经验，并作为评判该企业业绩的重要指标之一。当今世界上主要的几家风电机组制造厂的机型产品其产量都已超过几百台甚至几千台，比如 600 kM 机组。但各厂家都在不断开发更大容量的机型，如兆瓦级风电机组。新机型在采用了大量新技术的同时充分吸收了过去机型在运行中成功与失败的经验。应该说，新机型在技术上更趋成熟，但从业绩上来看，生产产量很有限。该机型的发电特性好坏以及可利用率（即反映出该机型的故障情况）还无法在较短的时间内充分表现出来。因此业绩的考查是风电机组中重要的指标之一。欧洲主要风电机

组厂家的销售情况如图 3-60 所示。

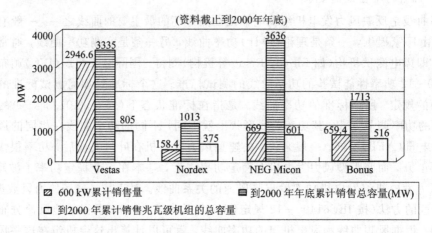

图 3-60　欧洲主要风电机组厂家的销售情况

4）对特定条件的要求

（1）低温要求。

在中国北方地区，冬季气温很低，一些风场极端（短时）最低气温达－40℃以下，而风力发电机组设计的最低运行气温在－20℃以上，个别低温型风力发电机组最低可达－30℃。如果长时间在低温下运行，将损坏风力发电机组中的部件，如叶片等。尽管叶片厂家近几年推出特殊设计的耐低温叶片，但实际上这些厂家仍不愿意这样做，主要原因是叶片复合材料在低温下其机械特性会发生变化，这样很容易在机组正常振动条件下出现裂纹而产生破坏。其他部件如齿轮箱和发电机以及机舱、传感器都应采取措施。齿轮箱的加温是因为当风速较长时间很低或停风时，齿轮油会因气温太低而变得很稠，尤其是采取飞溅润滑的方式，部件无法得到充分的润滑，导致齿轮或轴承缺乏润滑而损坏。另外，在冬季低温运行还会有其他一些问题，比如雾凇、结冰。这些雾凇、霜或结冰如果发生在叶片上，将会改变叶片气动外形，影响叶片上气流流动而产生畸变，影响失速特性，使出力难以达到相应风速时的功率而造成停机，甚至造成机械振动而停机。如果机舱稳定性也很差，那么管路中润滑油也会发生流动不畅的问题，这样当齿轮箱油不能通过管路到达散热器时，齿轮箱油温度会不断上升直至停机。除了冬季在叶片上挂霜或结冰之外，有时传感器（如风速计）也会发生结冰现象。综上所述，在中国北方冬季寒冷地区，风电机组运行时应考虑如下方面：

（1）应对齿轮箱油加热。

（2）应对机舱内部加热。

（3）传感器（如风速计）应采用加热措施。

（4）叶片应采用低温型的。

（5）控制柜内应加热。

（6）所有润滑油、脂应考虑其低温特性。

中国北方地区冬季寒冷，但此期间风速很大，是一年四季中风速最高的时候，一般最寒冷季节是 1 月份，－20℃以下温度的累计时间达 1~3 个月，－30℃以下温度累计日数可达几天到几十天，因此，在风电机组选型以及机组厂家供货时，应充分考虑上述几个方面的问题。

（2）风力发电机组防雷。

由于机组安装在野外，安装高度高，因此对雷电应采取防范措施，以便对风电机组加以保护。我国风电场特别是东南沿海风电场，经常遭受暴风雨及台风袭击，雷电日从几天到几十天不等。雷电放电电压高达几百千伏甚至上亿伏，产生的电流为从几十千安到几百千安。雷电主要划分为直击雷和感应雷。雷电主要会造成风电机组系统（如电气、控制、通信系统）及叶片的损坏。雷电直击会造成叶片开裂和孔洞，通信及控制系统芯片烧损。目前，国内外各风电机组厂家及部件生产厂都在其产品上增加了雷电保护系统。例如，叶尖预埋导体网（铜），至少有面积为 50 mm^2 的铜导体向下传导。通过机舱上高处测风仪的铜棒，起到避雷针的作用，保护测风仪不受雷击。通过机舱到塔架良好的导电性，雷电从叶片、轮毂到机舱及塔架导入大地，避免其他机械设备（如齿轮箱、轴承等）损坏。

在基础施工中，沿地基安装铜导体，沿地基周围（放射 10 m）1 m 地下埋设，以降低接地电阻或者采用多点铜棒垂直打入深层地下的做法来减少接地电阻，满足接地电阻小于 10 Ω 的标准。此外，还可采用降阻剂的方法，也可以有效减小接地电阻。应每年对接地电阻进行检测。应采用屏蔽系统以及光电转换系统对通信远传系统进行保护，采用隔离性电源，并在变压器周围同样采用防雷接地网及过电压保护。

（3）电网条件的要求。

中国风电场多数处于大电网的末端，接入到 35 kV 或 110 kV 线路。若三相电压不平衡，则电压过低都会影响风电机组的运行。风电机组厂家一般要求电网的三相不平衡误差不大于 5%，电压上限为 +10%，下限不超过 -15%（有的厂家为 -10%～+6%），否则经一段时间后，机组将停止运行。

（4）防腐。

中国东南沿海风电场大多位于海滨或海岛上，海上的盐雾腐蚀相当严重，因此防腐十分重要。这些腐蚀中，电化学反应造成的腐蚀是主要的。法兰、螺栓、塔筒等部件应采用热电锌或喷锌等办法以保证金属表面不被腐蚀。

5）对技术服务与技术保障的要求

风力发电设备供应商向客户（风电场或个人购买者）除了提供设备之外，还应提供技术服务、技术培训和技术保障。

（1）保修期。

在双方签订技术合同和商务合同之中应指明保修期的开始之日与结束之日，一般保修期应为两年及以上。在这两年内厂家应提供以下技术服务和保障项目：

① 两年 5 次的维修（免费），即每半年一次。

② 如果部件或整机在保修期内损坏（由于厂家质量问题），由厂家免费提供新的部件（包括整机）。

③ 如果由于厂家质量事故造成风电机组拥有发电量的损失，由厂家负责赔偿。

④ 如果厂家给出的功率曲线是保证功率曲线，实际运行未能达到，则用户有权向厂家提出发电量索赔要求。

⑤ 保修期厂家应免费向用户提供技术帮助，解答运行人员遇到的问题。

⑥ 保修期内维修时如果用掉风电场的备品备件及消耗品（如润滑油、脂），厂家应及时

补上。

（2）技术服务与培训。

在风力发电机组到达风电场后，厂家应派人负责开箱检查，派有经验的工程监理人员免费负责塔筒的加工监理、安装指导监理、调试和验收。应保证在 10 年内用户仍能从厂家获得优惠价格和符合条件的备件。用户应得到充分详实的技术资料（如机械、电气的安装、运行、验收维修手册等）。应向用户提供 2 周以上的由风电场技术人员参加的关于风电机组运行维修的技术培训（如是国外进口机组，应在国外培训），并在现场风电机组安装调试时进行培训。

3.4.2　风电场升压变压器、配电线路及变电所设备

1. 风电场升压变压器

风电机组发出的电量需输送到电力系统中，为了减少线损，应逐级升压送出。目前国际市场上的风电机组出口电压大部分是 0.69 kV 或 0.4 kV，因此要对风电机组配备升压变压器升压至 10 kV 或 35 kV 后接入电网。升压变压器的容量根据风电机组的容量进行配置。升压变压器的接线方式可采用一台风电机组配备一台变压器，也可采用两台机组或以上配备一台变压器。一般情况下，一台风电机组配备一台变压器，简称一机一变。其原因是风电机组之间的距离较远，若采用二机一变或几机一变的连接方式，则使用的 0.69 kV 或 0.4 kV 低压电缆太长，增加电能损耗，也使得变压器保护以及获得控制电源更加困难。

接入系统一般选用价格较便宜的油浸变压器或者较贵的干式变压器，并将变压器、高压断路器和低压断路器等设备安装在一钢板焊接的箱式变电所内。目前也有的将变压器设备安装在钢板焊接的箱体外，这样有利于变压器的散热和节约钢板材料，但需将原来变压器进出线套管从二次侧出线改为从一次侧出线。风电机组发出的电量先送到安装在机组附近的箱式变电所，升压后再通过电力电缆输送到与风电场配套的变电所或直接输送到当地电力系统离风电场最近的变电所。随着风电场规模的不断扩大，采用 10 kV 或 35 kV 箱式变压器升压后直接将电量输送到电力系统中，但回路数太多，不合理。一般都通过电力电缆输送到风电场自备的专用变电所，再经高压线路输送到电力系统中。

2. 风电场配电线路

各箱式变电所之间的接线方式是采用分组连接，每组箱式变电所由 3 至 8 台变压器组成。每组箱式变电所台数是由其布置的地形情况、箱式变电所引出的电力电缆载流量或架空导线以及技术经济等因素决定的。

风电场的配电线路可采用直埋电力电缆敷设或架空导线。架空导线投资低，但由于风电场内的风电机组基本上是按梅花形布置的，因此，架空导线在风电场内条形或格形布置不利于设备运输和检修，也不美观。采用直埋电力电缆敷设，虽然投资较高，但风电场内景观好。

3. 风电场变电所设备

随着环保要求的提高和风电技术的发展，增大风电场的规模和单片容量，可获得容量效益，降低风电场建设工程投资额和上网电价。

风电场专用变电所的规模、电压等级是根据风电场的规划和分期建设容量以及风电机组的布置情况进行技术经济比较后确定的。

　　变电所的设计和相应的常规变电所设计是相同的，仅在选用变压器时，如果风电场内配电设备选用电力电缆，则由于电容电流较大，因此为补偿电容电流，需选用折线变压器，也即选用接地变压器。风电场接线图如图 3-61 所示。

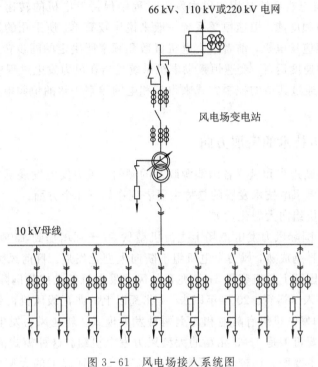

图 3-61　风电场接入系统图

3.5　风力发电技术的发展现状及趋势

　　风能利用已有数千年的历史，在蒸汽机发明之前，风能一直被用来作为碾磨谷物、抽水、船舶等机械设备的动力。现今，风能可以在大范围内无污染地发电，提供给独立用户或输送到中央电网。由于风能资源丰富，风电技术相当成熟，风电价格越来越具有市场竞争力，因此风电成为世界上增长最快的能源。近年来，风电装机容量年均增长超过 30％，而每年新增风电装机容量的增长率则达到 35.7％。同时，风电装备制造业发展迅猛，恒速、变速等各类风力发电机组也逐步实现了商品化和产业化。

3.5.1　风力发电技术的现状

　　风力发电机组一般由叶片（集风装置）、发电机（包括传动装置）、调向器（尾翼）、塔架、限速安全机构和储能装置等构件组成。风力发电有三种运行方式：一是独立运行方式，通常由风力发电机、逆变器和蓄电池三部分组成，一台风力发电机向一户或几个用户提供电力，蓄电池用于蓄能，以保证无风时的用电；二是混合型风电运行方式，除了风力发电机外，还带有一套备用的发电系统，通常采用柴油机，在风力发电机不能提供足够的电力时，柴油机投入运行；三是风力发电并入常规电网运行，向大电网提供电力，通常是一处风电场安装几十台甚至几百台风力发电机，这是风力发电的主要方式。

风力发电系统中，发电机是能量转换的核心部分。在风力发电中，当发电机与电网并联运行时，要求风电额率和电网频率保持一致，即风电频率保持恒定，因此风力发电系统按发电机的运行方式分为恒速恒频发电机系统(CSCF 系统)和变速恒频发电机系统(VSCF 系统)。恒速恒频发电机系统是指在风力发电过程中保持发电机的转速不变，从而得到和电网频率一致的恒频电能。恒速恒频系统一般来说比较简单，所采用的发电机主要是同步发电机和鼠笼式感应发电机，前者以由电机极数和频率所决定的同步转速运行，后者则以稍高于同步转速的速度运行。变速恒频发电机系统是指在风力发电过程中发电机的转速可以随风速变化，而通过其他的控制方式来得到和电网频率一致的恒频电能。这里主要介绍这两种电机系统。

3.5.2　风力发电技术的发展方向

随着科技的不断进步和世界各国能源政策的倾斜，风力发电发展迅速，展现出广阔的前景，未来数年世界风电技术发展的趋势主要表现在如下几个方面：

(1) 风力发电机组向大型化发展。

21 世纪以前，国际风力发电市场上主流机型从 50 千瓦增加到 1500 千瓦。进入 21 世纪后，随着技术的日趋成熟，风力发电机组不断向大型化发展。目前风力发电机组的规模一直在不断扩大，国际上单机容量 1～3 兆瓦的风力发电机组已成为国际主流风电机组，5 兆瓦风电机组已投入试运行。2004 年以来，1 兆瓦以上的兆瓦级风机占到新增装机容量的 74.90%。大型风力发电机组有陆地和海上两种发展模式。陆地风力发电其发展方向是低风速发电技术，主要机型是 1～3 兆瓦的大型风力发电机组，这种模式的关键是向电网输电。近海风力发电主要用于比较浅的近海海域，安装 3 兆瓦以上的大型风力发电机，布置大规模的风力发电场。随着陆地风电场利用空间越来越小，海上风电场在未来风能开发中将占据越来越重要的份额。

(2) 风电机桨叶长度可变。

随着风轮直径的增加，风力机可以捕捉更多的风能。直径为 40 米的风轮适用于 500 千瓦的风力机，而直径为 80 米的风轮则可用于 2.5 兆瓦的风力机。长度超过 80 米的叶片已经成功运行，叶片长度增加，风力机可捕捉的风能就会显著增加。和叶片长度一样，叶片设计对提高风能利用也有着重要的作用。目前丹麦、美国、德国等风电技术发达的国家的知名风电制造企业正在利用先进的设备和技术条件致力于研究长度可变的叶片技术。这项技术可以根据风况调整叶片的长度。当风速较低时，叶片会完全伸展，以最大限度地产生电力；随着风速增大，输出电力会逐步增至风力机的额定功率，一旦风速超过这一峰点，叶片就会回缩以限制输电量；如果风速继续增大，叶片长度会继续缩小直至最短。风速自高向低变化时，叶片长度也会作相应调整。

(3) 风机控制技术不断提高。

随着电力电子技术的发展，近年来发展的一种变速风电机取消了沉重的增速齿轮箱，发电机轴直接连接到风力机轴上，转子的转速随风速而改变，其交流电的频率也随之变化，经过置于地面的大功率电力电子变换器，将频率不定的交流电整流成直流电，再逆变成与电网同频率的交流电输出。由于它被设计成在几乎所有的风况下都能获得较大的空气动力效率，从而大大提高了捕捉风能的效率。试验表明，在平均风速为每秒 6～7 米时，变速风电机要比恒速风电机多捕获 15% 的风能。同时，由于机舱质量减轻和改善了传动系统各部件的受力状况，可使风电机的支撑结构减轻，从而使得设施费用得到降低，运行维护费用也得以减少。这种技术经济上可行，具有较广泛的应用前景。

（4）风力发电从陆地向海面拓展。

海上有丰富的风能资源和广阔平坦的区域，风速大且稳定，利用小时数可达到 30 个小时以上。同容量装机，海上比陆上成本增加 60%，电量增加 50% 以上。随着风力发电的发展，陆地上的风机总数已经趋于饱和，海上风力发电场将成为未来发展的重点。虽然近海风电场的前期资金投入和运行维护费用都要高得多，但大型风电场的规模经济使大型风力机变得切实可行。为了在海上风场安装更大机组，许多大型风力机制造商正在开发 3～5 兆瓦的机组，多兆瓦级风力发电机组在近海风力发电场的商业化运行是国内外风能利用的新趋势。从 2006 年开始，欧洲的海上风力发电开始大规模起飞，到 2010 年，欧洲海上风力发电的装机容量将达到 10 000 兆瓦。目前德国正在建设的北海近海风电场，总功率在 100 万千瓦，单机功率为 5 兆瓦，是目前世界上最大的风力发电机，该风电场生产出来的电量之大，可与常规电厂相媲美。

（5）采用新型塔架结构。

目前，美国的几家公司正在以不同方法设计新型塔架。采用新型塔架结构有助于提高风力机的经济可行性。valmount 工业公司提出了一个完全不同的塔架概念，发明了由两条斜支架支撑的非锥形主轴。这种设计比钢制结构坚固 12 倍，能够从整体上降低结构中无支撑部分的成本，是传统筒式风力机结构成本的一半。这种塔架用一个活动提升平台，可以将叶轮等部件提升到塔架顶部。这种塔架具有占地面积少和自安装的特点，由于其成本低且无需大型起重机，因而拓宽了风能利用的可用场址。

3.5.3　我国风电技术的研发与进展

我国风电技术的发展是从 20 世纪 80 年代由小型风力发电机组开始的，以 100 瓦至 10 千瓦的产品为主。"九五"期间，我国重点对 600 千瓦三叶片、失速型、双速型发电机的风电机组进行了研制，掌握了整体总装技术和关键部件叶片、电控、发电机、齿轮辐等的设计制造技术，并初步掌握了总体设计技术。对变桨距 600 千瓦风电机组也研制了样机。"十五"期间，科技部对 750 千瓦的失速型风电机组的技术和产品进行攻关，并取得了成功。目前，600 千瓦和 750 千瓦定桨距失速型机组已经成为经市场验证的、批量生产的主要国产机组。在此基础上，"十五"期间国家 863 计划支持了国内数家企业研制兆瓦级风力发电机组和关键部件，以追赶世界主流机型先进技术。另外，还采取和国外公司合作设计、在国内采购生产主要部件组装风电机组的方式，进行 1.2 兆瓦直驱式变速恒频风电机组研制项目，第一台样机已经于 2005 年 5 月投入试运行，国产化率达到 25%，第二台样机于 2006 年 2 月投入试运行，国产化率达到 90%。该项目完成后，将形成具有国内自主知识产权的 1.2 兆瓦直接驱动永磁风力发电机组机型，同时初步形成大型风电机组的自主设计能力以及叶片、电控系统、发电机等关键部件的设计和批量生产能力。

我国对兆瓦级变速恒频风电机组项目的研制，完全立足于自主设计，技术方案采取双馈发电机、变桨距、变速技术，完成了总体和主要部件设计、缩比模型加工制造及模拟试验研究、风电机组总装方案的制订，其中兆瓦级变速恒频风电机组多功能缩比模型填补了我国大型风电机组实验室地面试验和仿真测试设备的空白。首台样机已于 2005 年 9 月投入试运行。该项目完成后，我国将形成 1 兆瓦双馈式变速恒频风电机组机型和一套风电机组的设计开发方法，从而为全面掌握风电机组的设计技术提供基础。

在市场的激励下，2004 年以来进入风电制造业的众多企业还自行通过引进技术或自主研发迅速启动了兆瓦级风电机组的制造。其中一些企业与国外知名风电制造企业成立合资企业或向其购买生产许可证，直接引进国际风电市场主流成熟机型的总装技术，在早期直接进口主要部件，然后努力消化吸收，逐步实现部件国产化。

总体上看，当前国内众多整机制造企业引进和研制的各种型号兆瓦级机组（容量为 1～2 兆瓦，技术形式包括失速型、直驱永磁式和双馈式），已经于 2007 年投入批量生产。但是，兆瓦级机组控制系统仍依赖进口。

国内大型风电用发电机的研制生产起始于 20 世纪 90 年代初。在国内坚实的电机工业基础上以及国内风电市场的拉动下，目前数家企业已形成 750 千瓦级发电机的批量生产供应能力，且在近两年内研制出了兆瓦级双馈型发电机并投入试运行。大型风电机组叶片一度是我国风电国产化的主要瓶颈。目前，有企业已掌握了 600 千瓦和 750 千瓦叶片的设计制造技术并实现产业化，形成了研制兆瓦级容量叶片的创新能力，于 2005 年研制出了 1.3 兆瓦叶片。该企业也成为国内最主要的叶片供货商，其产能已达到约 1000 兆瓦/年。风电机组电控系统是国内风电机组制造业中最薄弱的环节，过去数年中我国研发生产电控设备的单位经刻苦攻关，如今 600 千瓦、750 千瓦风电机组的电控系统技术已经成熟，可批量生产。

地球上的风能资源非常丰富，开发潜力巨大，全球已有不少于 70 个国家在利用风能，风力发电是风能的主要利用形式。近年来，全球范围内风电装机容量持续较快增长。

到 2009 年年底，全球风电累计装机总量已超过 15 000 万千瓦，中国风电累计装机总量突破 2500 万千瓦，约占全球风电的 1/6。中国风电装机容量增长迅猛，年度新增装机容量增长率连续 6 年超过 100%，成为风电产业增长速度最快的国家。

近年来，风电大开发有力带动了相关设备市场的蓬勃发展。在国家政策支持和能源供应紧张的背景下，中国风电设备制造业迅速崛起，中国已经成为全球风电投资最为活跃的国家。国际风电设备巨头竞相进军中国市场，Gamesa、Vestas 等国外风电设备企业纷纷在中国设厂或与我国本土企业合作。

经过多年的技术积累，中国风电设备制造业逐步发展壮大，产业链日趋完善。风电机组自主化研发取得丰硕成果，关键零部件市场迅速扩张。内资和合资企业在 2004 年前后还只占据中国风机市场的不到三分之一，到 2009 年，这一市场份额已超过了 6 成。

中国对风电的政策支持由来已久，政策支持的对象由过去的注重发电转向了注重扶持国内风电设备制造。随着国产风电设备自主制造能力不断加强，2010 年国家取消了国产化率政策，提升了准入门槛，加快了风电设备制造业结构优化和产业升级，进一步规范了风电设备产业的有序发展。

中国正逢风电发展的大好时机，遍地开花的风电场建设意味着庞大的设备需求。除了风电整机需求不断增长之外，叶片、齿轮箱、大型轴承、电控等风电设备零部件的供给能力仍不能完全满足需求，市场增长潜力巨大。因此，中国风电设备制造业发展前景乐观。

3.5.4　江苏省 2010—2015 年风力发电技术的研发与进展

　　江苏省是我国较早利用风能的地区之一，风能资源较丰富，江苏的风能资源蕴藏量约有 238 万千瓦。江苏沿海滩涂狭长，风能资源优良，是建设大型海上风电场的理想场区，近海风力发电潜力巨大。

　　进入 21 世纪以来，江苏省逐步加大了风能资源的开发力度，对全省风能资源的储量、分布、开发前景进行了深入调研，科学规划了一批风力发电项目。2006 年，江苏如东 15 万千瓦风电场首批风电机组正式并网发电，这是江苏省内风电机组首次并网发电。此后，江苏省如东、响水、滨海、射阳等地陆续启动或获准建设风电项目，海风电场走廊成为江苏沿海近千公里海岸线上的一个新兴产业。

　　积极开发节能环保的新能源已成为大势所趋。2010 年，中国启动海上风电的首轮特许招标，初步选定在江苏的沿海地区建设两个近海风电和两个滩涂风电项目。其中，近海风电规模定为 30 万千瓦，滩涂风电规模定为 20 万千瓦。江苏风电产业迎来了历史性发展机遇。

3.5.5　结论

　　江苏省内主要电厂均为燃煤电厂，电源结构形式单一，发电用煤需求量大。但江苏省产煤能力有限，电厂燃煤的 80％需要从外省购进，成本高，电煤供给紧缺，水力发电资源极少，核电成本高，而本省没有多少可供建设核电的地形地貌，因此，加快开发风力资源，对江苏能源结构调整有一定促进作用。江苏省有效利用风能资源，大规模发展风电产业，有利于和矿产资源、港口运输、制造业发展相结合，构建包括风机制造、风力发电、与风电有关的盐化工产业与冶金工业、金属和非金属原料的精深加工产业在内的大风电产业体系，在长三角地区形成独特的绿色能源利用高地。

第4章　海洋能及其发电技术

【内容摘要】

本章主要研究了海水温差发电和波力发电。

【理论教学要求】

理解海水温差发电和波力发电原理，掌握海水温差发电和波力发电的基本结构。

【工程教学要求】

观察海水温差发电和波力发电模拟实验。

海洋中存在巨大的各种形式的能量，这里所研究的不包括海洋的矿物资源所具有的能源，如石油、天然气、煤等。海洋中存在的最大能量莫过于占地球表面 71% 的广阔海水表面被太阳照射而生成的海洋热能。海水是热的非导体，由于受到太阳光不均匀的照射引起海水在全球范围内对流，并使海水表层和深层产生温差，利用这种温差可使海洋热转换成电能，这种发电方式就叫作海水温差发电。

被大气吸收的 0.2% 左右的太阳能可转换成风的运动能。风与海面相互作用产生波浪。利用这一力学能转换成电能称为波力发电。

由于海水表层和深层的温差，海水从赤道向两极方向的流动，受到由地球自转产生的离心力、由风力而产生的海面高低差以及陆地对其运动的限制，从而形成了海流。将这种海流能转换成电能的方式叫作海流发电。

自地球生成以来，由于太阳热使地表的水分以雨水的形式反复蒸发、凝结，致使陆地和海水之间有 3% 左右的盐分浓度差，利用这种化学能量实现电能的转换称为盐分浓度差发电。

由于太阳、月球引力，使海水表面每天有两次高低差，即存在潮汐现象，利用这种潮汐差能发电称作潮汐发电。

照在海洋内的阳光会产生光合作用，用海水和二氧化碳可培育出浮游生物及一系列海洋生物，人类已将其作为宝贵食物能源加以利用，最近又开始了另一种称作海洋生物能的形式加以利用。

上述六种海洋能全都属于再生能源，其中，除了潮汐发电业已实际应用以外，其他海洋能的利用尚处于技术开发或研究试验阶段。

此外，海洋中还蕴藏着海底石油或溶解铀等非再生能源，暂不包括在海洋能范围之内。

4.1　海水温差发电

海洋表层（0～50 m）水的温度为 24℃～28℃，而 500～1000 m 深处的海水温度为 4℃～7 ℃。利用表层和深层海水 200℃左右的温差能进行发电就叫作海水温差发电。其发电原理如图 4-1 所示。

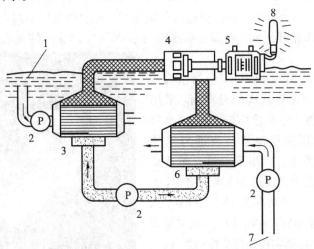

1—表层海水；2—水泵；3—蒸发器；4—汽轮机；
5—发电机；6—凝汽器；7—深层海水；8—负荷

图 4-1　海水温差发电原理

用水浆将氨或氟利昂等低沸点工作介质打入蒸发器内，利用表层的温海水将蒸发器中的工质加热蒸发，被蒸发的液体作为工质，加压打入汽轮机，驱动汽轮发电机发电，利用深层的冷海水将从汽轮机排出的工质蒸汽冷凝，之后进入蒸发器再蒸发，如此反复循环。工质是在闭合的系统中循环的，所以称作闭式循环。海水温差发电功率的表达式如下：

$$P = \eta_c c G \Delta T$$

式中，η_c 为卡诺循环热效率；c 为海水比热；G 为流量；ΔT 为发电设备的进口温度与出口温度的差值。这种发电方式的原理很简单，与火电或核电的循环大体相同，只是不需要任何燃料，是一种无任何公害的可再生的能源。可以在海边建厂，也可以设在驳船上或悬浮在海中。

20 世纪 70 年代以前，在南美、北非等地做过许多试验，但由于技术水平较低，没有获得成功。真正的试验研究工作还是从 70 年代开始，美国的能源部、日本的阳光计划及法国的海洋开发中心等都投入了巨额投资相继建设起海水温差试验电厂，为今后进一步开发这一发电方式提供了许多宝贵的成功经验。

4.2　海水温差发电实例

下面介绍三个试验成功的海水温差试验电厂。

(1) 瑙鲁共和国 100 kW 试验电厂。该电厂由日本东京电力公司负责设计施工，于 1981 年 4 月开工，10 月建成，并经过一年的试运行。瑙鲁岛附近海水常年具有 20℃ 以上的温差，而且海岸具有 40°～50° 的陡坡，对建设岸边电厂极为有利。蒸发器采用多管卧式，长 8 m，内径 1.9 m，有效传热长度 5.3 m。凝汽器采用立式，全长 9 m，有效传热长度 6 m，内径 1.5 m。采用氟利昂作循环工质，冷水取水管采用 ϕ750 mm 聚乙烯管 932 m，ϕ732 mm 聚氯乙烯管 161 m，管子敷设在 580 m 深处。温水取水管采用 ϕ711 mm 钢管。汽轮机为两段冲动轴流式，发电机为空冷式。朗肯循环热效率为 7%。由于使用三台水泵，因此约消耗厂用电的 1/3，故实际送电端功率为 66.8 kW。

（2）日本德之岛 50 kW 试验电厂。该岛属于九州西南群岛之一，由九州电力公司于 1982 年 9 月建成，至 1984 年年底已经过两年试运行。与瑙鲁电厂不同，该电厂用两台钛板式蒸发器，采用氨作循环工质，冷却水取水管为 $\phi500\times2.35$ km 的聚乙烯管，敷设在海内 370 m 深处。

（3）美国 50 kW Mini-OTEC 号海水温差发电船。该装置锚泊在夏威夷附近海面，采用闭式循环，工质是氨，冷水管长 663 m，冷水管外径约 60 cm，利用深层海水与表面海水约 21℃～23℃ 的温差发电。1979 年 8 月开始连续 3 个 500 小时发电，发电机发出 50 kW 的电力，大部分用于水泵抽水，额定功率为 12～15 kW。从深海里抽出的水营养丰富，在实验船周围引来很多鱼类，这是海洋温差能利用的历史性的发展。

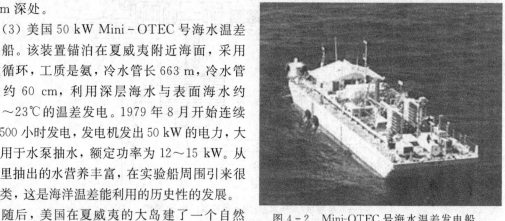

图 4-2　Mini-OTEC 号海水温差发电船

随后，美国在夏威夷的大岛建了一个自然能源实验室，为在该岛建 40 MW 大型海水温差发电站做准备，在热交换器、电力传输、抽取冷水（深水管道）、防腐和防污方面取得重大进展。计划采用开式循环发电系统，在发电过程副产淡水。夏威夷大学积极参与这项计划，做了多年实验但至今未建电站，可能是工程浩大、成本太高的缘故（每 kW 投资约 1 万美元）。

决定海水温差发电能否实用的关键问题是有无经济性。各国各自设计方案及其造价和发电成本分析结果（如表 4-1 所示）一致证实，海水温差发电颇有前途。表 4-1 列出了各国研制设备的完成期限。

表 4-1　各国海洋温差发电设备成本及设备容量和建成年代

国别	海洋温差发电设备	送电端输出功率/MW	造价/[万日元/(kW·h)]	输送到陆地后的发电成本[日元/(kW·h)]	输电距离/km	估算年度	备注	1 号机容量及完成年代
日本	100 MW（大隅半岛海面）	78.8	78.0	12.9	20	1978		（10 MW）1988
	100 MW（富士湾）	83.1	59.3	13.0				
美国	100 MW（钛热交换）	100	38.7	9.4（0.047 美元）	140	1978	美国能源部估算	（10～50 MW）1986
	100 MW（铝热交换）	100	20.5	8.9（0.034 美元）				
	400 MW（钛热交换）	400	35～39	9～6.4（0.05～0.32 美元）	～90°			
	400 MW（铝热交换）	400	31～35					
西欧	100 MW EUROOCEAN**	100	52.7	10.8(0.054 美元)送电端成本			西欧九公司共同估算**	（数 MW）1985

注：（1）日元与美元的换算率取为 1 美元＝200 日元。造价估算条件为：美国 $\Delta T=22℃$（固定），日本 ΔT 已考虑季节变化。

（2）* 表示输电设施造价为 250 美元/kW；** 表示欧洲海洋委员会（Euroocean）设计。

发电成本的降低主要取决于建设造价的降低,占设备成本 1/3～2/3 的热交换器的效率与成本之比越大越好。美国正在重点开展此项研究工作。美国计划在夏威夷湾瓦胡岛火电厂附近建设的 40 MW 海水温差电厂,现已完成三个阶段的设计,计划在离海岸 550 m 的海中构筑一个长×宽为 72 m×82 m、高为 11.6 m 的构筑物,取水深度 790 m,采用 $\phi8$ m 的玻璃钢管3.2 km。

法国国立海洋开发中心计划在塔希提岛建设一座岸边型 5 MW 试验电厂。

4.3　海水温差发电原理

(1) 备有采铀设施的温差发电装置。现在温差发电成本比以石油作能源的发电方式高 10～20 倍,尚未达到实用的程度。

本方案在将海水中的能源转换成电能的同时,从转换时所使用的海水中有效地提取铀,借以降低温差发电成本(见图 4-3)

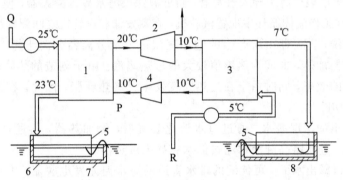

1—蒸发器;2—汽轮发电机;3—凝聚器;4—压缩机;5—隔板;
6—方铅矿;7—蒸发器侧的采铀装置;8—凝聚器侧的采铀装置

图 4-3　备有采铀设备设施的温差发电装置

温差发电装置将氨液等低沸点工质用海面高温水加热,汽化产生高压蒸汽,驱动汽轮发电机发电,然后利用深层低温海水将蒸汽冷凝,再利用压缩机使转换后的低压工质变成高压,之后再度送入蒸发器。

采铀装置是由凝聚器侧的采铀装置和沸水器侧的采油装置两部分组成的。两种采铀装置构造相同,在水箱内部插入隔板,分隔成只有底部连通的两个小室,在各小室中放入铀吸着剂(如方铅矿等)。凝聚器侧采铀装置利用冷却用海水,此海水依次通过隔板形成的两个小室,最后返回到海面附近。在通过各小室的过程中,海水中所含的铀被方铅矿吸收。蒸发器侧的采铀装置也同样从蒸发器使用的海水中采铀。

(2) 通过气液分离器将饱和蒸汽加热以获取热焓较大的过热蒸汽。以往利用海水温差发电都是利用蒸发器产生的工作流体蒸汽直接导入汽轮机发电的,因此上层海水温度一发生变化就会导致发电量的变化。由于蒸汽温度为饱和温度,因此在汽轮机内绝热膨胀时会产生液滴,对叶片工作不利。

本方案利用汽液分离器将饱和蒸汽分离,使其变为干燥的饱和蒸汽,再通过过热器加热蒸汽,即能获得热焓值较高的过热蒸汽,增大热降,以提高热循环的效率(见图 4-4)。

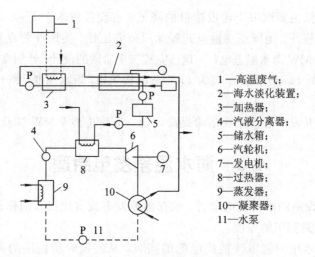

1—高温废气；
2—海水淡化装置；
3—加热器；
4—汽液分离器；
5—储水箱；
6—汽轮机；
7—发电机；
8—过热器；
9—蒸发器；
10—凝聚器；
11—水泵

图4-4　海水温差过热蒸汽发电系统

　　该系统将高温的表层海水导入蒸发器，将低温深层海水导入凝聚器，使氟利昂等工作流体汽化或液化，在工作流体循环中配置汽轮机，在蒸发器和汽轮机之间配置汽液分离器。

　　通过这一系统，蒸发器中所产生的饱和蒸汽由汽液分离器分离干燥，变成水和蒸汽，蒸汽再经过加热器加热，即成为热焓值较大的过热蒸汽。由于创造的热降较大，实际上就提高了热力循环的效率，同时由于在过热区就发生了绝热膨胀，因此，在汽轮机内不会产生液滴，不致损伤叶片。

　　从凝聚器排出的深层海水，通过海水淡化装置后，经加热器，再通过海水淡化装置，使部分海水淡化，进而将高纯淡水通过储水箱导入过热器。

　　（3）备有开口露出水面、可伸缩的排水管道的海水温差发电驳船。本方案设计的供海水温差发电用的取排水机构在适当的深度抽取低温热源用的海水，并在不影响取水位置的适当深度排水。

　　如图4-5所示，装载发电设备的驳船本体一侧舷板上装有棒形天线状可伸缩取水管，在另一侧舷板上装有可伸缩的排水管，取水管的上部开口露出水面，在开口处伸出一抽水管用来抽取海水，此海水用于冷却发电设备，使用后的热水从放水管打入排水管内。

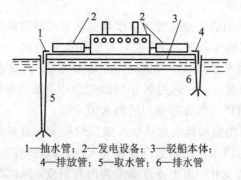

1—抽水管；2—发电设备；3—驳船本体；
4—排放管；5—取水管；6—排水管

图4-5　海水温差发电驳船

　　海水温度随季节和海流的变化而有所变化。例如夏季，深层水就比表层水温度低，冬季则相反，因此夏季就可将取水管伸向深层，抽取较冷的深层水，作为发电设备的低温热源用水，使用后的温排水通过缩短排水管排放到表层。冬季则与上述取、排水方式相反。

（4）利用海水发泡热焓发电的装置。

以往的温差发电都需要大型低压汽轮机，经济性很差。

本方案利用周围温度造成海水发泡的物理性能、热力学性能和机械性能实现发电。

如图 4-6 所示的穹形汽室具有 0.58 m 的壁厚和 183 m 的半径，由包藏蒸汽的浮置结构支持，保持着足够的浮力。

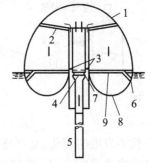

表面温水通过取水口进入穹形汽室内的发泡器材的上部，通过管子导入凝聚器，在密闭汽室内存在高温水和低温水，给汽室内带来了压力梯度，将温水压力值降低到了饱和蒸汽压力以下。结果是温水蒸发，蒸汽通过发泡器材经若干小孔导入温水内，产生气泡。

1—穹形壳体；2—气泡分离装置；3—汽轮机；
4—凝聚器；5—深层海水取水管；6—表层水取水口；
7—排水口；8—浮置结构；9—气泡发生器材

图 4-6　海水发泡发电装置

在穹形汽室内压力梯度气泡上升，与气泡分离装置接触。气泡分离装置由涡轮风扇构成，以离心方式分离气浪蒸汽和液体。经气泡分离装置分离的液体在下降导管中下降的同时，驱动汽轮机，然后排入海内，经分离的蒸汽被送至凝聚器由深层冷海水冷凝。

汽轮机的旋转能通过发电机转换成电能。

热焓势能若以运动能的形态加以利用，则上升的气泡可不进行分离，直接导入汽轮机，接着气相被凝缩成液相排出。

4.4　波力发电

海面由风力吹动产生的上下前后振动的波浪具有的能量可在 $8\sim10\ \text{kW/m}^2$ 的广大范围内变化，波浪高为 H，周期为 T 的有规律的 1 米宽波浪所具有的功率为 HT（kW/m），这种能量在时间上是极不稳定的。据估测，日本海岸和太平洋沿岸的波浪能约为 $10\sim15\ \text{kW/m}$，西北太平洋具有 $80\sim100\ \text{kW/m}$ 的能量。由于这种能源变化大、质量差，日、英、美等国虽已有几百个方案，但进行实用的还不太多。

波力发电方式有三类，如图 4-7 和图 4-8 所示。空气压力式（见图 4-8(a)）是通过波浪上下运动使汽缸内的空气流产生往复运动驱动空气涡轮机来发电的；油压式（见图 4-8(b)）是使铰接的相对运动驱动油压泵来发电的；水位落差式（见图 4-8(c)）系通过波浪运动使水库两处的逆止阀交替动作，借以使水库获得落差从而驱动水轮机发电的。

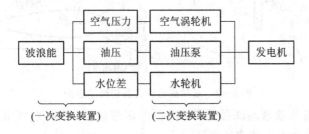

图 4-7　波力发电方式的分类

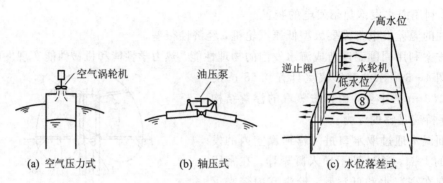

图 4-8　典型波力发电方式举例

日本为波力发电实用化(空气室内靠波浪造成的压力变化进行发电)的先驱，早在 1965 年就已研制输出功率为 10 W 级的浮标灯，业已实用，现在已有 600 多台这种浮标灯在运行中。1976 年海洋科技中心依同样原理研制出最大输出功率达 2000 kW 的"海明"号船形发电装置。该装置在 1979 年已成为日、英及其他三国的国际科技合作项目，在日本山形县鹤岗市海面水深 40 m 的地方进行了发电试验，取得了良好成绩。"海明"号在长 80 m、宽 12 m、高 5 m 的船体上设置了 22 个面向波浪的开放的空气室，波浪的压力压缩空气室的空气，通过阀门将压缩空气送至涡轮机发电。具有 50 m^2 的空气室的发电装置，其发电容量各为 125 kW。船首和船尾的装置效果最佳，发电装置在船中央效率只有一半。1985 年通过安装浮力室使功率提高了 1.5 倍，进一步使海明号实用化，使发电成本降到 50 日元/kW·h。

此外，日本、挪威、英国等国还在试验在海岸筑设固定式波力发电试验装置。试验装置采用无阀式涡轮机(见图 4-9)。上下对称的翼形排列在圆周上，气流无论来自何方，均能使叶轮朝着一方产生旋转力，因此无需装设整流阀，简化了设备，易于维护，颇有发展前途。该装置在岸边筑设情况如图 4-10 所示，装置额定功率为 40 kW，年平均发电率为 10~16 kW。

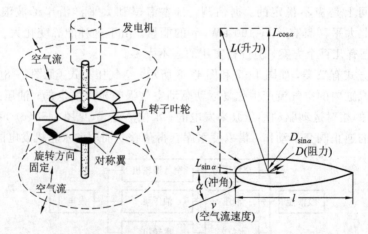

图 4-9　威尔兹无阀式涡轮机原理图

波力发电今后有待改善的课题是采纳英国的研究成果，提高空气室的效率，采用鲸式涡轮和飞轮等，以缓和输出功率的变动。

英国在波力发电方面的投资超过日本，共开发了八种发电方式，最突出的两种方式如

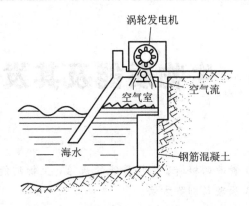

图 4-10　岸边筑设的固定式波力发电装置

图 4-11 所示。其中，图 (a)为用铰链连接的木筏式波力发电装置，依靠波浪的相对运动转换能量；图(b)称为鸭嘴式，在圆筒形轴上装有数个偏心轮，由波浪造成的偏心轮的端部运动转换成油压，再利用旋转机构转换成电能。但这两种方式目前仍属大型模型试验阶段。

美国把重点放在海水温差发电，波力发电比日本和英国进展迟缓。图 4-12 所示为美国研制的一种堰堤环礁式波力发电装置。海洋的波浪具有与波浪周期成比例的相位速度，但浅海的相位速度与深度的平方根成正比。波浪在行进中，遇到人造海底，强度加强，变成更大的波浪，向中央集中，海水流入圆筒内。按图 4-12 上的尺寸规模，一台功率可达 1~2 MW。

大致来说，适合波力发电的海域为南北纬 30°以上的海域，正好与海水温差发电呈互补关系。日本北半部分海域良好，变动幅度虽大，但平均可有 10~20 kW 的波力能。假定利用海岸线 1% 的能，则推算年平均发电率为 $2×10^6$ kW。

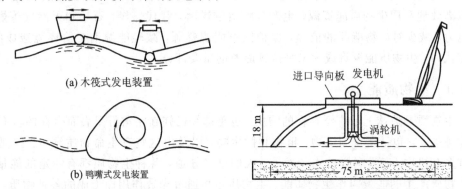

图 4-11　英国两个波力发电装置实例图　　　图 4-12　堰堤环礁式波力发电装置

由于变动幅度较大，因此要想推算电费是困难的，但是通过这一技术的开发，适当地达到经济性是办得到的。

第5章　生物质能及其发电技术

【内容摘要】

本章介绍了生物质能资源的概念、生物质能的来源、生物质能的特点，分析了生物柴油及生物燃料乙醇的制备原理与制备方法。

【理论教学要求】

掌握生物柴油及生物燃料乙醇的制备原理与制备方法。

【工程教学要求】

掌握生物柴油及生物燃料乙醇的制备方法与工艺。

5.1　概　　述

生物质能是太阳能在地球上的另一种存储形式。生物质能是最有可能成为 21 世纪主要能源的新能源之一。据估计，植物每年储存的能量约相当于世界主要燃料消耗的 10 倍，而作为能源的利用量还不到其总量的 1%。事实上，生物质能源是人类利用最早、最多、最直接的能源，至今，世界上仍然有 15 亿以上的人口以生物质作为生活能源。生物质燃料是传统的利用方式，不仅热效率低下，而且劳动强度大，污染严重。通过生物质能转换技术可以高效地利用生物质能资源，生产各种清洁燃料，替代煤炭、石油和天然气等燃料，生产电力，减少对矿物能源的依赖，保护国家能源资源，减轻能源消费给环境造成的污染。专家认为，生物质能源将成为未来持续能源的重要部分。

5.1.1　生物质能

生物质是地球上最广泛存在的物质，也是迄今已知在宇宙行星表面生存的特有的一种生命迹象，它包括所有的动物、植物和微生物，以及由这些有生命物质派生、排泄和代谢的许多有机质。随着科学技术的发展，人们已经知道，各种生物质都有一定的能量，所以由生物质产生的能量叫作生物质能。生物质是指通过光合作用而形成的各种物质，包括所有的动植物和微生物。生物质能就是太阳能以化学能形式储蓄在生物质体内的能量形式，即以生物质为载体的能量。它直接或间接地来源于绿色植物的光合作用，可以转化为常规的固态、液态和气态燃料，取之不尽、用之不竭，是一种可再生能源，同时也是唯一一种可再生的碳源。生物质能的原始能量来源于太阳，所以从广义上讲，生物质能是太阳能的一种表现形式。

目前，很多国家都在积极研究和开发利用生物质能。生物质能蕴藏在植物、动物和微生物等可以生长的有机物中，它是由太阳能转化而来的。例如，人们肉眼看不到的微生物，其能量却很惊人，它能够引起有机质发酵，进而酿成酒，提炼出乙醇，成为可以燃烧的液体燃料，这比薪柴燃烧时发出的热能要大得多。因此，世界上究竟蕴藏着多少生物质，恐怕谁也说不清楚。科学家们从研究中发现，尽管生物质千变万化、形态不一，然而其产生都离不开太阳的辐射能。这就找到了能源之本。据气象学家分析，进入大气层的太阳辐射能，起码有万分之二是被植物吸收进行了光合作用。这万分之二折算起来就有 400 多亿千瓦的能量。据生物学家估算，现在地球上每年生长的植物总量约为 1400 亿～1800 亿吨，把它换算成燃料，大约相当于目前世界需求总能耗的 10 倍。然而，人类自从发现火以来，至今仍然在大量消耗薪柴等生物质，特别是发展中国家的农村，由于技术落后，生物质能的利用率极低，所以每年白白地浪费了很多生物质。从目前世界总能耗的比例来看，按照能量计算，生物质能仅占 15％左右。但是生物质资源巨大，技术潜力更大，这是生生不息的可再生能源，足够人类很好地开发并利用。

5.1.2　生物质能资源

目前人们可以利用的生物质能资源大致分为四大类：森林能源，主要包括木块、木屑、树枝、根、叶等；农业废弃物，主要是秸秆、果核、玉米芯、蔗渣等；禽畜粪便；生活垃圾，包括食品以及屠宰厂、酒厂、纸厂的废弃物和垃圾等。

1. 森林能源

森林能源是森林生长和林业生产过程提供的生物质能源，主要是薪柴，也包括森林工业的一些残留物等。森林能源在我国农村能源中占重要的地位。1980 年前后，全国农村消费森林能源约为 1 亿吨标准煤，占农村能源总消费量的 30％，而在丘陵、山区、林区，农村生活用能源的 50％以上依靠森林能源。薪柴来源于树木生长过程中修剪的树杈、木材加工的边角余料，以及专门提供薪柴的薪炭林。1979 年，全国合理提供薪柴量为 8885 万吨，实际消耗量为 2000 万吨；1995 年合理提供森林能源为 14 000 万吨，其中薪炭林可供薪柴 2000 万吨以上，而全国农村消耗需要 23 000 万吨，供需缺口约为 7000 万吨。

2. 农作物秸秆

农作物秸秆既是农业生产的副产品，也是我国农村的主要燃料。根据 1995 年的统计数据计算，我国农作物秸秆年产出量为 6.04 亿吨，其中造肥还田及其收集损失约占 15％，剩余 5.134 亿吨。可获得的农作物秸秆除了作为饲料、工业原料之外，其余大部分还可以作为农村炊事、取暖燃料。目前全国农村作为能源的秸秆消费量约为 2.862 亿吨，但大多处于低效利用方式，即直接在柴灶上燃烧，其转换效率仅为 10％～20％。随着农村经济的发展和农民收入的增加，地区差异正在逐步扩大，农村生活用能中商品能源的比例正以较快的速度增加。事实上，农民收入的增加与商品能源获得的难易程度都为他们转向使用能源的契机与动力。在较为接近商品能源产区的农村地区或富裕的农村地区，商品能源（如煤、液化石油气等）已经成为其主要的炊事用能。以传统方式利用的秸秆首先成为被替代的对象，致使被弃于地头田间直接燃烧的秸秆量逐年增大，许多地区废弃秸秆量已经占总秸秆量的 60％以上，既危害环境，又浪费资源。因此，加快秸秆的优质化转换利用势在必行。

3. 禽畜粪便

禽畜粪便也是一种重要的生物质能能源。除在牧区有少量的直接燃料外，禽畜粪便主要用作沼气的发酵原料。中国主要的禽畜是鸡、猪和牛，根据计算，目前我国禽畜粪便资源总量约为 8.51 亿吨，折合 7837 多万吨标准煤。其中，牛粪为 5.78 亿吨，约折合 4890 万吨标准煤；猪粪为 2.59 亿吨，约折合 2230 万吨标准煤；鸡粪为 0.14 亿吨，约折合 717 万吨标准煤。

在粪便资源中，大中型养殖场的粪便更便于集中开发，规模化利用。我国大中型牛、猪、鸡场有 6000 多家，每天排出粪尿及冲洗污水 80 多万吨，全国每年粪便污水资源量为 1.6 亿吨，折合 1157.5 万吨标准煤。

4. 生活垃圾

随着城市规模的扩大和城市化进程的加速，中国城镇垃圾的产生量和堆积量逐年增加。1991 年和 1995 年，全国工业固体废物产生量分别为 5.88 亿吨和 6.45 亿吨，同期城镇生活垃圾量以每年 10% 左右的速度递增。1995 年，中国城市总数达到 640 座，垃圾清运量为 10 750 万吨。

城镇生活垃圾主要是由居民生活垃圾，商业、服务业垃圾和少数建筑垃圾等废弃物所构成的混合物，成分比较复杂。其构成主要受居民生活水平、能源机构、城市建设、绿化面积和季节变化的影响。中国大城市的垃圾构成已经呈现出向现代化城市过渡的趋势，有以下特点：一是垃圾中有机物含量接近 1/3 甚至更高；二是食品类废弃物是有机物的主要组成部分；三是易降解有机物含量高。目前中国城镇垃圾热值在 4.18 兆焦/千克左右。

5.1.3　生物质能的特点

1. 可再生

生物质属于可再生资源，生物质能通过植物的光合作用可以再生，与风能、太阳能等同属于可再生资源，资源丰富，可以保证资源的永续利用。

2. 低污染

生物质的硫含量、氮含量低，燃烧过程中生成的 SO_2、NO_2 较少。生物质作为燃料时，由于它在生长时需要的二氧化碳相当于它排放的二氧化碳的量，因而对大气的二氧化碳净排量近似于零，可以有效地减轻温室效应。

3. 广泛分布

缺乏煤炭的地域，可以充分利用生物质能。

4. 总量十分丰富

生物质能是世界上第四大能源，仅次于煤炭、石油和天然气。根据生物学家的估算，地球陆地每年生产 1000 亿～1250 亿吨生物质；海洋年生产 500 亿吨生物质。生物质能源的年生产量远远超过全世界总能源的需求量，相当于目前世界总消耗的 10 倍。到 2010 年，我国可开发的生物质资源已达到 3 亿吨。随着农林业的发展，特别是薪炭林的推广，生物质资源还将越来越多。

5.1.4　生物质能的利用和研究

现代生物质的利用主要是通过生物质的厌氧发酵制取甲烷，用热解法生成燃料气、生物油和生物炭，用生物质制造乙醇和甲醇燃料，以及利用生物工程技术培育能源植物，发展能源农场。

目前，生物质能技术的研究与开发已经成为世界重大热门课题之一，受到世界各国政府与科学家的关注。许多国家都制订了相应的开发研究计划，如日本的阳光计划、印度的绿色能源工程、美国的能源农场和巴西的酒精能源计划等，其中生物质能源的开发利用占有相当的比例。国外的生物质能技术和装置多已达到商业化应用程度，实现了规模化产业经营。以美国、瑞典和奥地利三国为例，生物质转化为高品位能源利用已经具有相当可观的规模，分别占该国一次能源消耗量的 4％、16％和 10％。在美国，生物质能发电的总装机容量已经超过 10 吉兆瓦，单机容量达到 10～25 兆瓦；美国纽约的斯塔滕垃圾处理站投资 2000 万美元，采用湿法处理垃圾，回收沼气，用于发电，同时生产肥料。巴西是乙醇燃烧开发应用最有特色的国家，实施了世界上规模最大的乙醇开发计划，目前乙醇燃料已经占该国汽车燃料消费量的 50％以上。美国开发出利用纤维素废料生产酒精的技术，建立了 1 兆瓦时稻壳发电示范工程，年产酒精 2500 吨。图 5-1 为 1999—2004 年美国生物柴油产量的增长情况。

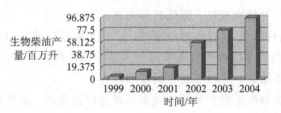

图 5-1　1999—2004 年美国生物柴油产量的增长情况

5.1.5　我国生物质能产业的发展

　　中国是目前世界上第二位能源生产国和消费国。能源供应持续增长，为经济社会发展提供了重要的支撑。能源消费的快速增长，为世界能源市场创造了广阔的发展空间。中国已经成为世界能源市场不可或缺的重要组成部分，对于维护全球能源安全，正在发挥着越来越重要的积极作用。

　　发展生物能源产业必须具备资源条件、技术条件和体制条件。我国发展生物能源产业有着巨大的资源潜力。我国人口多，虽然可作为生物能源的粮食、油料资源很少，但是可作为生物能源的生物质资源有着巨大的潜力。如农作物秸秆尚有 60％可用于能源用途，约折合 2.1 亿吨标准煤，有约 40％的森林开采剩余物未被加工利用，现有可供开发的生物质能源至少能达 4.5 亿吨标准煤，同时还约有 $1.33 \times 10^{12} \, \mathrm{m}^2$ 宜农宜林荒山荒地，可以用于发展能源农业和能源林业。发展生物能源产业，利用农林废弃物，开发宜林荒地，培育与生产生物能源资源，增加了农民的就业机会。

5.2　生物柴油及生物燃料乙醇

5.2.1　生物柴油及其特点

　　生物柴油又称脂肪酸甲酯，这一概念最早由德国工程师 Dr. Rudolf Diesel(1858—1931)于 1895 年提出。它利用甲醇或乙醇等物质与天然植物油或动物脂肪肝中的主要成分甘三脂发生脂交换反应，利用甲氧基取代长链脂肪酸上的甘油基，将甘三脂断裂为脂肪酸甲酯，从而减短碳链长度，降低油料的黏度，改善油料的流动性和气化性能，达到作为燃料使用的要求。

　　生物柴油的特性如下：

（1）十六烷值较高，大于 49（石化柴油为 45），抗爆性能优于石化柴油。

（2）含氧量高于石化柴油，可以达到 11%，在燃烧过程中所需的氧气量较石化柴油少，燃烧、点火性能优于石化柴油。

（3）无毒性，是可再生能源，而且生化分解性良好，健康环保性能良好。除了作为公交车、卡车等柴油机的替代燃料外，还可以作为海洋运输、水域动物设备、地底矿业设备、燃油发电厂等非道路用柴油机的替代燃料。

（4）不含芳香烃类成分，无致癌性，且不含硫、铅、卤素等有害物质。

（5）黑烟、碳氢化物、微粒子以及 SO_2、CO（一氧化碳）排放量少。

（6）具有较高的运动黏度，在不影响燃油雾化的情况下，更容易在汽缸内壁形成一层油膜，从而提高运动机件的润滑性，降低机件磨损。

（7）无需改动柴油机，可以直接添加使用，同时无需另添设加油设备、储存设备（通常的替代燃料均须修改引擎才能使用），无需进行人员的特殊技术训练。

（8）闪点较石化柴油高，有利于安全运输和储存。

（9）可以作为添加剂促进燃烧效果，因为其本身即为燃料，所以具有双重效果。

（10）不含石蜡，低温流动性好，使用区域广泛。

（11）以一定比例与石化柴油调和使用，可以降低油耗，提高动力性，并降低排放污染性。

5.2.2 生物燃料及其特点

生物乙醇是以生物质为原料生产的可再生资源。它可以单独或与汽油混配制成。

乙醇汽油作为汽车燃料，有两个优点：一是乙醇辛烷值高达 115，可以取代污染环境的含铅添加剂来改善汽油的防爆性能；二是乙醇含氧量高，可以改善燃烧性，减少发动机内的碳沉淀和一氧化碳等不完全燃烧污染物的排放。

乙醇汽油和普遍汽油相比，燃烧热值低 30% 左右，但因为一般使用只掺入 10%，所以热值减少不显著，而且不需要改造发动机就可以使用。

全球现在使用生物乙醇做成乙基叔丁基醚（Ethyl Tertiary Butyl Ether，ETBE）替代甲基叔丁基醚（Methyl Tert Butyl Ether，MTBE），通常以 5%～15% 的混合量在不需要修改/替换现有汽车引擎的状况下加入。有时 ETBE 也可以替代铅加入汽油中，以提高辛烷值而得到较洁净的汽油，也可以完全替代汽油，作为输送燃料。

目前世界上使用乙醇汽油的国家主要是美国、巴西等。在美国使用的是 E85 乙醇汽油，即 85% 的乙醇和 15% 的汽油混合作为燃料，而巴西用甘蔗和玉米来生产乙醇，这种E85 汽油的价格和性能与常规汽油相似。

燃料乙醇一般是指体积浓度达到 99.5% 以上的无水乙醇。燃料乙醇是燃烧清洁的高辛烷值燃料，是可再生能源。燃料乙醇既可以在专用的乙醇发动机中使用，又可以按照一定的比例与汽油混合，在不对原汽油发动机做任何改动的前提下直接使用。使用含醇汽油可以减少汽油消耗量，增加燃料的含氧量，使燃烧更充分，降低燃烧中 CO 等污染物的排放。在美国和巴西等国家，燃料乙醇已经得到初步的普及，燃料乙醇在我国也开始了有计划的发展。

作为替代燃料，燃料乙醇具有如下特点：

（1）可作为新的燃料替代品，减少对石油的消耗。乙醇作为可再生资源，可以直接作为液体燃料或者同汽油混合使用，可以减少对不可再生能源——石油的依赖，保障本国资源的安全。

（2）辛烷值高，抗爆性能好。作为汽油添加剂，可以提高汽油的辛烷值。通常车用汽油的辛烷值要求为 90 或 93，乙醇的辛烷值可以达到 111，所以向汽油中加入燃料乙醇可以大大提高汽油的辛烷值，且乙醇与烷烃类汽油组分（烷基化油、轻石脑油）的调和效应好于烯烃类汽油组分（催化裂化汽油）和芳烃类汽油组分（催化重整汽油），添加乙醇还可以较为有效地提高汽油的抗爆性。

（3）作为汽油添加剂，可以减少矿物燃料的应用以及对大气的污染。乙醇的氧含量高达 34.7%，乙醇可以用较 MTBE 更少的添加量加入汽油中。汽油中添加 7.7% 乙醇，氧含量高达 2.7%；如添加 10% 乙醇，氧含量可以达到 3.5%，所以加入乙醇可以帮助汽油完全燃烧，以减少对大气的污染。使用燃料乙醇取代四乙基铅作为汽油添加剂，可以消除空气中铅的污染；取代 MTBE，可以避免对地下水和空气的污染。另外，除了提高汽油的辛烷值和含氧量，乙醇还能改善汽车尾气的质量，减轻污染。一般当汽油中的乙醇的添加量不超过 15% 时，对车辆的行驶性没有明显的影响，但尾气中碳氢化合物、NO_x 和 CO 的含量明显降低。美国对汽车/油料（AQIRP）的研究报告表明：使用含 6% 乙醇的加州新配方汽油，与常规汽油相比，HC 排放可以减少 5%，CO 排放减少 21%～28%，NO_x 排放减少 7%～16%，有毒气体排放减少 9%～32%。

（4）乙醇是可再生资源，若采用小麦、玉米、稻谷壳、薯类、甘蔗和糖蜜等生物质发酵生产乙醇，其燃烧所排放的 CO_2 和作为原料的生物源生长所消耗的 CO_2 在数量上基本持平，这对减少大气污染和抑制温室效应意义重大。

5.3　制备方法

5.3.1　生物柴油的制备方法

目前，生物柴油的制备可以采用物理法和化学法。物理法包括直接混合法和微乳液法等，化学法包括高温热裂解法和酯交换法等。图 5-2 所示是利用动植物油脂生产生物柴油的典型工艺流程。

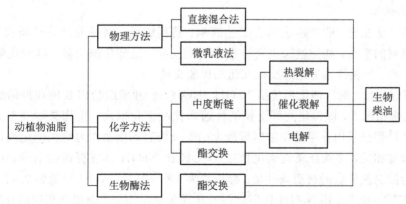

图 5-2　利用动植物油脂生产生物柴油的典型工艺流程图

1. 物理法制备生物柴油

1）直接混合法

在生物柴油研究初期，研究人员设想将天然油脂与柴油、溶剂或醇类混合，以降低其黏度，提高挥发度。1983 年，Amans 等将脱胶的大豆油与 2 号柴油分别以 1∶1 和 1∶2 的比例混合，在直接喷射涡轮发动机上进行 600 小时的试验。当两种油品以 1∶1 混合时，会出现燃油凝化现象，而采用 1∶2 的比例不会出现该现象，可以作为农用机械的替代燃料。Ziejewshiki 等人将葵花子油与柴油以 1∶3 的体积比混合，测得该混合物在 40℃下的黏度为 $4.88×10^{-6} m^2/s$，而美国材料实验标准规定的最高黏度应低于 $4.0×10^{-6} m^2/s$，因此该混合燃料不适应在直喷柴油发动机中长时间使用，但对红花油与柴油的混合物进行的试验则得到了令人满意的结果，然而在长期的使用过程中，该混合物仍然会导致润滑油变浑浊。

2）微乳液法

将动植物与溶剂混合制成微乳液也是解决动植物油黏度高的办法之一。微乳液是一种透明的、热力学稳定的胶体分散体系，是由两种不互溶的液体离子与非离子的两性分子混合而形成的直径为 1～150 纳米的胶质平衡体系。

2. 化学法制备生物柴油

1）高温热裂解法

最早对植物进行热裂解的目的是合成石油。Schwab 等对大豆油热裂解的产物进行了分析，发现烷烃和烯烃的含量很高，占总质量的 60%，还发现裂解产物的黏度比普通大豆油下降 2/3，但是该黏度值还是远远高于普通柴油的黏度值。在十六烷值和热值等方面，大豆油裂解产物与普通柴油相近。

1993 年，研究人员对植物油经催化裂解生产生物柴油进行了研究，将椰油和棕榈油以 SiO_2/Al_2O_3 为催化剂，在 450℃裂解。裂解得到的产物分为气、液、固三相，其中液相的成分为生物汽油和生物柴油。分析结果表明，该生物柴油的与普通柴油的性质非常相近。

在上述几种生物柴油的制备方法中，使用物理法能够降低动植物油的黏度，但积炭、润滑油污染和低温稳定性等问题难以解决，而采用高温热裂解法得到的生物柴油其主要成分是烃类化合物，其碳数分布和低温启动性能与石化柴油类似，只是稳定性稍差，生物柴油是其副产品。相比之下，酯交换法是一种更好的生物柴油制备方法。

2）酯交换法

同其他方法相比，酯交换法具有工艺简单、费用较低、制得的产品性质稳定等优点，因此成为研究的重点。酯交换法主要有酸催化酯交换、碱催化酯交换、醇催化酯交换、多相催化酯交换、均相体系催化酯交换和超临界酯交换。

（1）碱催化法。碱性催化剂包括 NaOH、KOH、各种碳酸盐以及钠和钾的醇盐、有机胺等，在无水情况下，碱催化剂酯交换活性通常比酸催化剂高，生物柴油产率大于 90%。传统的生产过程是采用在甲醇中溶解度较大的碱金属氢氧化物作为均相催化剂，它们的催化活性与碱度相关，在碱金属氢氧化物中，KOH 比 NaOH 具有更高的活性，用 KOH 作催化剂进行酯交换反应的典型条件是：醇用量为 5%～21%，KOH 用量为 0.1%～1%，反应温度为 25℃～60℃。用 NaOH 作催化剂通常要在 60℃下，才能得到相应的反应速度。碱催化剂不能使用在游离酸较高的情况，游离酸的存在会使催化剂中毒，游离脂肪酸易与碱

反应生成皂，反应不可逆，即

$$R-COOH+NaOH(KOH) \rightarrow R-COONa(K)+H_2O$$

其结果是反应体系变得更加复杂，皂在反应体系起到乳化剂的作用，产品甘油可能与脂肪酸酯发生乳化而无法分离；而反应过程中产生的碱废液会给环境带来严重的二次污染。

（2）酸催化法。酸性催化剂是硫酸、磷酸或盐酸，需要较高的温度，耗能大，而产率却很低。以高酸值动植物油为原料，以硫酸为催化剂，在 40℃～85℃下反应，然后分相、脱色，即得到生物柴油。以酸化植物油、下水道油及回收煎炸油为原料，经酸催化反应，得到生物柴油。反应结束后，加入阻聚剂硼酸减压蒸馏，所得到的生物柴油可以替代 0♯柴油。对于含自由脂肪酸较多的油脂，可以用酸作催化剂，但耗用的醇量要比用碱催化剂多。采用反酶法催化餐饮废油制备生物柴油的研究已进行了很长时间。采用该法时对含水量要加以限制，通常应小于 0.5%。游离脂肪酸酯化反应过程中会产生水，也会使酸催化剂作用下降。同样，酸催化剂法在生产过程中也会带来酸性废水，造成二次污染。

（3）固体催化剂法。固体催化剂也是近年来研究的重要方向，可以解决产物与催化剂分离的问题。用于生物柴油生产的固体催化剂主要有树脂、黏土、分子筛、复合氧化物、硫酸盐、碳酸盐等。负载碱金属催化剂对其他酯化反应（如碳酸二甲酯的酯化反应）有很好的应用。Kim 等研究发现，负载钠碱催化剂 $Na/NaOH/\gamma-Al_2O_3$ 具有与均相的 NaOH 相当的酯交换催化活性，但碱金属氢氧化物在醇溶液中溶解性较高，负载表面的非均相催化活性很容易受到溶解部分碱金属的均相活性干扰。研究人员在用氧化铝负载的 KOH 催化剂实验中发现，用甲醇洗涤 2～3 次后，固体催化剂便失去了活性，而洗涤用的甲醇却具有相当的活性。固体酸催化剂也可以用于生物柴油生产，它是阳离子树脂用于游离酸的酯化预处理过程，但用于酯交换反应尚处于研究阶段。

（4）超临界法。超临界法制备生物柴油是最近几年发展起来的一种新方法。它的最大特点是不利用催化剂，能在较短的反应时间内取得较高的反应转化率，极大地简化了产物分离精制过程。超临界流体中的化学反应技术能影响反应混合物在超临界流体中的溶解度、传输和反应动力，从而提供了一种控制产率、提高精确性和反映产物回收的方法。在超临界相中进行的化学反应，由于传递性质的改善，要比在液相的反应速度快，使传统的气相或液相酶法催化餐饮废油制备生物柴油的研究反应转变成一种全新的化学过程，从而大大地提高其效率。在化学反应中，超临界甲醇既可以作为反应介质，也可以直接参加反应，还可起到催化剂的作用。甲醇的临界点为 $T_c=239℃$，$P_c=8.09\ MPa$。当温度升到 235℃以上时，随着温度进一步升高，反应体系接近甲醇的临界点，反应物之间的传质和反应特性得到很明显的强化，即使没有催化剂存在，酯交换反应还是能够顺利进行。与现行化学法相比，超临界法的反应速度、对原料的要求和产物的回收都有优越性，因而日益受到人们的重视，但超临界制备法需要在高温高压下反应，温度高，易使油脂碳化，压力高，对设备要求高，工业上难以满足反应条件。

5.3.2　生物乙醇的制备方法

1. 淀粉质原料制备生物乙醇技术

淀粉质原料酒精发酵是以含淀粉的农副产品为原料，利用 α-淀粉酶和糖化酶将淀粉转化为葡萄糖,再利用酵母菌产生的酒化酶等将糖转变为酒精和二氧化碳的生物化学过程。以玉米为原料的燃料乙醇的生产工艺流程如图 5-3 所示。

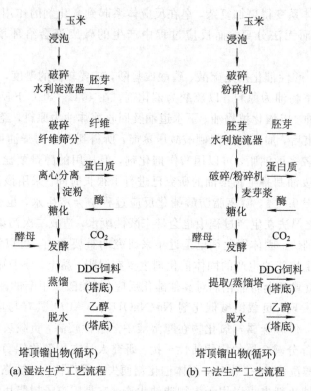

图 5-3　以玉米为原料的燃料乙醇的生产工艺流程

为了将原料中的淀粉充分释放出来,增加淀粉向糖的转化,对原料进行处理是十分必要的。原料处理过程中包括原料除杂、原料粉碎、粉料的水热处理和醪液的糖化。淀粉质原料通过水热处理,成为溶解状态的淀粉、糊精和低聚糖等,但不能直接被酵母菌用来生成酒精,必须加入一定数量的糖化酶,使溶解的淀粉、糊精和低聚糖等转化为能被酵母利用的可发酵糖,然后酵母再利用可发酵糖发酵乙醇。

2. 纤维质原料制备生物燃料乙醇技术

纤维素原料生产酒精工艺包括预处理、水解糖化、乙醇发酵、分离提取等。原料预处理包括物理法、化学法和生物法等,其目的是破坏木质纤维原料的网状结构,脱除木质素,释放纤维素和半纤维素,以有利于后续的水解糖化过程。

纤维素的糖化有酸法糖化和酶法糖化,其中酸法糖化包括浓酸水解法和稀酸水解法。浓酸水解法糖化率高,但采用了大量硫酸,需要回收重复利用,且浓酸对水解反应器的腐蚀是一个重要问题。近年来在浓酸水解反应器中利用加衬耐酸的高分子材料或陶瓷材料解决了浓酸对设备的腐蚀问题,利用阴离子交换膜透析回收硫酸,浓缩后重复使用。该法操作稳定,适于大规模生产,但投资大,耗电量高,膜易被污染。

稀酸水解工艺比较简单,也较为成熟。稀酸水解工艺采用两步法:第一步,稀酸水解在较低的温度下进行,半纤维素被水解为五碳糖;第二步,稀酸水解在较高温度下进行,加酸水解残留固体(主要为纤维素结晶结构),得到葡萄糖。采用稀酸水解工艺,糖的产率较低,而且水解过程中会生成对发酵有害的物质。

纤维素的酶法糖化是利用纤维素酶水解糖化纤维素。纤维素酶是一个由多功能酶组成的酶系，有很多种酶可以催化水解纤维素生成葡萄糖，主要包括内切葡聚糖酶、纤维二糖水解酶和 β-葡萄糖甘酶，这三种酶协同作用，催化水解纤维素，使其糖化。纤维素分子是具有异体结构的聚合物，酶解速度较淀粉类物质慢，并且对纤维素酶有很强的吸附作用，致使酶解糖化工艺中酶的消耗量大。

纤维素发酵生成酒精有直接发酵法、间接发酵法、混合菌种发酵法、连续糖化发酵法和固定化细胞发酵法等。直接发酵法的特点是基于纤维分解细菌直接发酵纤维素生产乙醇，不需要经过酸解或酶解前处理。该工艺设备简单，成本低廉，但乙醇产率不高，会产生有机酸等副产物。间接发酵法是先用纤维素酶水解纤维素，酶解后的糖液作为发酵碳源，此法中乙醇产物的形成受到末端产物、低浓度细胞以及基质的抑制，需要改良生产工艺来减少抑制作用。固定化细胞发酵法能使发酵器内细胞浓度提高，细胞可以连续使用，使最终发酵液的乙醇浓度得以提高。固定化细胞发酵法的发展方向是混合固定细胞发酵，如酵母与纤维二糖一起固定化，将纤维二糖基质转化为乙醇，此法是纤维素生产乙醇的重要手段。

5.4　国内生物质能的发展状况和趋势

5.4.1　我国生物柴油的产业化前景

2003 年，受国民经济持续快速增长的拉动，中国石油市场需求增势强劲，石油产品需求总量增长幅度达到 11.4％，比 2002 年提高了 7.4 个百分点，这促进了石油进口量的大幅攀升，使我国成为石油消费和进口大国。石油市场资源供应出现紧缺，价格全面上涨。据中国物流信息中心统计，2003 年我国石油及其制品累计平均价格比 2000 年提高了11.8％。2004 年中国石油市场供需形势与 2003 年情况基本相似，继续保持消费需求旺盛、供需基本平衡的格局。

我国是一个石油净进口国，石油储量又很有限，大量进口石油对我国的能源安全造成了威胁。因此，对我国来说，提高油品质量更具有现实意义。而生物柴油具有可再生、清洁和安全三大优势。专家认为，生物柴油对我国农业结构调整、能源安全和生态环境综合治理有十分重大的战略意义。目前，汽油柴油化已经成为汽车工业的一个发展方向，世界柴油需求量将持续增长，而柴油的供应量严重不足，这些都为制造生物柴油提供了广阔的发展空间。发展生物柴油产业还可以促进中国农村和经济社会发展。例如，发展油料植物生产生物柴油，可以走出一条农林产品向工业品转化的富农强农之路，有利于调整农业结构，增加农民收入。

柴油的供需平衡问题也将是我国未来较长时间内石油市场发展的焦点问题。业内人士提出，随着我国原油加工量的上升，汽油和煤油拥有一定数量的出口余地，而柴油的供应缺口仍然较大。近年来，尽管炼化企业通过持续的技术改造，生产柴汽比不断提高，但仍然不能满足消费柴汽比的要求。目前，生产柴汽比约为 1.8，而市场的消费柴汽比均在 2.0以上，云南、广西、贵州等省区的消费柴汽比甚至在 2.5 以上。随着西部开发进程的加快和国民经济重大基础项目的相继启动，柴汽比的矛盾比以往更为突出。因此，开发生物柴油不仅与目前石化行业调整油品结构、提高柴汽比的方向相契合，而且意义深远。

目前我国生物柴油技术已经取得了重大成果：海南生物能源有限公司、四川古杉油脂化工公司和福建卓越新能源发展公司都已经开发出拥有自主知识产权的技术，相继建成了规模超过万吨的生产厂，这标志着生物柴油这一高新技术产业已经在中国大地上诞生。

5.4.2　我国乙醇产业的发展

《BP 世界能源统计 2007》的数据显示，我国原油可采储量为 163 亿桶，储采比为 12.1，世界原油可采储量为 12 082 亿桶，储采比为 40.5，我国原油可采储量仅占世界的 1.3%。我国天然气可采储量为 2.45 万亿立方米，储采比为 41.8，世界天然气可采储量为 181.46 万亿立方米，储采比为 63.3，我国天然气可采储量也仅占世界的 1.3%。进入 21 世纪以来，我国石油需求急剧增长，储量和产量远远不能满足需求，2005 年原油进口依赖已经达到 40%。预计 2020 年我国的石油进口依赖将达到 60% 以上。

我国汽车普及台数为每千人 20 台，而发达国家，如日本达到每千人 600 台，即使我国汽车普及台数达到日本的 1/10，也只是 60 台，汽车保有量将增加 2 倍，汽车需求大体也将增长 2 倍。2005 年我国汽车消费量为 4853.3 万吨，占油品消费量的 16%。汽车消费量增加 2 倍就是 14 559.9 万吨。加之近几年国际原油价格暴涨，我国的石油供应形势十分严峻。2006 年 5 月，我国政府公布的"可再生性能源中长期规划"就发展生物燃料，尤其对发展生物乙醇提出了具体目标：2015 年生物乙醇产量达到 500 万吨/年，2020 年达到 1000 万吨/年。

鉴于我国粮食并不富裕，因而发展燃料乙醇只能依靠主要粮食以外的原料作物，比如甘蔗、薯类、甜高粱等。

我国发展燃料乙醇的根本出路与世界绝大多数国家一样，也在于发展以农作物秸秆、木屑等纤维素为原料的生物乙醇技术。目前清华大学、华东理工大学、南京工业大学、中国石油等单位都在开展这方面的研究。其中，河南天冠企业集团有限公司用玉米秆为原料，建设 3000 吨/年规模的设备，6 吨玉米秆可以生产 1 吨燃料，乙醇转化率约为 18%。山东泽生生物科技有限公司与中国科学院合作，成功进行了 3000 吨/年中型试验，现规模扩大至 6 万吨/年。当前我国还有待加速生物技术乙醇的研究，参照美国的经验，政府应从资金、政策等方面大力扶持，产、学、研联合攻破。

5.5　国外生物质能的发展现状和趋势

5.5.1　国外生物柴油的发展前景

世界各国，尤其是发达国家对发展生物柴油非常重视，纷纷制定激励政策。例如，欧共体对生物柴油采取原料（菜子油）种植补贴、生物柴油差别税收刺激等政策，还要求各国降低生物柴油税率，并从 2009 年开始强制性地将生物燃料调入车用燃料中，调和量最少为 1%。2002 年，美国参议院提出了包括生物柴油在内的能源减税计划，生物柴油享受与乙醇燃料同样的减税政策；2004 年 10 月，美国总统签署了对生物柴油的税收鼓励法案，大力支持生物柴油在美国的发展。其他国家，如巴西、菲律宾、韩国、日本和加拿大等，都已经或正在制订相应的措施。

从欧洲生物柴油委员会获得的数据显示，欧共体 2002 年共生产生物柴油 106.5 万吨，2003 年产量提高到 143.4 万吨，同比增加 35%；2003 年的生产能力为 204.8 万吨/年，2004 年提高到 224.6 万吨/年，同比增加 10%；2010 年生物柴油产量达到 1000 万吨。从美国国家生物柴油委员会获得的数据显示，2002 年美国生物柴油销售量为 5 万吨，2005 年提高到 25 万吨；2011 年生产生物柴油达到 115 万吨，2016 年将增加到 330 万吨。日本目前利用废弃食用油生产生物柴油的生产能力已经达到 40 万吨/年。韩国从德国引进了生产技术，2002 年生物柴油的生产能力为 10 万吨/年，正扩建至年产 20 万吨。其他一些国家的生物柴油产量也在逐年增加。

美国加利福尼亚州州长施瓦辛格 2007 年 6 月 4 日宣布，为了减少温室气体排放，加州正在启动一项生物柴油计划，准备逐步用较清洁的生物柴油取代化石燃料。施瓦辛格在向媒体发布声明中说，这种生物柴油是从废弃食用油中提炼而来的，具有较清洁、低污染等特点，目前，加州的部分公共汽车正在试用这种生物柴油，到 7 月底试验结束后，加州有 4500 辆公共汽车使用这种柴油。他还说，加州公共汽车每年使用的普通柴油达 1135.5 万升，广泛使用生物柴油后，加州每年可望节省 234 万升的普通柴油。如果加上其他生物柴油，到 2020 年，加州化石燃料的 20% 将由生物燃料取代，这等于加州届时将有 700 万辆汽车使用生物燃料。

美国媒体认为，生物柴油在美国具有广阔的市场前景。

5.5.2　国外生物乙醇产业的发展现状

鉴于世界石油需求增长和油价暴涨，各国不得不加速发展替代能源，其中生物乙醇需求和发展尤为显著。但生产生物乙醇的原料目前主要是粮食和糖料，存在成本高、与民争粮（争地）等问题。将来生产生物乙醇的根本出路在于用农作物秸秆、木屑等纤维素为原料的方法。

目前世界车用汽油需求中，乙醇的混合比率平均为 2.6%。2005 年 11 月，国际能源机构发表预测，至 2030 年世界运输燃料年平均增长 9%。欧洲消费量在 2010 年超过巴西，预计到 2030 年将超过美国。2005 年世界乙醇产量为 1710 万吨（换算成石油计）。对于乙醇原料，美国主要用玉米，巴西用甘蔗，欧洲主要用植物油生产生物柴油。2005 年，欧洲生物柴油产量为 290 万吨（换算成石油计）。2005 年世界生物燃料产量为 2000 万吨（换算成石油计），基准情况下 2030 年达到 9200 万吨，年平均增长 7%；替代能源对策情况下年平均增长 9%，2030 年世界产量为 14 700 万吨。运输用燃料中，生物燃料所占比率将由现在的 1% 提高至 2030 年的 7%。

据最近美国调查公司 Global Insight 发表的世界生物燃料调查报告，美国乙醇需求 2015 年在达到 568 亿升后将继续顺利增长，2030 年达到 2270 亿升。2006 年美国乙醇产量约为 185 亿升。世界乙醇需求 2030 年约为 3028 亿升，约为 2006 年世界产量 510 亿升的 6 倍。

5.6　我国生物质能技术的发展现状和存在的问题

我国政府及有关部门对生物质能源利用极为重视，国家主要领导人曾多次批示和指示加强农作物秸秆的能源利用。国家科委已经连续在三个国家五年计划中将生物质能技术的研究与应用列为重点研究项目，涌现出一大批优秀的科研成果和成功的应用范例，如采用沼气池、禽畜粪便沼气技术、生物质气化发电和集中供气、生物压块燃料等，取得了可观的社会效益和经济收益。同时，我国已经形成一支高水平的科研队伍，包括国内有名的科研院所和大专院校，拥有一批热心从事业生物质热裂解气化技术研究与开发的著名专家、学者。

5.6.1　我国生物质能技术的发展现状

（1）沼气技术是我国发展最早、曾经普遍推广的生物质能源利用技术。

20 世纪 70 年代，我国为了解决农村能源问题，曾大力开发和推广户用沼气技术，全国建成 525 万户用沼泽池。在最近的连续三个五年计划中，国家都将发展新的沼泽家庭用户列为重点科技攻关项目，计划实施一大批沼气及其利用的研究项目和示范工程。至今，我国已经建设 3 万多个大中型沼气池，总容积超过 137 万立方米，年产沼气 5500 万立方米，仅 100 立方米以上规模的沼气工程就达 630 多处，其中集中供气站 583 处，用户为 8.3 万户，年均用气量为 431 立方米，主要用于处理禽畜粪便和有机废水。这些工程都取得了一定程度的环境效益和社会效益，对发展当地经济和我国厌氧技术起到了积极的作用。在"九五"计划中，用来处理高浓度有机废水和城市垃圾的高效厌氧技术被列为科技攻关重点项目，分别由中国科学院成都生物研究所和杭州能源环境研究所承担实施，现已取得预期的进展。

我国厌氧技术及工程中存在的主要问题是相关技术研究少，辅助设备配套性差，自动化程度低，非标设备加工粗糙，工程造价高，使用时二次污染严重等。

（2）我国的生物质气化技术近年有了长足的发展。

我国的生物质气化技术近年有了长足的发展，气化炉的形式从传统上吸式、下吸式到最先进的流化床、快速流化床和双床系统等，在应用上，除了传统的供热之外，最重要的突破是农村家庭供气和气化发电。"八五"期间，国家科委安排了"生物质热解气化及热利用技术"的科技攻关专题，取得了一批成果：采用氧气气化工艺，研制成功生物质直接热值气化装置；以下吸式流化床工艺，研制成功 100 户生物质气化集中供气系统与装置；以下吸式固定床工艺，研制成功食品与经济作物生物质气化集中供气系统与装置。"九五"期间，国家科委安排了"生物质热解气化及相关技术"的科技攻关专题，重点研究开发 1 兆瓦大型生物质气化发电技术和农村秸秆气化集中供气技术。当前已经建成 300 多个农村气化站，谷壳气化发电设备 100 多台/套，气化利用技术的影响正在逐渐扩大。

（3）乙醇燃料技术的探索与研究。

"八五"期间，我国开始了利用纤维素废弃物制取乙醇燃料技术的探索与研究，主要研究纤维素废弃物的稀酸水解及其发酵技术，并在"九五"期间进入中间试验阶段。目前我国已经对植物油和生物质裂解油等代用燃料进行了初步研究，如在植物油理化特性、酶化改性工艺和柴油机燃料性能等方面进行了初步试验研究。"九五"期间，开展了野生油料植物分类调查及育种基地的建设。我国对生物质液化也有一定的研究，但技术比较落后，主要开展了高压液化和热解液化方面的研究。

（4）生物质压缩成型技术的研究。

"八五"期间，我国还重点对生物质压缩成型技术进行了科技攻关，引进国外先进机型，经过消化、吸收，研制出各种类型的适合我国国情的生物质压缩成型机，用以生产棒状、块状或颗粒生物质成型燃料。我国的生物质螺旋成型机螺杆使用寿命达到 500 小时以上，属于国际先进水平。

5.6.2　我国生物质能技术发展过程中存在的问题

虽然我国在生物质能源开发方面取得了巨大成绩，但与发达国家相比，技术水平仍然存在一定的差距。

（1）新技术开发不力，利用技术单一。

我国早期的生物质利用主要集中在沼气利用上，近年逐渐重视热解气化技术的开发与应用，也取得了一定的突破，但其他技术的开展却非常缓慢，包括生产酒精、热解液化、直接燃烧的工业技术和速生林的培育等，都没有突破性的进展。

（2）投资回报率低，运行成本高。

由于资源分散、收集手段落后，我国的生物质能利用工程的规模很小。为了降低投资，大多数工程采用简单工艺和简陋设备，设备利用率低，转化效率低下。所以，生物质能项目的投资回报率低，运行成本高，难以形成规模效益，不能发挥其应有的能源作用。

（3）研究的技术含量低。

相对于科研内容来说，投入过少，使得研究的技术含量低，多为低水平重复研究，最终未能解决一些关键问题。例如，厌氧消化产气率低，设备与管理自动化程度较差；气化利用中焦油问题没有彻底解决，给长期应用带来严重问题；沼气发电与气化发电效率较低，相应地二次污染问题没有彻底解决，导致许多工程系统常常处于维修或故障状态，大大降低了系统的运行强度和效率。

此外，在我国现实的社会经济环境中，还存在一些消极因素制约或阻碍生物质能利用技术的发展、推广和应用，主要表现如下：

（1）在现行能源价格的条件下，生物质能源产品缺乏市场竞争能力，投资回报率低，挫伤了投资者的投资积极性，而销售价格高又挫伤了消费者的积极性。

（2）技术标准未规范，市场管理混乱。在秸秆气化供气与沼气工程开发上，由于没有合适的技术标准和严格的技术监督，很多不具备技术能力的单位或个人参与沼气工程承包和秸秆气化供气设备的生产，引起项目技术不过关，达不到预期目标，甚至带来安全问题，这给今后开展生物质利用工作带来了很大的负面影响。

（3）目前，有关扶持生物质能源发展的政策尚缺乏可操作性，各级政府应尽快制定相关政策，如价格补贴和发电上网等特殊优惠政策。

（4）民众对于生物质能源缺乏足够的认识，应加强有关知识的宣传和普及工作。

（5）政府应对生物质能源的战略地位予以足够重视，开发生物质能源是一项系统工程，应视作实现可持续发展的基本建设工作。

5.6.3　我国生物质能技术发展方向与对策

1. 发展方向

我国的生物质能源丰富，价格便宜，而经济环境和发展水平对生物质技术的发展处于比较有利的阶段。根据这些特点，我国生物质的发展既要学习国外的先进经验，又要强调自己的特色，所以，今后应朝着以下几个方面发展。

（1）进一步充分发挥生物质能作为农村补充能源的作用，为农村提供清洁的能源，改善农村的生活环境，提高人民的生活条件。这包括沼气利用、秸秆供气和小型气化发电等实用技术。

（2）加强生物质工业化应用，提高生物质能利用的比例，提高生物质能在能源领域的地位。这样才能从根本上扩大生物质能的影响，为生物质能今后的大规模应用创造条件，也是今后生物质能能否成为重要替代能源的关键。

（3）研究生物质向高品位能源产品转化的技术，提高生物质能的利用价值。这是重要的技术储备，既是未来多途径利用生物质的基础，也是今后提高生物质能地位的关键。

（4）利用山地、荒地和沙漠，发展新的生物质能资源，研究、培育、开发速生、高产的植物品种，在目前条件允许的地区，发展能源农场和林场，建立生物质能源基地，提供规模化的木质或植物油等能源资源。

2. 对策

根据上面的主要发展方向，今后我国生物质利用技术能否得到迅速发展，主要取决于以下几个方面：

（1）在产业化方面，加强生物质利用技术的商品化工作，制定严格的技术标准，加强技术监督和市场管理，规范市场活动，为生物质技术的推广创造良好的市场环境。

（2）在工艺化生产与规模化应用方面，加强生物质技术与工业生产的联系，在示范应用中解决关键技术。

（3）在技术研究方面，既重点解决推广应用中出现的技术难题，如焦油处理、寒冷地区的沼气技术等，又要开展生物质利用新技术的探索，如生物质制油、生物质制氧等先进技术的研究。

（4）制定一项生物质能源国家发展计划，引进新技术、新工艺，进行示范、开发和推广，充分而合理地利用生物质能源。在 21 世纪，逐步以优质生物质能源产品（固体燃料、液体燃料、可燃气等形式）取代部分矿物燃料，解决我国能源短缺和环境污染等问题。

第6章　地热能及其发电技术

【内容摘要】

本章分析了世界各地地热资源分布与应用，重点介绍了中国的地热分布，分析了地热发电原理、地热发电的热力学特点及地热的发电方式。

【理论教学要求】

掌握地热发电原理，理解地热发电的热力学特点。

【工程教学要求】

观察模拟地热发电实验。

6.1　地热资源的开发利用

6.1.1　地热能

地热是一种新型的能源和资源，同时也是绿色环保能源，它可广泛应用于发电、供热供暖、温泉洗浴、医疗保健、种植养殖、旅游等领域。地热资源的开发利用，不仅可以取得显著的经济和社会效益，更重要的是还可以取得明显的环境效益。人类很早以前就开始利用地热能，如利用温泉沐浴、医疗，利用地下热取暖、建造农作物温室、进行水产养殖及烘干谷物等。但真正认识地热资源并进行较大规模的开发利用却始于 20 世纪中叶。地热能的利用可分为地热发电和直接利用两大类。

地热能是来自地球深处的可再生热能。它起源于地球的熔融岩浆和放射性物质的衰变。地下水的深处循环和来自极深处的岩浆侵入到地壳后，把热量从地下深处带至近表层。在有些地方，热能随自然涌出的热蒸汽和水而到达地面。通过钻井，这些热能可以从地下的储层引入地面供人们利用，这种热能的储量相当大。据估计，每年从地球内部传到地面的热能相当于 $100\text{ pW}\cdot\text{h}$。地球内部是一个高温高压的世界，是一个巨大的"热库"，蕴藏着无比巨大的热能。据估计，全世界地热资源的总量大约为 $14.5\times10^{25}\text{ J}$，相当于 4948×10^{12} 吨标准煤燃烧时所放出的热量。如果把地球上储存的全部煤炭燃烧时所放出的热量按 100 来计算，那么石油的储存量约为煤炭的 8%，目前可利用的核燃料储存量约为煤炭的 15%，而地热能的总储量则为煤炭的 17 000 万倍。可见，地球是一个名副其实的巨大"热库"。

6.1.2　地热的分布

在地壳中，地热的分布可分为三个带，即可变温度带、常温带和增温带。可变温度带，由于受太阳辐射的影响，其温度有着昼夜、年份、世纪甚至更长的周期变化，其厚度一般为 $15\sim20\text{ m}$；常温带其温度变化幅度几乎等于零，其深度一般为 $20\sim30\text{ m}$；增温带在常温带以下，温度随深度增加而升高，其热量的主要来源是地球内部的热能。

按照地热增温率的区别，我们把陆地上的不同地区划分为"正常地热区"和"异常地热区"。地热增温率接近 3℃ 的地区称为"正常地热区"，超过 3℃ 的地区成为"异常地热区"。在正常地热区，较高温的热水或蒸汽埋藏在地球的较深处。在异常地热区，由于地热增温率较大，较高温度的热水或蒸汽埋藏在地壳的较浅部，有的甚至出露地表。那些天然出露的地下热水或蒸汽叫作温泉。温泉是当前经济技术条件下最容易利用的一种地热资源。在异常地热区，人们也较易通过钻井等人工方法把地下热水或蒸汽引导到地面上来加以利用。

在一定地质条件下的"地热系统"和具有勘探开发价值的"地热田"都有它的发生、发展和衰亡过程，绝对不是只要往深处打钻，到处都可以发现地热。作为地热资源的概念，它也和其他矿产资源一样，有数量和品位的问题。就全球来说，地热资源的分布是不平衡的。明显的地温梯度（每公里深度大于 30℃ 的地热异常区），主要分布在板块生长、开裂的大洋扩张脊和板块碰撞、衰亡的消减带部位。全球性的地热资源带主要有以下 4 个：

（1）环太平洋底热带。它是世界上最大的太平洋板块，是与美洲、欧亚、印度板块的碰撞边界。世界上许多著名的地热田位于欧亚、印度、美洲与太平洋一带，包括美国西部的盖塞尔斯、英佩里尔谷，墨西哥的塞罗普里托，萨尔瓦多的阿瓦查潘，智利的埃尔塔蒂奥，中国台湾的马槽，日本的松川、大阪等。

（2）地中海-喜马拉雅地热带。它是欧亚板块与非洲板块和印度板块的碰撞边界。世界上第一座地热发电站——意大利的拉德瑞罗地热田就位于这个地热带中。中国西藏的羊八井及云南腾冲地热田也在这个地热带中。

（3）大西洋中脊地热带。这是大西洋板块裂开部位。冰岛的克拉弗拉、纳马菲亚尔和亚速尔群岛等一些地热田就位于这个地热带。

（4）红海-亚丁湾-东非裂谷地热带。它包括吉布提、埃塞俄比亚、肯尼亚等国的地热田。

除了在板块边界部位形成地壳高热流区而出现高温地热田外，在板块内部靠近板块边界部位，在一定地质条件下也可能形成相对的高热流区。其热流量大于大陆平均热流量 1.46 热流量单位，而达到 1.7~2.0 热流量单位，如中国东部的胶、辽半岛，华北平原及东南沿海地区等。

中国地热资源是比较丰富的，据估算，主要沉积盆地小于 2000m 的深度中储存的地热资源总量约 4.0184×10^{19} kJ，相当于 1.3711×10^{12} 吨标准煤的发热量。我国目前对地热资源的开发利用与常规能源相比所占的比重是很小的。据权威部门统计，全国开发利用地热水总量为 93.67 万 m^3/d，年利用热量 5.6485×10^{16} J，约相当于 192.74 万吨标准煤的发热量，此值仅是中国目前能量消耗总量 17.24 亿吨标准煤的 0.1%。我国地热资源开发利用有以下特点：

（1）地热资源分布面广。据已勘察地热田的分布表明，全国几乎每个省区都有可供开发利用的地热资源分布。

（2）以中低地热资源为主。据现有 738 处地热勘察资料统计，中国高温地热田仅 2 处（西藏羊八井、羊易地热田），其余均为中低温地热田。其中，温度在 90℃~150℃ 的中温地热田 28 处，占地热田勘察总数的 3.8%；90℃ 以下的低温地热田 708 处，占地热田勘察总数的 96%。全国已勘察地热田的平均温度为 55.5℃。其中,平均温度西藏最高,大于 88.6℃;湖南最低,为 37.7℃。

(3)地热田规模以中小型为主。在已勘察的 738 处地热田中,大、中型地热田仅 55 处,占 7.5%,但可利用的热能达 3310.91 MW,占勘察地热田可利用热能的 76.7%;小型地热田 682 处,占总数的 92.5%,其可利用热能仅 1008.05 MW,占总量的 23.3%。

(4)地热水水质以低矿化水为主,适合多种用途。在有水质分析资料的 493 处地热田中,水矿化度小于 1.0 g/L 的有 327 处,占总数的 66.3%;大于 3.0 g/L 的仅有 42 处,占总数的 8.5%。

(5)开发利用较经济的是构造隆起区已出露的中、小型地热田。这些地热田地表有热显示,热储埋藏浅,勘查深度小,一般仅 300~500 m,勘察难度和风险小。地下热水有一定补给,水质好,适用范围大。

(6)开发潜力大的是大型沉积盆地地热田。中国东部的华北盆地、松辽盆地具有很大的地热资源开发利用潜力,但其开发利用条件受到热储层埋藏深度、岩性、地热水的补给条件的限制。开采利用 40℃以上的地热水,开采深度一般都需要 1000 m 左右,有的地区地热水开采深度已超过 3000 m。

据中国工程院院士、西藏地勘局总工程师多吉初步考察得知,青藏铁路沿线丰富的高温地热资源估计拥有 10 万 kW 的发电潜力。

另外,2005 年 2 月结束的“郑州超深层地热资源科学钻探工程”项目,表明郑州同样具有丰富的地热资源。该井深 2763 m,温度高达 62℃,水量 36 t/h,偏硅酸、氟和偏硼酸等同时达到国家医疗热矿水标准,具有巨大的开发利用价值。

6.1.3　地热的开发应用情况

人类很早以前就懂得利用地热能,古罗马人建造了利用地热能的浴池和房屋,在冰岛、土耳其和日本等国的地热地区至今仍保留类似做法。其中,冰岛是地热较多的国家,已有 40%的居民利用地热取暖,其首都雷克雅未克在 20 世纪 40 年代就利用地热实现了暖气天然化,是世界上最清洁的城市之一。

地热资源的最大利用潜力是发电,世界上最早的地热发电站于 1940 年在意大利塔斯坎尼的拉德雷洛地区建成。在当地,温度为 140℃~260℃的蒸汽从地裂缝中喷出,因含有污染的化学物质,涡轮机不能直接应用,便将地热蒸汽引入交换器,利用其热量加热净水,再将干净的水蒸气引入涡轮机。最初使用 250 kW 的发电机组发电,目前装机容量达到 42 万 kW。

从 20 世纪 60 年代以来,有 30 多个国家建立了地热电站,装机容量已达 250 多万 kW。美国地热发电规模较大,并且发展速度很快。1960 年加利福尼亚州在盖塞建成第一座地热蒸汽电站,装机容量 1 万 kW。到 1979 年,美国的地热发电装机容量达到 66.3 万 kW,居世界第一位。菲律宾有 12 座活火山,地热资源极为丰富,目前正在积极开发利用。

地热水本身具有较高的温度,含有多种化学成分、少量的生物活性离子和放射性物质,对人体可起到保健、抗衰老作用,对风湿病、关节炎、心血管病、神经系统疾病、妇科病等慢性病有特殊的疗效,具有很高的医疗价值。

利用温泉治疗疾病,在很多年前就被人类所认识,有许多温泉被供为“圣水”、“仙水”。

世界上许多温泉出露的地区既是疗养院，又是旅游区。例如，日本位于环太平洋火山活动带上有着丰富的地热资源，依据这些优势已建起温泉保健所700多家，温泉宾馆1万多个。匈牙利虽然人口不多，但是地热开发利用很发达，建有地热疗养院200多家，从而吸引着众多国内外游客或病人。

我国的地热能开发利用已有较长的时间，地热发电、地热制冷及热泵技术都比较成熟。今后地热能利用发展的主要问题是解决建筑物的采暖、供热及提供生活热水。以地热能直接利用为主，将中高温地热用于冬季采暖、夏季制冷和全年供生活热水，以及地热干燥、地热种植、地热养殖、娱乐保健等，实现地热能的高效梯级综合利用，使地热能的利用率达到70%～80%；其次，以地源为低温热源的热泵制冷、采暖、供热水三联供技术的开发将是另一个重要方面。

我国中低温地热资源的利用在局部地区取得了良好的效果。例如，北京市和天津市利用地热水进行冬季供暖，为减少化石燃料的使用，改善两市的大气环境产生了良好的效果。另外，在开发温泉旅游、疗养、娱乐等方面这几年也得到了迅速的发展。特别是一些经济比较落后和交通相对闭塞的地区，现在也注重把地热作为一种旅游资源与当地的一些特色景观结合起来吸引外资进行联乡开发，并取得了显著的经济效益和社会效益。图6-1和图6-2分别为河北平山县著名的革命圣地——西柏坡和江苏东海县水晶之乡兴建的温泉宾馆及疗养院。其中，河北平山温泉宾馆和疗养院有10余座，江苏东海的温泉宾馆有20余座，并有日本和德国等外商投资兴建的宾馆和疗养院，形成了一定的经营规模，地热开发的同时也带动了周边地段的房地产业和其他商业的蓬勃发展。

图6-1　河北平山温泉度假村　　　　　　图6-2　连云港东海县温泉度假村

但是，与美国、日本、冰岛等国家相比，我国的地热开发利用不论从总量上还是从利用水平上都存在一定的差距。除高温资源用于发电外，大部分中低温地热资源的利用仍停留在简单的、原始的利用方式上，特别是许多地热旅游宾馆在利用70℃～90℃的地热水时，往往要靠自然冷却将温度降低到50℃以下用于洗浴和治疗，使大量热能白白浪费掉。究其原因，主要是设计规划落后，设备陈旧，设备的年使用率不高，在地热勘探、开采、地热水回灌、防腐、防垢等方面的技术和设备同国外先进国家相比还存在较大的差距。

6.1.4　地热的分类及主要用途

地热按使用范围可分为地热饮用矿泉水和医疗热矿水两种。地热流体不管是蒸汽还是热水一般都含有CO_2、H_2S等不凝结气体，其中CO_2占90%。地热流体中还含有数量不等的 NaCl 、KCl 、CaCl$_2$ 、H$_2$SiO$_3$ 等物质。地区不同，其含盐量差别很大。以重量计，地热水的含盐量在 0.1%～40% 之间。例如，河南郑州、开封、周口、漯河等千米左右的地热资源主要以地热饮用矿泉水为主，其矿化度一般为 1000 mg/L；而其他地区则以医疗热矿水为主，其矿化度一般都大于 1000 mg/L。

通常按温度不同，地热资源可分为高温、中温和低温三类（见表 6-1）。

表 6-1　地热资源分类

温度分类		温度界限/(℃)	主要用途
高温地热资源		$T \geqslant 150$	发电、烘干
中温地热资源		$90 \leqslant t < 150$	工业利用、发电、烘干
低温地热资源	热水	$60 \leqslant t < 90$	采暖、工艺流程
	温热水	$40 \leqslant t < 60$	医疗、洗浴、温室
	温水	$25 \leqslant t < 40$	农业灌溉、养殖、土壤加温

6.1.5　不同方式供暖成本比较和地热资源开发规划

地热井的综合造价不高，正常情况下一口地热井的综合造价和燃煤锅炉价格相当，比燃油气炉少得多，且具有占地面积小、操作简单、运行成本低、无环境污染等优点。表 6-2 所示为各种供暖方式的成本比较。

表 6-2　供暖方式初投资和运行费用比较

项目	初投资/(元/m²)	运行费用/(元/m²)
地热（热泵）	138	15.4
热力	70	22
燃煤锅炉	50	26
燃油锅炉	61	45
空调机	295	30
电锅炉	90	124

目前，开发地热能的主要方法是钻井，并从所钻的地热井中引出地热流体——蒸汽和水而加以利用。随着我国市场经济的快速、稳定发展，特别是城市化进度加快和人民生活质量提高，地热市场的需求相当强劲，如中国北方高纬度寒冷的大庆地区，急需大规模开发地热，以解决城镇供热问题；干旱的西北地区也急需开发热矿水以开拓市场，发展第三产业以及提高人民生活水平，改善生产和生活条件。

地热能的另一种形式主要是地源能，包括地下水、土壤、河水、海水等。地源能的特点是不受地域的限制，参数稳定，其温度与当地的平均温度相当，不受环境气候的影响。由于地源能的温度具有夏季比气温低、冬季比气温高的特性，因此是用于夏季制冷空调、冬季制热采暖的比较理想的低温冷热源。

随着经济建设的迅速发展和人民生活水平的不断提高，城镇化步伐加快，建筑物用能（包括制冷空调、采暖、生活热水的能耗）所占比例越来越大，特别是冬季采暖供热，由于大量使用燃煤、燃油锅炉，由此所造成的环境污染、温室效应、疾病等严重影响着人类的生活质量。因此，开发和利用地热资源，对于建筑物的制冷空调、采暖、供热有着十分广阔的市场，对我国调整能源结构、促进经济发展、实现城镇化战略、保证可持续发展等具有重要的意义。

6.2　地热发电概况

地热发电是 20 世纪新兴的能源工业，它是在地质学、地球物理、地球化学、钻探技术、材料科学以及发电工程等现代科学技术取得辉煌成就的基础上迅速发展起来的。地热电站的装机容量和经济性主要取决于地热资源的类型和品位。

6.2.1　国外地热发电简介

地热发电至今已有近百年的历史，世界上最早开发并投入运行的是 1913 年意大利拉德瑞罗地热发电站，该电台当时只有 1 台 250 kW 的机组。随着研究的深入，技术水平的提高，拉德瑞罗地热电站不断扩建，到 1950 年全部机组投产后，总装机容量达到 293 MW。此后，新西兰、菲律宾、美国、日本等国家相继开发地热资源，各种类型的地热电站不断出现，但发展速度不快。至 20 世纪 70 年代后，由于世界能源危机发生，矿物燃料价格上涨，使得一些国家对包括地热在内的新能源和可再生能源的开发利用更加重视，世界地热发电装机容量逐年有了较大的增长。据统计，全世界地热发电装机容量 1980 年为 2110 MW，1985 年为 4764 MW，1990 年为 5832 MW，1995 年为 6797 MW，2000 年为 7974 MW，2002 年为 8000 MW，年产量达到 50 000 GW·h。其中，美国地热发电装机容量居世界首位，菲律宾居第二位，墨西哥居第三位，以下依次是意大利、印度尼西亚、日本、新西兰、冰岛、萨尔瓦多、哥斯达黎加、尼加拉瓜、肯尼亚、危地马拉、中国等。表 6-3 所示为世界地热发电发展情况。

表 6-3　世界地热发电发展情况

年份	装机容量 /MW	能量 /(GW·h/a)	数量	国家
1940	130		1	意大利
1950	293		1	意大利
1960	386	约 2600	4	＋新西兰、墨西哥、美国
1970	678	约 5000	6	＋日本、苏联
1975	1310		8	＋冰岛、萨尔瓦多
1980	2110		14	＋中国、印尼、肯尼亚、土耳其、菲律宾、葡萄牙
1985	4764		17	＋希腊、法国、尼加拉瓜
1990	5832		19	＋泰国、阿根廷、澳大利亚，—希腊
1995	6797		20	＋哥斯达黎加
2000	7974	49261	21	＋危地马拉、埃塞俄比亚，—阿根廷
2002	8000	50000	22	—奥地利

注：＋表示新加入；—表示退出。

1. 美国地热发电

美国地热发电装机容量目前居世界首位，大部分地热发电机组都集中在盖瑟斯地热电站。该电站位于加利福尼亚州旧金山以北约 20 km 的索诺马地区。1920 年在该地区发现温泉群、沸水塘、喷气孔等地热显示，1922 年钻成了第一口气井，开始利用地热蒸汽供暖和发电，1958 年又投入多个地热生产井和多台汽轮发电机组，至 1985 年电站装机容量已达到 1361 MW。在盖瑟斯地热电站的最兴盛阶段，装机容量达到 2084 MW。但由于热田开发过快，热储层的压力迅速下降，蒸汽流量逐渐减少，使机组总容量降到 1500 MW 左右，后来采取了相应对策才保持在目前 1900 MW 的水平。

加州南部的帝国谷(Imperial Valley)有小容量的地热电站共 8 座，总装机容量约为 400 MW；洛杉矶以北 300 km 的科索(Coso)地区也在利用地热发电，于 1987 年开始发电至今已装有 9 台机组，装机容量共计 240 MW。

据美国可再生能源 1996 年度报告的评述，目前在地热发电方面重点是保证电站的日常运行和维护，形成可用系数很高(95％)而稳定的电力供应。2010 年，美国国内地热电站电力生产可以满足 700 万美国家庭(1800 万人口)的电力需求。

2. 菲律宾地热发电

菲律宾为全球重要的地热能市场。菲律宾政府制定了各种优惠政策，鼓励开发，已探明的 4000 MW 地热能，计划今后 10～15 年内新增 20 000 MW 电力。

菲律宾地热发电装机容量居世界第二，在 20 世纪 90 年代末地热发电已占全国电力的 30％。在莱特岛和棉兰老岛地热电站建成后，又再建两个地热电站。这使菲律宾成为世界上主要的地热发电国家。除了国家电力公司(NAPOCOR)经营的 8 座地热电站外，欧美和日本企业也参加了地热电站的开发经营。

3. 墨西哥地热发电

墨西哥是中美洲最大的石油输出国，发电燃料主要为石油。为了增加石油出口量，墨西哥采取了利用水力、天然气、煤炭、地热等发电的多样化能源政策。墨西哥的地热资源主要集中在塞罗·普里埃托(Cerro Prieto)地热田，该地热田位于墨西哥中部横贯东西的火山带。1950 年在 Pathe 建成第一座地热电站，装机容量为 3.5 MW，至 1990 年装机容量达到 700 MW，已有 16 台机组，地热发电量达 5100 GW·h，占全国总发电量的 4.5％。目前最大的地热电站是塞罗·普里埃托地热电站，装机容量为 803 MW，最大单机容量为 110 MW。在墨西哥中部距墨西哥城西北 200 km 处的地热电站，1982 年开始发电，装机容量为 93 MW。

4. 意大利地热发电

意大利是世界上第一个从事地热流体发电试验和开发的国家。1904 年在拉德瑞罗(Larderello)进行了首次试验，1913 年第一座 250 kW 的地热电站开始运转。从 20 世纪 70 年代末开始，进行了深井钻探和热储人工注水补给的研究，使已经开采多年的地热电站装机容量有所增加。

目前意大利地热电站装机容量约 631 MW，年发电量约 4700 GW·h，发电成本为 30 里拉/(kW·h)，大大低于火电的成本(火电发电成本为 80 里拉/(kW·h))。

5. 日本地热发电

日本有丰富的地热资源，据调查可以进行地热发电的地区有 32 处。地热资源量评价结果表明，在地表以下 3 km 范围内有 150℃ 以上的高温热水资源约 70 000 MW，已探明的资源量约 25 000 MW。

日本在 20 世纪 60 年代以前，曾建有几座小型地热试验电站，直到 1966 年在本州岛岩手县建成了松川地热电站，一台 20MW 的机组投入运行。日本东北地区主要有大沼、澄川、松川、葛根田、上之岱、柳津西山、鬼首等地热电站；九州地区主要有大岳八丁原、山川、鍥习等地热电站。至今日本全国已有地热电站 18 座，20 台机组，总装机容量 550 MW，并成功地将大量 200℃以下的热水抽汲到地面，利用低沸点的工质及热交换工作蒸汽驱动汽轮机发电，其中规模最大的是八丁原地热电站，有 2 台 55 MW 机组，装机容量 110 MW。

6. 新西兰地热发电

新西兰是世界上首先利用以液态为主的汽水混合地热流体发电的国家，从北岛到普伦蒂湾有一个长 250 km、宽 50 km 的地热异常带，怀拉基地热田就位于该地热异常带中央。据初步探测，该地区的地热资源为 2150～4620 MW。

1956 年开始建设怀拉基地热电站，1958 年以后相继投入多台不同类型的地热发电机组，其中包括背压式和凝汽式电站，总装机容量达到 190 MW。但由于长期开采，使热储层压力降低，汽量减少，到 1989 年该电站机组总容量降低至 157 MW。

新西兰另有两个较大的地热田：一是卡韦劳（Kawerau）；另一是奥哈基（Ohaaki）。奥哈基地热电站是一座奇特的地热发电站，该电站位于断裂带上，这里地震频繁，工程技术人员把电站建在一个由大钢圈固定的面积为 9 m² 的水泥墩上，能抗里氏 10 级地震。

6.2.2　我国大陆地区地热发电现状

20 世纪 70 年代初在国家科委的支持下，全国各地掀起开发利用地热的高潮，先后在广东丰顺、山东招远、辽宁熊岳、江西温汤、湖南灰汤、广西象州、北京怀来等地建起实验性地热电站。在这些地区，热水的温度低，水量小，电站容量小（50～100 kW），进气参数小，一般为 0.0495 MPa 左右，大部分均采用一次扩容发电，仅有江西温汤采用双工质循环。目前除广东丰顺地热电站还在运行外，其他实验地热电站均已停止运行。表 6-4 所示为中国大陆地区地热电站装机容量及运行情况。

表 6-4　中国大陆地区地热电站装机容量及运行情况

电站名称	机组编号	单机容量 /MW	运行时间	运行情况	备 注
西藏羊八井	1 号机	1	1977.10	停运	火电机组改装 除 1 号、5 号（进口快装机组）外，其他均为青岛捷能动力集团公司生产的 D3-1.7/0.5 型机组
	2 号机	3	1981.11	运行	
	3 号机	3	1982.11	运行	
	4 号机	3	1985.09	运行	
	5 号机	3.18	1986.03	运行	
	6 号机	3	1988.12	运行	
	7 号机	3	1989.02	运行	
	8 号机	3	1991.12	运行	
	9 号机	3	1991.02	运行	
西藏那曲	1 号机	1	1993.11	间断运行	"ORMAT"双循环
西藏朗久	1 号机	1	1987.10	间断运行	改装机组
	2 号机	1	1987.10	间断运行	
广东丰顺	3 号机	0.3	1984.04	运行	减压扩容
湖南灰汤	1 号机	0.3	1975.10	停运	减压扩容
总　计		28.78			

西藏羊八井地热电厂始建于 1977 年，目前该厂总装机容量为 25.18 MW，有两个分厂。其中一厂的一号 1000 kW 试验机组是我国第一台参数最高、容量最大、安装于世界屋脊的地热发电机组。从 1982 年起又建成国内自行设计制造的容量均为 3 MW 的两次扩容的二号至四号机组，这四台机组最高出力可达 10.6 MW。二厂的五号机组是美国 HEC 公司的成套设备，其中汽轮发电机由日本富士公司生产，辅机由美国制造，装机容量为 3.18 MW 的两级扩容地热机组，后又相继安装了五号至九号单机容量为 3 MW 的两次扩容机组。至此羊八井地热电厂总装机容量达 25.18 MW。表 6-5 列出了羊八井地热电厂历年来的发电情况。

西藏阿里地区的朗久热田也于 1984 年开始开发，现有两台 1 MW 一级扩容的发电机组，因厂址位置选择不当，且地热生产井井口压力低（仅 0.1 MPa）、井口结垢等问题，只能间断运行，随后在联合国的帮助下引进以色列 OR MAT 机组，于 1993 年在西藏那曲热田建成一座 1 MW 的双工质地热电站。

表 6-5 羊八井地热电厂历年发电量

年份	装机容量/MW	发电量(×10⁴) /(kW·h)	年份	装机容量/MW	发电量(×10⁴) /(kW·h)
1977	1	4.94	1986	13.18	4954.98
1978	1	83.15	1987	13.18	4373.52
1979	1	247.84	1988	13.18	4268.90
1980	1	314.52	1989	19.18	4766.55
1981	4	163.59	1990	19.18	6059.58
1982	7	1123.07	1991	25.18	8659.56
1983	7	2936.6	1992	25.18	8607.32
1984	7	3398.43	1993	25.18	9800
1985	10	3633.44			
合计装机总容量			63 395.99		

1. 中国地热发电存在的主要问题

我国地热发电在 1992—2001 年的 10 年中，增加的装机容量不到 1 MW，西藏那曲 1MW 机组虽在 1993 年建成，但属联合国开发计划署（UNDP）的无偿援助。相反，很多发展中国家（诸如菲律宾、印度尼西亚、哥斯达黎加、萨尔瓦多等）近 10 年来地热发电发展很快，装机容量已经大大超过了我国。我国地热发电为何停滞不前，归纳起来有以下几个方面的原因。

（1）高温地热资源不多。

目前世界各国进行商业性地热发电地区的热源大多与高孔隙率和高渗透率的地质环境有关，而且大多地热系统都具有高孔隙率和高渗透率的地质环境，如菲律宾、印度尼西亚等。而我国大陆已探明的高温地热系统均不属于这种类型，虽云南腾冲热海的热源与近代火山活动有关，但喷出地面的岩石是钙碱性的安山岩、英安岩和弱碱性的玄武岩。西藏羊八井、羊易热田虽然钻取到 200℃ 以上的地热流体，但它只是一个处于欧亚板块与印度板块形成的碰撞带的高温地热系统。

（2）高温地热资源地域分布具有局限性。

高温地热能的最大特点之一就是其出露位置受控于区域地质构造，资源分布具有地域性。它不同于可以远程运输的化石能源，只能就地就近开发利用，所以这也在一定程度上制约了其发展。我国大陆唯一的藏滇高温地热带主要分布在藏南、川西和滇西，均属地势高、人烟稀少、经济相对落后的偏远高原及山区，同时也是水力资源富集区。

（3）高温地热资源勘探具有风险性。

根据我国多年高温地热钻探的结果显示，我国高温热储大多为岩裂型，除羊八井浅层热储具有层状分布特征外，西藏羊八井北区、羊易、狮泉河以及云南腾冲、洱源等地的钻井资料显示均为垂向的带状热储（岩裂隙带或破碎带）。这类热储的勘察难度大，风险高，成井率低。羊八井 ZK4002 孔和腾冲热-Ⅰ井钻探的失败就是一个很好的例证。

（4）政策问题。

地热开发的前期需要投入大量资金用于勘探。从 1986 年以后，国家取消了这项勘探投资，风险全部由开发单位承担。与此同时，国家也未出台以市场机制为基础的激励政策，缺少保障资金和合理开发利用的法规及相关部门间的协调机制。当今世界各国新能源和可再生能源发展历程显示，政府政策与法规的制定和执行，对新能源可持续发展会起非要重要的作用。

2. 中国地热发电发展前景

目前中国地热发电事业总体来说走出了一大步，有很好的经验和教训，地热工程技术人员对地热发电的重大技术问题有明确的认识和处理的经验。一旦国家政策加以扶持，中国地热发电事业将会蓬勃发展起来。结合国内外情况和我国地热电站发展历程，我国地热发电在今后几年中应重点做好以下几个方面的工作。

（1）在缺乏传统能源（煤炭、石油、天然气）而有高温地热资源保证的边远地区（特别是西藏），积极开展地热发电事业。

前已述及，西藏地区传统能源缺乏，水力资源受季节性限制，但高温地热资源丰富，潜力巨大，因此应积极开展地热发电工作。从技术上来看，地热发电是除火力、水力发电之外较容易解决技术问题的另一种发电方式。

（2）地热发电设备的研究和完善。

地热发电机组虽可以制造，但其结构的合理性、运行的安全性和经济性也应相应提高，为防止井口结垢，应研制出 300m 以上的深井泵、扩容器。冷凝器也需要进一步完善，其主要内容为：改进结构加以提高其效率，改进材质以适应长期安全运行。

（3）解决设备的腐蚀性问题。

地热设备的腐蚀问题严重影响其设备的安全性，应着重研究这一世界地热发电领域的难题，主要在防腐材料上下工夫。电站用的射水泵、回水泵、进水泵以往采用铸铁、铸钢制造，泵壳运行一年就锈穿了，而进口机组采用不锈钢泵可运行 10～15 年，虽然不锈钢泵价格为 8 万元/台（铸钢泵 3 万/台），然而实际应用中采用不锈钢泵投资费用仅为普通泵的26%。另外，其他防腐材料也应加以重点研究。

（4）解决设备的结垢问题。

地热井和设备的结垢严重影响出力，除了需要研制出性能优良的深井泵外，还要采取一些先进可行的除垢方法，其中高压脉冲水射流是很好的除垢方法，应从工艺上很好地加以完善，以适应地热发电的各部设备的除垢。

（5）解决地热田的回灌问题。

地热水一旦用于发电或综合利用就要进行回灌，国外地热利用后基本都是 100%进行回灌，一方面延长热田寿命，另一方面也减少周围环境污染。

（6）各种发电方式协调发展。

在同一地区，如果有地热资源可用于发电，则为了节约化石能源和减少环境污染，应优先开发地热能源，这是有利于国计民生的策略，政府相关部门应给予足够重视。

当前我国地热发电的工作重点应立足于发挥现有地热电站的发电潜力，力争达到安全、稳发、满发的同时，进一步开展助腐除垢以及生产回灌的研究与实施，积极为电站今后扩建增容积累经验，并预留发展空间。

6.3　地热发电技术

6.3.1　概述

地热能实质上是一种以流体为载体的热能，地热发电属于热能发电，所以一切可以把热能转化为电能的技术和方法理论上都可以用于地热发电。地热资源种类繁多，按温度可分为高温、中温和低温地热资源；按形态分有干蒸汽型、湿蒸汽型、热水型和干热岩型；按热流体成分则有碳酸盐型、硅酸盐型、盐水型、卤水型。另外，地热水还普遍含有不凝结气体，如二氧化碳、硫化氢及氮气等，有的含量还非常高。这说明地热作为一种发电热源是十分复杂的。针对不同的地热资源，人们开发了若干种把热能转化为电能的方法。最简单的方法是利用半导体材料的塞贝克效应，也就是利用半导体的温差电效应直接把热转化为电能。这种方法的优点是没有运动部件，不需要任何工质，安全可靠；缺点是转化效率比较低，设备难以大型化，成本高。除了一些特殊的场合，这种方法的商业前景并不乐观。

另一种把热能转化为电能的方法是使用形状记忆合金发动机。形状记忆合金在较低温度下受到较小的外力即可产生变形，而在较高的温度下将会以较大的力量恢复原来的形状，从而对外做功。但目前形状记忆合金发动机仅是一种理论上正在探索的技术，是否具有实用价值尚无定论。

热能转化成机械能再转化为电能的最实用的方法是：通过热力循环，用热机来实现这种转化。利用不同的工质或不同的热力过程，可以组成各种不同的热力循环。理论上，效率最高的热力循环是卡诺循环。图 6-3 是卡诺循环的温·熵图。从图 6-3 中可以看出，卡诺循环由绝热压缩过程 4-1、等温加热过程 1-2、绝热膨胀过程 2-3、等温放热过程 3-4 四个热力过程组成。卡诺循环的热效率为

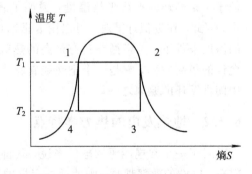

图 6-3　卡诺循环的温·熵图

$$\eta = 1 - \frac{T_2}{T_1} \qquad (6-1)$$

式中：T_2 为工质等温放热温度，单位为 K；T_1 为工质等温吸热温度，单位为 K。

在工程实践中，当使用理想气体作工质时，很难实现等温吸热和等温放热过程。但若使用水蒸气作工质，则情况就完全不同了。由图 6-4 所示的理想水蒸气卡诺循环的温·熵

图可以看出，在两相区中，水蒸气的吸热和放热过程都是等温过程。因此，使用水蒸气为工质可以较方便地实现卡诺循环。从图 6-4 中还可以看出，等温放热过程的终点离饱和水线（曲线的左侧）不远，在实际过程中可以将水蒸气的放热过程进行到饱和水线，这样带来的好处是在随后的绝热压缩过程中压缩的是液态水而不是气水混合物。气水混合物的压缩功耗大，压缩机工作不稳定，而水的压缩耗功小，工作稳定。经过这样的改动，饱和水蒸气区的卡诺循环就变成朗肯循环（见图 6-5）。

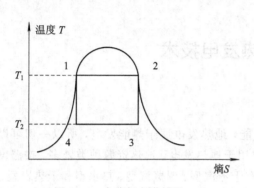

图 6-4 水蒸气卡诺循环   图 6-5 朗肯循环温·熵图

朗肯循环是以水为工质的实用性热力循环。过程 1-2 为工质的等温吸热过程，也就是工质吸收热量变成干饱和蒸汽的过程。过程 2-3 是工质绝热膨胀做功过程。过程 3-4 是工质等温放热过程，也就是工质由气态冷凝成液态的过程。过程 4-1 是液态工质升压和吸热过程（由绝热压缩过程 4-1 和等压吸热过程 1-1 组成）。

由于朗肯循环是由卡诺循环转化而来的，因此两者非常相似，过程 1-2、2-3 完全相同，过程 3-4 也基本相同，都是等温放热过程，只有过程 4-1 有一些差别，卡诺循环的过程 4-1 是绝热压缩过程，而朗肯循环的 4-1 过程是绝热压缩加上等压吸热过程。在温·熵图中，这两个循环的过程线所围成的面积中，朗肯循环的面积要大一点，这说明朗肯循环可输出稍大一点的功。朗肯循环存在水的等压吸热过程 1-1，因此平均吸热温度稍低于卡诺循环的平均吸热温度，说明朗肯循环的热效率比卡诺循环稍低一点，但差别很小。因此，在近似计算时，可以用卡诺循环的效率代替朗肯循环的效率。众所周知，在相同的温度条件下，卡诺循环具有最高的热效率，也可以认为朗肯循环基本上达到了热力学所允许的最高效率，它是一个把热能转化为电能的十分优越的循环。这也是热力发电普遍使用朗肯循环的原因之一。

6.3.2 地热发电的热力学特点

对于一个常规能源发电厂来说，其首要的是追求在经济和技术许可的条件下具有最高效率。电站的效率越高，则消耗一定量的燃料就可得到更多的电能。根据热力学第二定律，温差越大，则循环的热效率就越高。但对于地热发电来说，热流体的温度和流量都受到很大限制。因此地热发电主要研究如何从这些有限量的地热水中获取最大的发电量，而不是追求电站具有最高的热效率。实际上效率和最大发电量并不是一回事，这从下面的分析中就可以看出来。采用朗肯循环来发电，工质水首先要变成蒸汽，才能膨胀做功。如何从地热水中取得蒸汽，最简单的办法就是降低热水的压力，当压力低于地热水初始温度所对应的饱和压力时，就会有一部分热水变成蒸汽。这个过程叫作闪蒸过程。闪蒸出来的蒸汽可以进入汽轮机膨胀做功。如果闪蒸压力取得比较高，则闪蒸出来的饱和蒸汽也具有较高的压力，其做功的能力就比较强，相应的热效率就比较高，但此时所产生的蒸汽量却比较少。相反，如果闪蒸压力取得低一点，则闪蒸出来的蒸汽的做功能力将下降，但是蒸汽的产量将增加。由于蒸汽量乘以其做功量才是这股热水的发电量，很明显，当闪蒸压力近似于地热水初始温度所对应的饱和压力时，闪蒸出来的蒸汽具有最大的做功能力，但此时的蒸汽量接近于零，从而发电量也接近于零。相反，当闪蒸压力近似于冷却水温度所对应的饱和压力时，蒸汽量达到最大值，但此时蒸汽的做功能力接近于零，从而发电量也接近于零。因此，在上述这两个极端的压力之间，应该存在一个最佳的闪蒸压力，在这个压力下，地热水闪蒸出来的蒸汽具有最大的发电量。图 6-6 所示的曲线可以使我们对上述的分析有一个清楚的概念。该

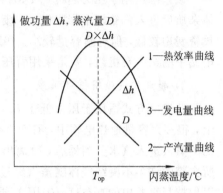

图 6-6　最佳闪蒸温度 T_{op} 的确定

图横坐标为闪蒸温度，纵坐标为做功量 Δh、蒸汽量 D 及发电量 $D \times \Delta h$。从图中可以看出，最大发电量所对应的热效率并不是最大热效率。

　　按上述方法求出的最大发电量并不是工程设计时应该取的最佳值，而是最大的净发电量，也就是电站的发电量减去维持电站所消耗的电量。例如，向电站输送冷却水时消耗的电量等一般耗电量和电站的蒸汽量成正比。因此最佳发电量应小于最大值的发电量（即图 6-6 中最佳闪蒸温度 T_{op} 对应的最大发电量的左方）。该点的发电量虽稍有减少，但蒸汽量也较少，这意味着等温放热过程中放出的热量较少，所需的冷却水也较少，输送冷却水的功耗也较少。通过比较，可以得到放大净发电量的工作点。

　　在上面的分析中，还忽略了另一个重要的参数——循环放温度的选取。循环放热温度高，蒸汽膨胀做功的能力下降，发电量减少，但所需的冷却水温度升高，水量减少，因此耗电量也相应减少。所以循环放热温度的确定必须通过分析对比，找出输出净功为最大值时的温度作为设计温度。

　　对于大多数地热（包括蒸汽型、干蒸汽型）资源来说，实际上在井底都有一定温度的高压热水，都可以按热水型地热资源的发电过程加以分析。但有时从一些高温地热井井口出来的流体都是含有一定压力的汽水混合物，如果简单地按井口参数进行汽水分离，分离出来的热水再进行一次或二次扩容来设计发电系统的话，这个系统不一定是最佳的。而应该根据井底热水的温度及地面冷却水的温度来决定采取什么样的热力系统和参数。如果采用深井热水泵，就可以保证对井口的压力的要求。

6.3.3　地热发电方式

　　对温度不同的地热资源，有四种基本地热发电方式，即直接蒸汽发电法、扩容（闪蒸式）发电法、中间介质（双循环式）发电法和全流循环式发电法。

1. 直接蒸汽发电法

　　直接蒸汽发电站主要用于高温蒸汽热田。高温蒸汽首先经过净化分离器，脱除井下带

来的各种杂质后推动汽轮机做功,并使发电机发电。所用发电设备基本上同常规火电设备一样。直接蒸汽发电又分为两种系统。

1) 背压式汽轮机循环系统

该系统适用于压力超过 0.1 MPa 的干蒸汽田。天然蒸汽经过净化分离器除去夹带的固体杂质后进入汽轮机中膨胀做功,废气直接排入大气(见图 6-7)。这种发电方式最简单,投资费用较低,但电站容量较小。1913 年世界上第一座地热电站,即意大利拉德瑞罗地热电站中的第一台机组,就是采用背压式汽轮机循环系统,容量为 250 kW。

2) 凝汽式汽轮机循环系统

此发电方式适用于压力低于 0.1 MPa 的蒸汽田,地热流体大多为汽水混合物。事实上,很多大容量地热电站中,有 50%~60% 的出力是在低于 0.1 MPa 下发出的。经净化后的湿蒸汽进入汽水分离器后,分离出的蒸汽再进入汽轮机中膨胀做功(见图 6-8)。蒸汽中所夹带的许多不凝结气体随蒸汽经过汽轮机时往往积聚在冷凝器中,一般可用抽气器排走以保持凝汽器内的真空度。美国盖瑟斯地热电站(1780 MW)和意大利拉德瑞罗地热电站(25 MW)就是采用这种循环系统。

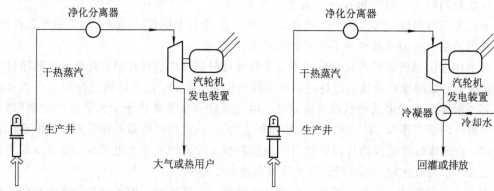

图 6-7　背压式汽轮机循环系统示意图　　　图 6-8　凝汽式汽轮机循环系统示意图

2. 扩容(闪蒸式)发电法

扩容法是目前地热发电最常用的方法。扩容法是采用降压扩容的方法从地热水中产生蒸汽。当地热水的压力降到低于它的温度所对应的饱和压力时,地热水就会沸腾。一部分地热水将转换成蒸汽,直到温度下降到等于该压力下所对应的饱和温度时为止。这个过程进行得很迅速,所以又形象地称为闪蒸过程。

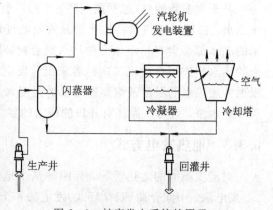

扩容发电系统的原理如图 6-9 所示。地热水进入闪蒸器降压扩容后所交换的蒸汽通过扩容器上部的除湿装置,除去所夹带的水滴变成干度大于 99% 以上的饱和蒸汽。饱和蒸汽进入汽轮机膨胀做功将蒸汽的热能转化成汽轮机转子的机械能。汽轮机再带动发电机发

图 6-9　扩容发电系统的原理

出电来。汽轮机排出的蒸汽习惯上称为乏汽,乏汽进入冷凝器重新冷凝成水。冷凝水再被

冷凝水泵抽出以维持不断的循环。冷凝器中的压力远远低于扩容器中的压力，通常只有 0.004～0.01 MP，这个压力所对应的饱和温度就是乏汽的冷凝温度。冷凝器的压力取决于冷凝的蒸汽量、冷却水的温度及流量、冷凝器的换热面积等。由于地热水中不可避免地有一些在常温下不凝结的气体从闪蒸器中释放出来进入蒸汽中，同时管路系统和汽轮机的轴承也会有气体泄漏进来，这些不凝结气体最后都会进入冷凝器，因此还必须有一个抽真空系统把它们不断从冷凝器中排除。

　　扩容法地热电站设计的关键是确定扩容温度和冷凝温度，这两个参数直接影响发电量。在设计时，应该取一系列不同的扩容温度和冷凝温度，根据热力学，求出净发电量最大时所对应的扩容温度和冷凝温度。最佳扩容温度还可以用以下理论公式估算，作为进行设计时的参考：

$$T_1 = \sqrt{T_d T_f} \qquad (6-2)$$

式中，T_d 为地热水的温度，单位为℃；T_f 为乏汽冷凝温度，单位为℃。

　　式(6-2)的推导过程中作了一些理想化的假定，如循环是可逆的卡诺循环，没有热损失、管道压力损失和电站工作耗电等，因而所得的结果总是略低于真正的最佳扩容温度，但仍可作为扩容温度的试算值。

　　为了增加每吨地热水的发电量，可以采用两级扩容以至三级扩容的方法。图 6-10 所示为两级扩容地热发电系统原理。设计的关键仍是一、二级扩容温度和冷凝温度的确定。最佳扩容温度也可以用下列公式进行估算：

$$T_{j1} = (T_d^2 T_f)^{1/3} \qquad (6-3)$$
$$T_{j2} = (T_d T_f^2)^{1/3} \qquad (6-4)$$

式中，T_{j1} 和 T_{j2} 为第一级和第二级扩容最佳温度。

　　采用两级扩容可以使每吨地热水发电量增加 20％左右。但蒸汽增加的同时所需的冷

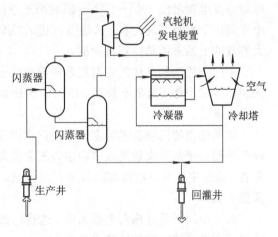

图 6-10　两级扩容地热发电系统原理

却水量也有较大的增长，从而实际上二级扩容后净发电量的增加低于 20％。

　　在扩容发电方法的减压扩容汽化过程中溶解在地热水中的不凝结气体几乎全部进入扩容蒸汽中，因此，真空抽气系统的负荷比较大，其系统的耗电往往要占其总发电量的 10％以上。对于不凝结气体含量特别大的地热水，在进入扩容器之前要采取排除不凝结气体的措施或改用其他发电方法。

3. 中间介质(双循环式)发电法

　　中间介质法又叫双循环法，一般应用于中温地热水，其特点是采用一种低沸点的流体，如正丁烷、异丁烷、氯乙烷、氨和二氧化碳等作为循环工质。由于这些工质多半是易燃易爆的物质，必须形成封闭的循环，以免泄漏到周围的环境中，所以有时也称为封闭式循环系统。在这种发电方式中，地热水仅作为热源使用，本身并不直接参与到热力循环中。

图 6-11 所示为中间介质法地热发电系统的原理图。首先，从井中泵上的地热水流过蒸发器，以加热蒸发器中的工质，工质在定压条件下吸热汽化。产生的饱和工质蒸汽进入汽轮机做功，汽轮机再带动发电机发电。然后做完功的工质乏汽再进入冷凝器被冷凝成液态工质。液态工质由工质泵升压打进蒸发器中，从而完成工质的封闭式循环。

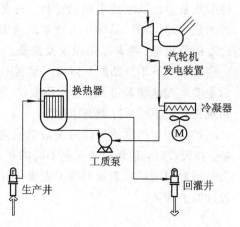

这种最基本的中间介质法的循环热效率和扩容法基本相同。但中间介质法的蒸发器是表面式换热器，其传热温差明显大于扩容法中的闪蒸器，这将使地热水热量的损失增加，循环热效率下降。

图 6-11　中间介质法地热发电系统的原理图

特别是运行较长时间，换热器中地热水侧面产生结垢以后，问题将更为严重，必须引起足够的重视。当然，中间介质法也有明显的优点，当工质的选用十分合适时，其热力循环系统可以一直工作在正压状态下，运行过程中不需要再抽真空，从而可以减少生产用电，使电站净发电量增加 10%～20%。同时由于中间介质法系统工作在正压下，工质的比容大大小于负压下水蒸气的比容，从而蒸汽进入汽轮机的流过面积可以大大缩小。这对低品位、大容量的电站来说是特别可贵的。

中间介质法的最佳汽化温度和冷凝温度也要按照净发电量最大的原则来确定，其他方法和扩容法类似，这里不赘述。中间介质法也可以利用二级蒸发以及三级蒸发等措施来增加发电量。

如果选用的工质临界温度低于地热水温度，就可以实现中间介质法的超临界循环。这种循环相当于蒸发次数无限多的多级蒸发循环，可以使单位流量地热水的发电量增加 30% 左右。这是中间介质法潜在的最重要的优点。但是，目前还没有找到适合做超临界循环的理想工质。

由于中间介质地热发电系统中，地热水回路与中间工质回路是分开互不混淆的，因此特别适合不凝结气体的地热水发电。

4. 全流循环式发电法

全流循环式发电法是针对汽水混合型热水而提出的一种新颖的热力循环系统（见图 6-12）。其核心技术是一个全流膨胀机，地热水进入全流膨胀机进行绝热膨胀，膨胀结束后汽、水混合流体进入冷凝器冷凝成水。然后再由水泵将其抽出冷凝器而完成整个热力循环。从理论上看，在全流后再由地热水从初始状态一直膨胀到冷凝温度，其全部热量最大限度地被用来做功，因而全流循环具有最大的做功能力。但实际上全流循环的膨胀过程是汽水两相流的膨胀过程，而汽水两相膨胀的速度相差很大，没有哪一种叶轮式的全流膨胀机能够有效地把这种

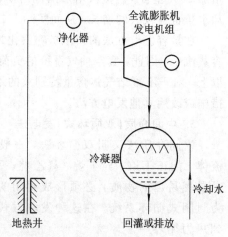

图 6-12　全流循环式发电原理

汽水两相流的能量转化为叶轮转子的动能。目前容积式的膨胀机，如活塞式、柱塞式及螺旋转子膨胀机等的效果较好，但膨胀比比较小，难以满足实用的要求。地热水如果不能完全膨胀，则功率难以提高，只能做成小功率的设备，全流循环的优点就体现不出来。

6.4　地热发电技术的发展趋势

除了上述四种基本的地热发电技术之外，在 21 世纪，有些国家对利用高温干热岩体和岩浆的热能发电进行了一些试验性研究。

1. 高温岩体发电技术

高温岩体发电的方法是打两口深井至地壳深处的干热岩层：一口为注水井，另一口为生产井。首先用水压破碎法在井底形成渗透性很好的裂带，然后通过注水井将水从地面注入高温岩体中，使其加热后再从生产井抽出地表进行发电。发电后的乏水再通过注水井回灌到地下形成循环。

高温岩体发电在许多方面比天然蒸汽或热水发电优越。首先干热岩热能的储存量比较大，可以较稳定地供给发电机热量，且使用寿命长。从地表注入地下的清洁水被干热岩加热后，热水的温度高，由于它们在地下停留时间短，来不及溶解岩层中大量的矿物质，因此比一般地热水夹带的杂质少。据日本中央电力研究所估算，干热岩发电成本接近水力发电成本。但该技术目前仅处在试验阶段。

这种发电方式的构想是 1970 年由美国新墨西哥州洛斯阿拉斯莫斯国家实验室提出的。其发电原理如图 6-13 所示。在地面以下 3～4 km 处有 200℃～300℃高温的低渗透率的花岗岩体，通过注入高压水制造一个高渗透的裂隙带作为人工热储层。然后在人工储层中打一口注水井和一口生产井。通过封闭的水循环系统把高温岩体热量带到地面进行发电。1977 年洛斯-阿拉斯国立研究所在实验基地内钻的两口深度约为 3 km 的井，其温度约为200℃。这一循环发电试验进行了 286 天，获得 3500～5000 kW 的热能，相当于 500 kW 电能。从而在世界上首次证实了这种方案的可行性。1978 年日本在岐阜县上郡肘折地区也进行了高温干热岩体的发电实验。与美国洛斯-阿拉斯国立研究所试验不同的是，它钻探了三口生产井，1991 年开始在深度为 1800 m、温度为 250℃的干热岩中进行了为期 80 天的循环实验，估计得到 8000 kW 的热能。

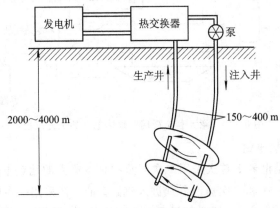

图 6-13　高温岩体发电原理

2. 岩浆发电技术

岩浆发电就是把井钻到岩浆囊，直接获取那里的热量进行发电。1975 年美国在圣地亚研究所进行了技术的可行性研究。至目前为止，仅在夏威夷用喷水式钻头钻探到温度为1020℃～1170℃的岩浆囊中(进入岩浆囊深 29 m)。

6.5　地热电站实例简介

6.5.1　国外地热电站实例

1. 意大利拉德瑞罗地热电站

意大利地热发电装机容量位居世界第四。其中，拉德瑞罗(Lordorello)地热田为蒸汽型地热田。热储层位于相对凸起和有裂隙发育的地层，热储层顶部(一般小于 1000 m)温度超过 250℃，在热田内最高温度为 437℃(在 3225 m 深处)，蒸汽的过热温度达到 500℃。拉德瑞罗地热电站(Vone Secolo)是意大利最大的地热电站，拥有最大的发电机组，它由两台60 MW 发电机组组成，总装机容量达 120MW。该电站的关键技术是通过临时减少蒸汽流量和增加回灌流量来逐渐增加热储压力，提高由热能向电能转换的整体效率，其中包括开发新的、效率更高的汽轮机。该技术实施之后，拉德瑞罗地热发电站的装机容量增加50%。拉德瑞罗地热电站工艺流程如图 6-14 所示。

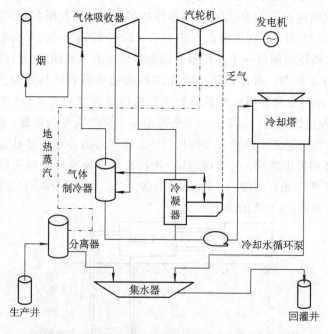

图 6-14　意大利拉德瑞罗地热电站的工艺流程

2. 日本八丁原地热电站

八丁原地热电站是世界上首次采用二次闪蒸的日本最大的地热电站。汽轮机用单缸分流冷凝式(5 级×2)，一次和二次蒸汽分别进入汽缸。抽气器采用一台电动机驱动 4 段弧形增压器的方式。在第 2 段与第 3 段之间设置有中间冷却器，冷却水采用机械通风式冷却塔。

从 1982 年 10 月开始八丁原地热电站与相距不远(约 2 km)的大岳地热电站实行远距离无人监视运行,两个电站只有 16 个工作人员,十几年来从未发生过事故,年运行率平均达 96%,发电成本低于日本的水电站(日本水电站利用率很低,故成本高),与火电站接近。日本八丁原地热电站的热力系统如图 6-15 所示。

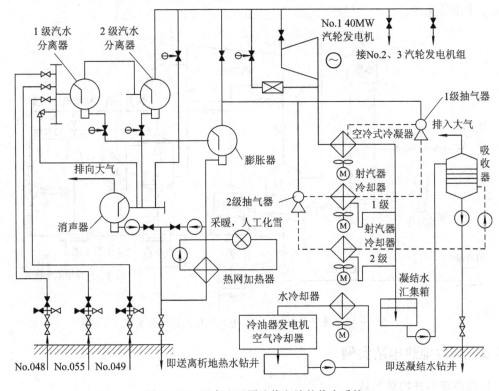

图 6-15　日本八丁原地热电站的热力系统

八丁原地热电站既是发电站,也是实验研究基地,采用汽水两相流输送技术,即从井口出来的汽水混合物用一根管道送至汽水分离器,分离后的蒸汽进入汽轮机,热水送入闪蒸室,产生二次蒸汽。这种技术不受地理条件制约,可在机房附近设置 1~2 个大容量分离器和闪蒸室,使用设备个数少,最后排水也只需一根输送管送往回灌井。这种方式经济合理,容易维护,由于采用二次蒸发,可充分利用热能,提高了电站出力的约 18%,减少了排水约 10%,并且改善了汽轮机入口一次蒸汽的条件,减少了汽轮机的排汽湿度。但是输送混合流的管道压力损失增加,当管内流速为 30 m/s 以上时,压力损失比蒸汽输送大 5倍;采用二次蒸发单缸混压汽轮机,可使电站出力增加约 18%,排放热量减少约 10%,汽轮机入口一次蒸汽条件改善,汽轮机出口排汽温度下降,使整个装置的经济性提高;汽轮机基础与冷凝器构成一个整体,冷凝器抽气采用电机驱动 4 段抽气新技术,冷凝器在汽轮机下部与汽轮机基础形成一体,壳体用钢筋水泥制成,内壁涂环氧层,具有喷射冷凝的功能。汽轮机排气口与冷凝器接口的直径为 3 m。

3. 俄罗斯特诺夫斯克地热电站

俄罗斯穆特洛夫斯克地热电站由三口地热生产井抽出的地热流体,通过管道输至"采汽包",经二级汽水分离系统对地热水进行离析后,纯净的地热蒸汽进入 3 台容量 4 MW

的发电机组(见图6-16)。汽轮机进口气压为 0.8 MPa(蒸汽温度约 170℃),湿度不超过 0.05%,保证了汽轮机内的低含盐量。为了提高地热载体的热量利用效率,利用"热分离"式(约 170℃)汽水分离器,蒸发器(膨胀器)在压力 0.4 MPa 下运作,蒸发器内蒸发的蒸汽约 10 t/h,用抽气器排除凝汽器内的不凝结气体和硫化氢(H_2S),使进入汽轮机的蒸汽凝结水中杂质很少。

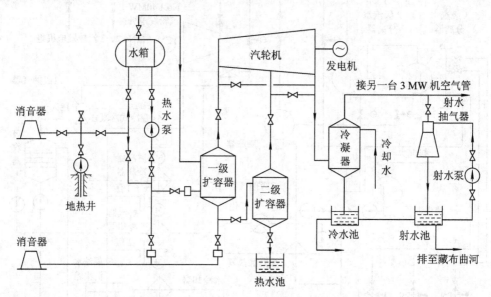

图6-16 俄罗斯穆特洛夫斯克地热电站的热力系统

6.5.2 国内地热电站实例

1. 西藏羊八井地热电站

西藏羊八井地热电站是目前国内最大的地热电站,位于拉萨市西北约 90 km 处,属当雄县羊八井区。热田位于羊八井盆地的中部,地势开阔平坦,海拔在 4300 m 左右。藏布曲河从热田东南部流过,夏季流量可达每秒几十立方米,枯水期最小流量仅每秒一个立方米左右,河水年平均水温 5℃,对发电很有利。当地的大气压只有 0.06 MPa 左右。

羊八井地热田热储埋深较小,地热生产井的深度一般不超过 100 m,汽水混合流体的最大流量为 160 t/h,其中蒸汽量为 7.8 t/h,地热水中不凝结性气体含量约占 1%(质量分数)。

羊八井最早的一台 1 MW 试验机组是用闲置的国产 25 MW 汽轮发电机组改装的。由于当时地热资源尚未探明,只能依据少量井口参数进行设计,使机组设计的进汽参数比热田实际参数高,因出力达不到设计要求而未能连续发电。后来通过一系列试验研究和改进,至 1978 年 10 月才投入正常运行。但 1 号机的试验为地热发电积累了经验和数据,也为以后 3 MW 地热机组的设计提供了宝贵的资料。

除 5 号机(日本进口机组,单机容量为 3.18 MW)外,2~9 号机单机容量均为 3 MW 机组。设计和制造上吸取了 1 号机的经验和教训,采用星两级扩容,而且汽水混合流体通过井口分离器分离后分别由汽、水两根母管送到各机组扩容器,使热效率由 3.5% 提高到 6.0%。另外根据热田的实际参数所计算的最佳发电值,使汽轮机的参数和热田参数能很好地匹配。图 6 - 17 所示为其热力系统。汽轮机采取小岛式布置，运行层标高 6 m。冷凝器为混合式，采用高位布置。汽轮机的调节方式为节流调节，其优点是调节系统的结构简单，气流阻力小。汽轮机的通流部分共由 4 个压力级组成，第一、二进气口后面各有两个压力级。

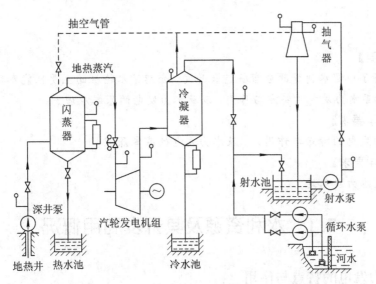

图 6 - 17　西藏羊八井地热电站热力系统

羊八井地热电站已经连续运行了 30 多年，其 3000 kW 的汽轮发电机组的批量投入运行，标志着我国地热发电设备设计和制造水平已能满足生产要求。

2. 广东丰顺地热电站

这是目前我国唯一投入商业性运行的热水型地热电站。1970 年 12 月，第一台 86 kW 闪蒸汽轮发电试验机组发电成功后，于 1978 年建成第二台以异丁烷为中间介质的双流循环试验机组。该机组是利用 200 kW 低压废旧汽轮机改装的，叶片喷嘴的设计不能适应新工质的要求，效率极低，在夏天出力只有 100 kW 左右，除去电厂 80 kW 的工作用电，实际利用功率甚少，故很少投入使用。1982 年 12 月在广东省科委和电力局的支持下，决定再建一台 300 kW 的闪蒸汽轮发电机组（3 号机）。1984 年 4 月由中国科学院广州能源研究所将电站移交丰顺县电力部门，机组运行正常，并与当地电网联网。生产井深 800 m，用深井泵抽水，地热水井口的温度为 91℃，流量为 230 t/h，地热汽轮发电机组容量为 300 kW，年平均发电时数超过 8000 h。

第7章　水能及其发电技术

【内容摘要】

本章分析了中国水利资源分布状态和开发，介绍了水轮机的主要性能参数和基本工作原理，并分析了水力发电的特点与作用，以及水力发电的基本原理。

【理论教学要求】

掌握水力发电的特点与作用，以及水力发电的基本原理。

【工程教学要求】

参观小型水力发电站。

7.1　水利资源及其开发利用概况

7.1.1　水力发电的特点与作用

宏观地讲，地球上的水能可划分为两个组成部分：陆地上的水利能，海洋中的海洋能。前者是指河川径流相对于某一基准面具有的势能以及流动过程中转换成的动能；后者则包括潮汐能、海洋波浪能、海洋流能、海水温差等。水力发电通常是指把天然水流所具有的水能聚集起来，去推动水轮机，带动发电机，发出电能。

水力发电在国民经济建设中具有重要作用，其优点主要表现在以下方面：

（1）水能是取之不尽的、可再生的能源。地球表面是以海洋为主的水体，在太阳的作用下，蒸发成水汽升高至高空，转成雨雪，一部分降到陆地，汇集补给河川径流，流向海洋或内陆湖泊。这是一个以太阳热能为动力的水之循环系统，周而复始，循环再生，取之不尽，用之不竭。火电的能源是煤炭、石油或天然气，在大自然中，这些资源的储存量是有限的。大力发展水电，就可以节约这些不可再生的能源，并转而用于生产其他价值更高的产品。

（2）水电成本低廉。水力发电的"燃料"是自然界的水，而火电站发电的燃料是煤和石油等。很明显，水电的发电成本低。换句话说，水力发电中一次能源（水）与二次能源（电）的开发是同时完成的。同时，水电是在常温常压下进行能量转换的，火电则是在高温高压下进行的，因此水电设备比较简单，易于维修，管理费用低，成本也低廉。

（3）水力发电的效率高。常规水电站水能的利用效率在80%以上；而火力发电的热效率只有30%～40%（若对余热加以利用，可提高总效率）。电能输送方便，减少了交通运输负荷。

（4）水电机组启停迅速，操作方便，运行灵活，可变幅度大，易于调整，所以水电机组是电力系统中最理想的调峰、调频和事故设备的备用电源。随着经济的发展，电力系统日益扩大，机组的单机容量迅速增加，可以保证系统的供电质量和避免严重停电事故。水电是电力系统中最稳定的组成部分。

（5）水电能源无污染。我们知道，用煤作燃料的火力发电厂附近常常是烟雾弥漫，灰渣遍地，二氧化碳、硫氧化物、粉尘、灰土等严重地污染环境；而在水电站附近，不但没有这些污染，而且由于新的建筑群体和人工湖的出现，会使人感到空气清新、环境优美，是很好的疗养场所和旅游景点。

（6）水电站和水库建设有利于实现水资源的综合利用。兴水利、除水害，兼而获得防洪、灌溉、航运、供水、养殖、旅游等良好效益。建设水电站还可同时带动当地的交通运输、原材料工业乃至文化、教育、卫生事业的发展，成为振兴地区经济的前导。

水力发电同时也存在着不可忽视的缺点：

（1）受河川天然径流丰枯变化的影响，无水库调节或水库调节能力较差的水电站，发电能力在不同季节变化较大，与用电需要不相适应。因此，一般水电站需建设相应的水库，调节径流。现代电力系统常用水、火、核电站联合供电方式，既可弥补水力发电天然径流丰枯不均匀的缺点，又能充分利用水丰期水电电量，节省火电厂燃料消耗。

（2）建有较大水库的水电站，有的水库淹没损失大，移民较多，并改变了人们的生产与生活条件；水库淹没会影响野生动植物的生存环境；水库调节径流，改变了原有水文情况，对生态环境有一定的影响。这些问题需妥善处理。

（3）一般来说，建设水电站投资较多，施工工期较长，建坝条件较好和水库淹没损失较小的大型水电站的站址，往往位于远距用电中心的偏僻地区，需要建设较长的输电线路，增加了造价和输电损失。

尽管水力发电具有许多优点，建站后常常会产生显著的经济效益和社会效益，然而如果计划不周，对不利因素没能充分考虑，也可能带来一些负面影响。

7.1.2　水力能资源及其开发利用概况

蕴藏于河川水体中的位能和动能，在一定技术、经济条件下，其中一部分可以开发利用。按资源开发可能性的程度，水力能资源分 3 级统计，即理论蕴藏量、技术可开发资源和经济可开发资源。一般按多年平均发电量进行统计。

1. 理论蕴藏量

理论蕴藏量即用公式计算出的河川、水体蕴藏的位能。世界各国的具体计算方法不尽一致，计算结果差异也较大。有的按地面径流量和高差计算，有的则按降水量和地面高差计算。中国采取将一条河流分成河段，按通过河段的多年平均年净流量及其上下游两端断面的水位差，用多年的平均功率计算，即

$$P = 9.81QH \tag{7-1}$$

式中，P 为以多年平均功率表示的理论蕴藏量，单位为 kW；Q 为通过河段的多年平均流量，单位为 m^3/s；H 为河段两端断面的水位差，单位为 m。

一条河流、一个水系或一个地区的水能资源理论蕴藏量是其范围内各河段理论蕴藏量的总和。

2. 技术可开发资源

水电站的装机容量和多年平均年发电量，称为技术可开发资源。按技术可开发资源统计的多年平均年发电量比理论蕴藏量少。差别在于计算技术可开发资源时：① 不包括不宜开发河段的资源；② 对可开发河段考虑了因水轮机过水能力的限制、库水位的变动和引水系统输水过程中的损失等因素，部分水量和水头未能被利用；③ 采用实际可能的能量转

换，故技术可开发资源的数量也随时间而有变化。

3. 经济可开发资源

经济可开发资源是根据地区经济发展要求，经与其他能源发电分析比较后，对认为经济上有利的可开发水电站，按其装机容量和多年平均年发电量进行的统计。经济可开发水电站是从技术可开发水电站群中筛选出来的，故其数值小于技术可开发资源。经济可开发资源与社会经济条件、各类电源相对经济性等情况有关，故其数量不断有所调整。

7.1.3 河川水力能资源及其开发利用概况

1. 世界河川水利能资源及其开发利用概况

据统计，世界河川水力能资源理论蕴藏量约为 350 000 亿千瓦时/年，技术可开发资源约 146 000 亿千瓦时/年，经济可开发资源约 90 000 亿千瓦时/年。其中亚（不包括日本和俄罗斯亚洲部分）非拉美发展中国家理论蕴藏量占全世界的 74.3%，技术和经济可开发资源分别占 69% 和 67.8%。欧（不包括俄罗斯欧洲部分）、北美（包括加拿大、美国和格陵兰岛）、俄、日和大洋洲等经济发达地区和国家的理论蕴藏量占 25.7%，技术和经济可开发资源分别占 31.2% 和 32.2%。

世界各国河川水能资源的开发程度很不相同，见表 7-1。各国已建水电站的年发电量占技术可开发资源比例较高的有法国、意大利、瑞士、日本、美国、挪威、加拿大、瑞典、奥地利等，均在 50% 以上。我国技术可开发资源利用率仅 9.7%，排倒数第二，仅高于扎伊尔，而我国理论蕴藏量、技术可开发资源、经济可开发资源均为世界第一。因此，我国还应该大力开发水力发电资源，加大水电建设力度，减少煤、油、气发电。

表 7-1　河川水能资源较多国家的资源和利用情况

国家	理论蕴藏量/(亿千瓦时/年)	技术可开发资源/(亿千瓦时/年)	经济可开发资源/(亿千瓦时/年)	已建常规水电年发电量/(亿千瓦时/年)	技术可开发资源利用率(%)
中国	59222	19233	12600	1868	9.7
俄罗斯	28960	16700	8520	1670	10.0
巴西	30204	11949	10917	2528	21.2
扎伊尔	13970	7740	4192	60.2	0.8
加拿大	12238	6317	5813	3158	50.0
印度	26378	6000	4500	699	11.7
美国	10630	5285	3760	2673	50.6
委内瑞拉	2873	2607	1035	475	18.2
土耳其	4330	2150	1246	263	12.2
哥伦比亚	10000	2000	1400	278	13.9
挪威	5550	2000	1632	1159	58.0
阿根廷	5350	1720	1300	241	14.0
墨西哥	5000	1600	800	262	16.4
日本	2846	1351	1140	741	54.8
瑞典	2000	1350	950	741	54.9

续表

国家	理论蕴藏量 /(亿千瓦时/年)	技术可开发资源 /(亿千瓦时/年)	经济可开发资源 /(亿千瓦时/年)	已建常规水电年发电量 /(亿千瓦时/年)	技术可开发资源 利用率/(%)
意大利	1500	765	650	423	55.3
奥地利	1500	750	537	380	50.7
法国	2660	720	700	609	84.6
西班牙	1380	700	410	218	31.1
瑞士	1440	410	326	363	88.5

注：各国已建水电站年发电量的统计年份不同，分别为 1991—1995 年数据，按技术可开发水能资源大小排序。

2. 中国河川水力能资源及其开发利用概况

中国在 20 世纪 70 年代末做了普查，统计了单河理论蕴藏量为 0.876 亿千瓦时/年以上的河流 3019 条，总理论蕴藏量为 57 000 亿千瓦时/年。加上部分较小河流后，合计为 59 222 亿千瓦时/年（未统计台湾省水能资源），居世界第一位。这次普查没有按技术和经济可开发资源分别统计。据 1993 年的初步估计，经济可开发资源：装机容量 2.9 亿千瓦时，多年平均发电量 12600 亿千瓦时。具体情况见表 7-2 和表 7-3。

表 7-2　中国河川水能资源按地区的分布

地区	理论蕴藏量		技术可开发资源		
	年电量 /(亿千瓦时/年)	比例 （%）	装机容量 /万千瓦	年发电量 /(亿千瓦时/年)	比例 （%）
全国总计	59222	100	37853	19233	100
华北	1077	1.8	692	232	1.2
东北	1062	1.8	1200	384	2.0
华东	2632	4.4	1790	688	3.6
中南	5614	9.5	6744	2974	15.5
西南	41463	70	23233	13050	67.8
西北	7374	12.5	4194	1905	9.9

注：表中未包括台湾省的资源。

表 7-3　中国河川水能资源按水系的分布

水系	理论蕴藏量		技术可开发资源		
	年电量 /(亿千瓦时/年)	比例 （%）	装机容量 /万千瓦	年发电量 /(亿千瓦时/年)	比例 （%）
全国总计	59222	100	37853	19233	100
长江	23478	39.6	19754	10275	53.4
黄河	3552	6.0	2800	1170	6.1
珠江	2933	5.0	2485	1125	5.8
海、滦河	258	0.4	214	52	0.3
淮河	127	0.2	66	19	0.1
东北诸河	1341	2.3	1371	439	2.3
东南沿海诸河	1810	3.1	1390	547	2.9
西南沿海诸河	8489	14.3	3768	2099	10.9
雅鲁藏布江及西藏其他河流	13994	23.6	5038	2968	15.4
北方内陆及新疆诸河	3240	5.5	997	539	2.8

注：表中未包括台湾省资源。

根据 2003 年全国水能资源复查成果知，全国水能资源技术可开发装机容量为 5.42 亿千瓦，年发电量为 24 700 亿千瓦时，经济可开发装机容量为 4 亿千瓦，年发电量为 17500 亿千瓦时，按经济可开发年发电量重复使用 100 年计算，水能资源占我国常规能源剩余可采储量的 40% 左右，仅次于煤炭。

中国河川水能资源的特点如下：

（1）资源量大，占世界首位。

（2）分布很不均匀，大部分集中在西南地区，其次在中南地区，并主要集中在长江、金沙江、雅砻江、大渡河、乌江、红水河、澜沧江、黄河、怒江等大河的干流上，总装机容量约占全国经济可开发量的 60%。经济发达的东部沿海地区的水能资源较少，而中国煤炭资源多分布在东北，形成北煤南水的格局。

（3）大型水电站的比例很大，单站规模大于 0.02 亿千瓦的水电站占资源总量的 50%。长江三峡工程的装机容量为 0.182 亿千瓦，多年平均年发电量为 840 亿千瓦时。位于雅鲁藏布江的墨脱水电站，经勘查研究，其装机容量可达 0.438 亿千瓦，多年平均年发电量为 2630 亿千瓦时。到 1997 年年底，我国水力发电装机容量约为 0.5973 亿千瓦，不到技术可开发资源量的 16%。随着国家西部开发战略的实施，水力发电站建设步伐已经大大加快。2005 年全国水力资源复查结果表明，我国水利资源理论蕴藏量、技术可开发量、经济可开发量及已建和在建开发量均居世界首位。截至 2004 年年底，已开发装机容量约 1 亿千瓦，年发电量为 3310 亿千瓦时。到 2007 年年底，全国水电总装机容量达 1.45 亿千瓦，占全国总发电装机容量的 20.36%，年发电量为 4332 亿千瓦时，占全国总发电量的 14.95%。

7.1.4　小水力发电

1. 小水力发电的含义

小水力发电（以下简称"小水电"）是指装机容量很小的水电站或水力发电装置。世界各国对小水电没有一致的定义和容量范围的划分，即使同一国家，不同时期的标准也不尽相同。一般按装机容量的大小划分为微型、小小型和小型。有的国家只有一个级别，有的国家则分为两个级别，差异较大。几个小型水电较发达的国家和主要国际组织在 20 世纪 80 年代曾先后提出小水电的划分标准，见表 7-4。我国还规定了装机容量 2.5 万～25 万千瓦为中型水电站，大于 25 万千瓦为大型水电站。

表 7-4　部分国家和国际组织划分小水电的标准

国家或国际标准	微型水电容量范围或上限/kW	小小型水电容量范围上限/kW	小型水电容量范围或上限/kW	备注
联合国工业发展组织(UNIDO)	100	101～1000	1001～10000	1980 年联合国
新能源与可再生能源大会	1000		1001～10000	1981 年
拉美能源组织(OLADE)	50	51～500	501～5000	
中国	100	51～500	501～25000	
印度	100	1000	1000～15000	
马来西亚		25～500	5000	
尼泊尔、菲律宾			10000	
泰国	200	201～6000	6001～15000	

续表

国家或国际标准	微型水电容量范围或上限/kW	小小型水电容量范围上限/kW	小水电容量范围或上限/kW	备注
日本			10000	
加拿大	50	2000	10000	
法国		1000	10000	
瑞典		100	15000	
美国			20000	
新西兰		1000	50000	

截至 1997 年，全世界小水电装机容量超过 500 MW 的国家有中国、日本、美国、意大利、西班牙、法国、巴西、加拿大、挪威和瑞士。以上 10 个国家小水电装机容量占全国绝大部分，其中中国最多。

2. 中国小水电的发展

中国的小水电资源十分丰富，理论蕴藏量约 1.5 亿千瓦，可开发装机容量超过 70 000 MW。年发电量为 2000 亿～2500 亿千瓦时。

1949 年以前，中国仅有小水电站 20 余处，总装机容量 2000 多千瓦。20 世纪 50 年代，结合水利工程建设，建设了一批小水电站，共 8975 座，总装机容量 255 MW。

20 世纪 60 年代，国家大电力系统发展较快，并向部分农村延伸，因此这一时期小水电发展缓慢。1969 年，国务院在福建省水春县召开了全国小水电现场会议，总结推广水春县自力更生办小水电的经验，制订了"谁建、谁管、谁有"等政策和"治水办电相结合"的规划方针，充分调动了各地的积极性，形成了 20 世纪 70 年代全国小水电的大发展时期。到 1979 年，全国小水电装机容量超过 6300 MW。

1983 年，国务院正式制订颁发了"积极发展小水电，建设中国式农村电气化试点县"的计划，并由水利水电部制定了初级农村电气化县标准 SD178-86，同时选定了 100 个以建设小水电供电为主的初级农村电气化试点县。该项计划从 1985 年正式实施，1990 年超额完成，共有 109 个县达到了预定标准。5 年间，109 个县的小水电装机容量由 1406 MW 增加到 2446 MW。自 1990 年起，从扶贫攻坚的政治高度加强了农村小水电电气化县的建设。到 1995 年，第二批 209 个初级农村电气化县建成。"九五"计划期间，国家又进行了第 3 批 300 个农村初级电气化县的建设。到 1997 年年底，中国小水电装机容量达到了 20 520 MW，年发电量 638 亿千瓦时。截至 2006 年年底，全国已建成小水电站 46 989 座，总装机 44 934 MW，约占可开发容量的 37.4%，约占全国水电总装机 128 570 MW 的 34.9%，担负着全国近二分之一国土面积、三分之一的县、四分之一人口的供电任务。目前，全国已建成 653 个农村水电初级电气化县，并正在建设 400 个小康水平的以小水电为主的电气化县。

到 2002 年年底，小水电装机达到 31 040 MW，占中国水电装机的 37.1%，约占世界小水电已开发量的 1/3，年发电量 1037 亿千瓦时。到 2010 年年底，全国小水电装机达到 58 000 MW。

3. 小水电的特点与效益

1）小水电的特点

小水电具有与大水电相同的优点：不污染大气；使用可再生能源，无能源枯竭之虑；

成本低廉等。与大水电相比较，小水电还有一些自己的特点：

（1）对生态环境的正影响大，负影响较小，没有污染。

（2）淹没土地少，移民问题小，且容易解决。

（3）多数情况下可用当地建筑材料，可以吸收当地劳动力建设，从而降低建设费用。

（4）设备易于标准化，有利于降低造价，缩短建设工期。

（5）一般负荷较近，输电损失小。

因此，小水电比较适合于为广大农村和山区的分散用户供电。

小水电的缺点如下：

（1）多数电站不具有调节性能好的水库，发电能力有明显的季节性，一年内所能提供的电能也不均衡，适应负荷的能力差。

（2）单站装机容量小，水电站位置很分散，难以远距离传输，对电力系统的供电作用不大。

2）小水电的效益

实践证明，发展小水电对解决农村能源，建设农村物质文明和精神文明，保持森林，保持水土，搞好生态平衡都具有重要意义。纵观全国几百个小水电电气化县的建设可总结出小水电具有如下效益：

（1）带动地方工业的发展。伴随电力供应的增大，给地方工业的发展创造了有利条件，特别是在一些山区县，小水电被人们称为工业的中心。

（2）促进农业机械化、电气化的发展。小水电装机容量超过 1 万 MW 的县，一般都有自己的小电网，可以使多数村屯用上电，发展电力排灌，加工农副产品，推动了农业生产机械化的发展。

（3）改善了山区农民的物质和文化生活。农村有了电，除了发展生产，还可以发展广播、电影电视，促使文化教育事业、社会风气和精神面貌发生根本变化。

（4）利用电能，以电代柴，保护森林植被。小水电给农民烧菜做饭送来优质能源，减少了砍伐林木、破坏植被、水土流失的现象，有利于提高土地肥力，保持生态平衡。

4. 小水电建设经验

我国长期小水电建设取得了许多宝贵经验，因地制宜地推广这些经验，定会促进小水电事业的发展。这些经验包括以下几个方面：

（1）贯彻"自建、自管、自用"的建设方针。"自建"就是农村小水电建设所需要的资金主要靠地方自筹、农民集资和劳务投资解决；国家用长期低息贷款和其他方式给予适当的补助和扶持。小水电的利润不纳入地方财政收入，全部用于发展小水电，实行"以电养电"。"自管"是指小水电建成后，所有权和管理权都归投资者所有，实行独立核算，自负盈亏。"自用"是指地方和农民办小水电的方向，应面向各村和城镇，为农业生产和农民生活服务，而不是以向国家电网卖电盈利为主要目的。小水电发出的电力应该就地供应，就地平衡，倘有余电，再卖给大电网。

（2）选用适合本地的发展模式。国家编制出版了一些有关小水电建设的规定、导则和手册，对小水电的规划、设计、施工、验收和运行管理等各阶段工作制订了一整套工作规范，并提出了多种发展模式，各地应因地制宜地选用、实施。

（3）简化设计，购置较简单、使用标准化的机电设备，并尽量采用本地现有的水工建筑材料。

（4）选择合理的自动化水平。提高运行可靠性，改善电能质量和劳动条件，保证人身和设备安全，进行优化调度，增加经济效益。采用手动或半自动监控，有条件者可采用微机监控。

（5）加强技术管理，努力提高年利用小时数，设法降低电网线损率。

发展小水电，适合我国经济建设的国情，能加速农村城镇化的进程。因此，在论述水力发电原理、水电站的组成、机电设备的结构与性能过程中，既要考虑普适性，又要侧重小水电的特点。

7.2　水力发电的基础知识

7.2.1　水力发电的基本原理

物体从高处落下可以做功。河水从高处流下，同样也可以做功。水位越高，流量越大，能量也越大。在天然状况下，这种能量消耗于克服水流摩阻、河床表面的摩阻、挟带泥沙等。进行水能开发就是采取人工措施，将这些分散的白白消耗掉的能量集中起来加以利用。利用引水设备，让水流通过水轮机，推动水轮机的转轮旋转，把水的能量转化为机械能，再由水轮机带动发电机，把机械能转化为电能，这就是水力发电。

水力发电站是把水能转化为电能的工厂。为把水能转化为电能，需修建一系列水工建筑物，在厂房内安装水轮机、发电机和附属机电设备。水工建筑物和机电设备的总和称为水力发电站，简称水电站。

供给水轮机的水力能有两个要素，即水头和流量。下面介绍水电站的水头、流量和水电站的功率。

1. 水头

水头是指水流集中起来的落差，即水电站上、下游水位之间的高度差，用 H 表示，单位是 m（见图 7-1）。作用在水电站水轮机的工作水头（或称静水头）还要从总水头 $H_\text{总}$ 中扣除水流进入水闸、拦污栅、管道、弯头和闸阀等所造成的水头损失 h_1，以及从水轮机出来，与下游接驳的水位降 h_2，即

$$H = H_\text{总} - h_1 - h_2 \tag{7-2}$$

上、下游水面之间的高度差为总水头（即 $H_\text{总}$），也称毛水头；工作水头 H（即 $H_\text{净}$）表示单位重量的水体为水轮机提供的能量值。水电站的上游水位为水库水位；图 7-1 所示的下游水位为反击式水轮机的尾水位，而对于冲击式水轮机，其下游水位应取喷嘴中心高程。

2. 流量

流量是指单位时间通过水轮机水体的容积，单位是 m^3/s，常用 Q 表示。一般取枯水季节河道流量的 1～2 倍作为水电站的设计流量。

3. 水电站的功率

水电站功率（也称出力）的理论值等于每秒钟通过水轮机水的重量与水轮的工作水头的乘积，即

$$N_S = \gamma QH(\mathrm{W}) \tag{7-3}$$

式中，γ 为水的重度，$\gamma = 9810\ \mathrm{N/m^3}$；$Q$ 为水轮机的水流量，单位为 $\mathrm{m^3/s}$；H 为水轮机的工作水头，单位为 m。

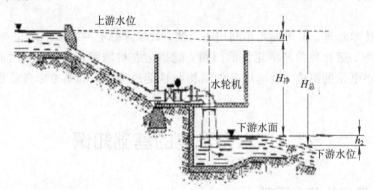

图 7-1　水电站水电示意图

水电站的理论功率值为

$$N_S = 9.81QH \tag{7-4}$$

实际上，水流通过水轮机并带动发电机发电的过程中，还有一系列的能量损失，如水轮机叶轮的转动损失、发电机的转动损失、传动装置的损失等，剩下的能量才用于发电。因此，水电站的实际功率为

$$N_0 = 9.81\eta_s QH \tag{7-5}$$

式中，N_0 为水电站的实际功率（实际出力）；η_S 为机组效率，等于水轮机效率 η_t、大电机效率 η_g、传动效率 η_i 三者乘积。

大型水电站 $\eta_S = 0.8 \sim 0.9$，而小水电站 $\eta_S = 0.6 \sim 0.8$。为了简化，把式（7-5）中的 $9.81\eta_s$ 用出力系数 A 代表，于是

$$N = AQH \tag{7-6}$$

小水电站的出力系数 A 值可参考表 7-5 选取。

表 7-5　小水电的出力系统表

水轮机与发电机的传动方式	A 值
水轮机轴与发电机轴直接连接	7.0～8.0
三角皮带传动	6.5～7.5
平皮带传动	6.5～7.0
齿轮传动	6.3～6.5
两次传动	5.5～6.0

有关文献中还常出现"水电站装机容量"这个名词，它是指水电站中全部发电机组的名牌容量的总和，也就是水电站的最大发电功率。

水电站年发电量的单位是 kW·h，它等于电站内各发电机组年发电量的总和；每台发电机组的年发电量值是它的实际发电功率（出力）与一年内运行小时数的乘积。

7.2.2　水力发电的开发方式

水力能资源蕴藏量与河流的水面落差、饮用水量成正比。然而，除了特殊的地形条件，

如瀑布、急滩以外，一般情况下，河流的落差是逐渐形成的，因而，采用人工措施实现落差，就成了开发水力能的必要方法。按集中落差的方式可以将水力能开发分为坝式、引水式及混合式 3 种基本方式。另外，还有沿着河川的梯级开发发电和用多余电能抽水蓄能发电两种方式。

1. 坝式开发

拦河筑坝形成水库，坝上游水位雍高。在坝的上、下游形成一定的水位差（见图 7 - 2），用这种方式集中水头的水电站，称为坝式水电站。

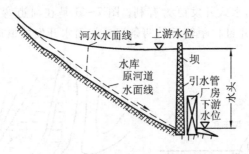

图 7 - 2　坝式开发示意图

显然，对于坝式开发而言，坝越高，集中的水头越大，但坝高常受库区淹没损失、坝址地形、地质条件、施工技术、工程投资以及水量利用程度等多方面因素的限制。目前，世界上坝式水电站最大水头已达 300 多米。

坝式开发的最大优点是有水库调节径流，水量利用程度高，综合利用价值高。

但工程量和淹没损失都比较大，施工期较长，工程造价较高。一般适于修建在迫降较平缓、流量较大的河段，且要有适合建坝的地形、地质条件。

2. 引水式开发

在河道上布置一低坝（用于取水），水流经纵向坡降比原河道坡降小的人工引水道，水道末端的水位就高出了河道下游水位，从而获得了集中落差，这种开发方式为引水式开发。用这种方式集中水头的电站，称为引水式水电站。引水道可以是无压明渠，即有自由表面（水面与大自然空气接触），如图 7 - 3 所示，也可以是有压隧洞，即无自由表面（水面不与大自然空气接触），如图 7 - 4 所示。

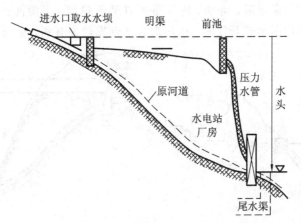

图 7 - 3　无压引水式开发示意图

引水式开发的引水道越长,坡降越小(见图7-3中的明渠、图7-4中的有压隧洞),集中的水头就越大,但坡降太小时,流速很低,引水道断面很大,不经济。引水道断面、坡降的选择需根据地形、地质情况等进行比较确定。

引水式开发水电站水头较高,这是坝式开发无法与之相比的。一般来说,这种开发方式没有淹没问题,工程量、工程单位造价都比较低。但因没有水库调蓄径流,水量利用程度低,综合利用价值也比较低,一般适合于修建在流量小、坡降很大的河流中上游,是山区小型水电站常采用的开发方式。在有瀑布、河道大弯曲段,以及相邻河流高差大、距离又较近的条件下,采用引水式开发更为有利。图7-5是在河道弯曲段取直饮水开发的例子。图7-6是高差较大并且相距较近的两条河流间引水开发的情形。

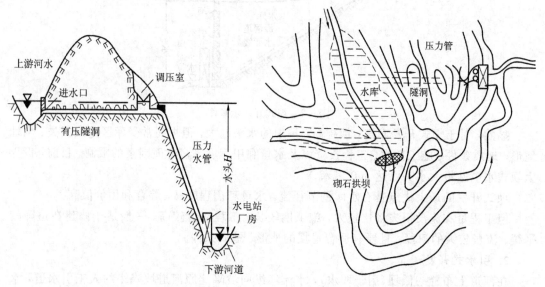

图7-4 有压引水式开发示意图   图7-5 截弯取直示意图

3. 混合式开发

这种开发方式一部分落差靠拦河筑坝集中,另一部分落差由有压引水道形成。混合式开发有水库可以调节径流,有引水道可以集中较高的水头,集中了坝式、引水式两种开发方式的特点。当上游河段地形、地质、施工等条件适于筑坝,下游河道坡降比较陡或有其他有利地形,适于采用引水式开发时,选用混合式开发较为有利,见图7-7。

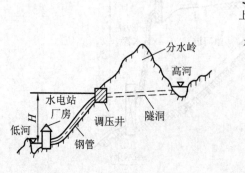
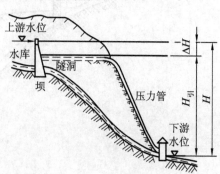

图7-6 跨河引水示意图   图7-7 混合式开发示意图

4. 阶梯开发

由于地形、地质、施工技术水平、工程投资及淹没损失等因素的限制，往往不适宜在河流某处修建单一的大电站来利用河流总落差，而是将一条河流分成几段，分段集中，分段利用河流落差，沿河修建几个电站，这种开发方式叫梯级开发（见图 7 - 8）。梯级中的各级水电站可以是坝式水电站、引水式水电站或混合式水电站。

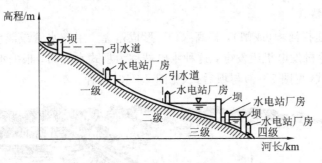

图 7 - 8　梯形开发示意图

进行梯级开发时应注意以下几个问题：

（1）尽可能充分利用水力能资源。每一级集中尽可能大的水头，以减少级数；梯级之间尽可能衔接上；最上游的一级最好采用坝式或混合式开发，以便有水库调节径流，改善下游各级运行状况。

（2）做好第一期工程的选择。一期工程要考虑梯级在整个梯级系统中的作用，特别应重视满足河流开发中当前最迫切的综合利用要求。

（3）对河流梯级开发方案进行技术、经济、施工条件、效益、淹没损失等方面比较时，除要对每一级单独进行评估外，还应将各级作为一个整体，进行总体评估。

5. 抽水蓄能水电站

抽水蓄能水电站将在本章后面做比较全面的介绍。

6. 小水电的开发途径

（1）利用天然瀑布。一般在瀑布上游筑坝引水，在较短的距离内即可获得较高的水头。这种水电站一般工程量较小，投资少，有条件的地方应尽量利用。

（2）利用灌溉渠道上、下游水位的落差修建电站。可利用渠道上原有建筑物，只需修建一个厂房，工程比较简单。

（3）利用河流急滩或天然跃水修建电站。在山溪河流上，常有急滩或天然跃水，可就地修建水电站。如进水条件较好，在引水处可以不建坝，或只建低坝，但需考虑防洪安全措施。

（4）利用河流的弯道修建电站。在山溪河流弯道陡坡处，可以截弯取直，以较短的引水渠道获得较大的水头，亦可以采用较短的隧洞引水修建电站。

（5）跨河引水建电站。两条河道的局部河段接近，且水位差较大时，可以考虑从水位高的河道引水发电。

（6）利用高山湖泊发电。将高山湖泊的水引入附近水面较低的河流修建水电站。

以上列举的几种小水电的建站途径，可因地制宜选用。

7.2.3　水力发电站简介

1. 水电站的基本形式

从水力资源开发利用角度看，水力发电站的基本形式有：坝式水电站、引水式水电站和混合式水电站。

1) 坝式水电站

在河道上修建拦河坝(或闸)，抬高水位，形成落差，用输水管或隧洞把水库里的水引致厂房，通过水轮机发电机组发电，这种水电站称为坝式水电站。根据水电站厂房的位置，又将其分为河床式(见图 7-9)与坝后式(见图 7-10)两种。

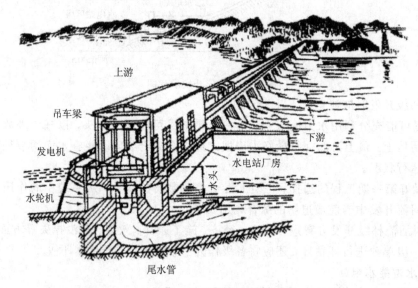

图 7-9　河床式水电站

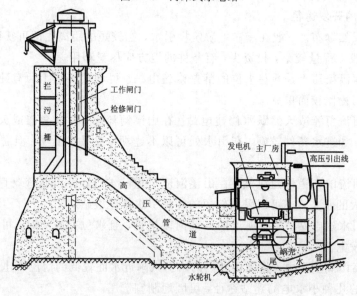

图 7-10　坝后式水电站

　　河床式水电站的厂房直接建在河床或渠道上，与坝(或闸)布置在一条线上或成一个角度，厂房作为坝体(或闸体)的一部分，与坝体一样承受水压力，这种形式多用于平原地区的低水头的水电站。在有落差的引水渠道或灌溉渠道上，也常采用这种形式。

　　坝后式水电站的厂房位于坝的下游，厂房建筑与坝分开，厂房不起挡水作用，不承受水压力，这种形式适于水头较高的水电站。

　　2) 引水式水电站

　　这种水电站利用引水道(渠道或隧洞)将河水平缓地引至与进水口有一定距离的河道(上游)下游，使引水道中的水位远高于河道下游的水位，在引水道和河道之间形成水头。电站厂房则修建在河道下游的床边。

　　如果引水道中的水流是无压的，这种水电站就是无压引水式水电站(见图 7 - 11)，反之，如果引水道中的水流是有压的，则为有压引水式水电站。

　　显然，只有当原河道的坡道比较陡，或者有天然瀑布，或者存在很冲突的弯道时，修建引水式水电站才是有利的。引水式水电站的进水口往往建有低坝，低坝的作用主要不是集中水头，也不能形成水库调节流量，而是拦截水流便于取水。

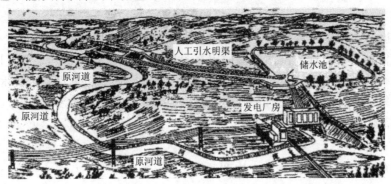

图 7 - 11　无压引水式水电站

　　在实际工程中，无压引水式水电站多见于小型水电站，只有当上游水位变幅较小时，才适合采用无压引水；当上游水位变幅较大时，无压引水就让位于有压引水。

　　3) 混合式水电站

　　顾名思义，混合式水电站就是兼有坝式水电站与引水式水电站特点的水电站。电站水头部分由筑坝取得，另一部分由引水道取得。所以，混合式水电站既利用了自然有利条件(弯道、陡跌水等)，又有水库可以调节径流，如图 7 - 12 所示。

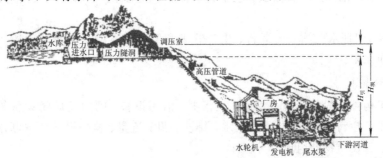

图 7 - 12　混合式水电站

2. 水电站的构成

水电站由水工建筑物、流体机械、电气系统及水工金属构件等组成。

1) 水工建筑物

水工建筑物有挡水建筑物、引水建筑物、泄水建筑物和水电站厂房(发电建筑物)。

(1) 挡水建筑物：形成低坝，雍高水位，成为有调节能力的水库。挡水建筑物中的支墩坝又分为平板坝、连拱坝和大头坝。土石材料坝分为土坝、堆石坝、上石混合坝。按筑坝材料不同主要分为混凝土坝和土石材料坝两大类。混凝土坝分为重力坝、拱坝、支墩坝、碾压凝土坝。

(2) 引水建筑物：将水引至水电站厂房的建筑物，包括进水口、引水道(或隧洞)、压力前池(或调压室)、压力管道等。

(3) 泄水建筑物：控制泄汛期洪水运行水位，冲沙、排冰、放空水库，将上游的水不通过电站直接向下游泄放，有溢流坝、溢洪道、泄水闸、泄水隧洞、坝身泄水孔等。

(4) 水电站厂房：按结构及布置特点分为地面式厂房、地下式厂房、坝内式厂房和溢流式厂房等。

2) 流体机械

流体机械的主体是水轮机，它的作用是将水流能量转换为旋转机械能，再通过发电机将机械能转换为电能。流体机械的附属设备包括调速器和油压装置，以及为满足主机正常运行、安装、检修所需要的辅助设备，如进水阀、起重设备、技术供水系统、检修排水系统、渗漏排水系统、透平油系统、绝缘油系统、压缩空气系统、水力测量系统、机修设备。

3) 电气系统

电气系统包括电气一次、电气二次和通信。

(1) 电气一次：具有发电、变电、分配和输出电能的作用。在电站与电力系统的连接方式已确定的基础上，以电气主接线为主体，与厂用电接线以及过电压保护、接地、照明等系统构成一个整体。电气一次的主要电气设备包括发电机、主变压器、断路器、换流设备、厂用变压器、并联电抗器、消弧线圈、接地变压器、隔离开关、互感器、避雷器、母线、电缆等。

(2) 电气二次：对全厂机电设备进行测量、监视、控制和保护，保证电站能安全可靠而又经济地发出合乎质量要求的电能，并在机电设备出现异常和事故时发出信号或自动切除故障，以缩小事故范围。该系统主要包括自动控制、继电保护，以及二次接线、信号、电气测量等。

(3) 通信：保证水电站安全运行、生产管理和经济调度的一个重要手段。在任何情况下都要求畅通无阻。

4) 水工金属构件

水工金属构件一般包括压力钢管、拦污栅、清污设备、闸门及启闭设备等。这些金属构件的作用在于拦污、清污、挡水、引水、排沙、调节流量、检修设备时隔断水体等。水工金属构件是水工建筑物的组成部分。

7.3　水电站的建筑物

7.3.1　挡水建筑物

1. 混凝土(或浆砌石)坝

1) 重力坝

混凝土重力坝依靠坝体自重维持稳定，故大都建在岩石基础上，坝的横断面基本呈三角形，下游坝坡度比为 1∶0.6～1∶0.85；上游面多垂直，有时下部也略向上游倾斜，以改变坝体的稳定和应力条件，如图 7-13 所示。

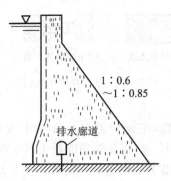

图 7-13　混凝土重力坝

混凝土重力坝常分成若干坝段，一方面便于分段施工，另一方面可防止由于温度变形或不均匀呈现而发生裂缝，影响坝的强度及整体性。各坝段之间缝中设止水阀。

重力坝挡水以后，在上、下游水位差的作用下，库水经过岩石中的节理裂隙渗向下游，渗透水流将对坝底面产生向上的水压力(扬压力)，抵消坝体的一部分自重，为此，常采取基础灌浆防渗措施，即在坝基上游侧钻一排或两排深孔，将水泥浆加压灌入，使水泥浆挤满岩石裂缝固结，把岩石裂缝堵死，形成防渗帷幕。若坝基不采取防渗措施，坝底的扬压力就很大。

采用防渗帷幕后，渗水要绕过帷幕，渗流途径增长，坝底扬压力就可降低。如果能在帷幕下游处再打一排浅的排水孔，通过排水廊道排走帷幕后的渗水，那么扬压力将进一步降低。故帷幕和排水是重力坝厂用的防渗措施，它们可以节省坝体的工程量。

混凝土重力坝具有很多优点：强度高，安全可靠，结构简单，可高度机械化施工，适应于各种气候条件，不怕冰冻，便于管理和分期扩建加高等。其缺点是断面大，水泥耗量多，造价高，材料强度不能充分发挥作用，大体积混凝土施工时散热困难，需冷却设备。为此，有许多重力坝将各坝段之间的缝加宽，成为宽缝重力坝(在坝段接缝的中间部分呈空隙)；也可在坝体应力较小处留空腔，或做成空腹重力坝(在大坝空腹中可建发电厂房)，如图 7-14所示。

用浆砌石筑成的重力坝叫浆砌石重力坝。它与混凝土重力坝相比，可节省水泥和施工用的木材；坝段长，分层砌筑，散热条件好；不需要复杂的施工机械；操作简单，施工技术易掌握。它的缺点是坝体由人工建筑，质量难以控制；石料的修整、砌筑无法使用机械完成，需大量劳动力；砌体本身防渗性能差，在坝的迎水面常另加防水层，如浇混凝土防渗墙；挂钢丝网喷上水泥泥浆；用强度较高的水泥砂浆和较规则的块石再精细地砌一层防渗体。

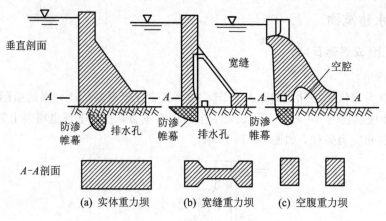

图 7-14　重力坝坝型剖面图

2）拱坝

拱坝是一种压力结构建筑物，它向河上游方向弯曲（见图 7-15），拱的作用可将水压载荷转化为拱推力传至两岸岩石，能充分利用混凝土或浆砌石等材料的抗压性能，坝体各部位应力可自行调整以适应外载荷的潜力，因此超载能力大。按建坝材料可将拱坝分为混凝土拱坝和浆砌石拱坝。

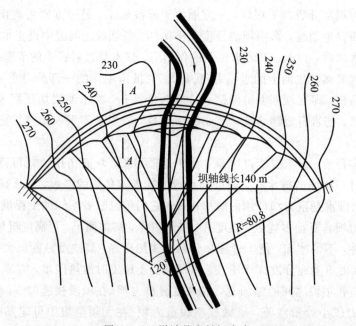

图 7-15　增城县大封门水库

在岩石较好的峡谷上建浆砌石拱坝时，常布置成拱坝。砌石拱坝在我国小水电建设中发展较快，主要原因是山区石多土少，便于就地取材；在同一坝址，与同等规模的浆砌石重力坝（直线布置，而不是拱形布置）相比，可以节省坝体工程量的 1/2～1/3；浆砌石拱坝的坝体材料与防渗设施基本上与浆砌石重力坝相同，但拱坝为一体结构，不分坝段，没有横缝；坝体较薄，对坝体强度和两侧河岸基础的要求较高。

混凝土拱坝坝底最大厚度与坝高之比，小于 0.2 的为薄拱坝，0.2～0.35 的为中厚拱坝（或称一般拱坝），大于 0.35 的为厚拱坝，也称重力拱坝。拱坝的横截面形状有单曲拱坝和双曲拱坝之分。电站石拱坝示意图如图 7-16 所示。

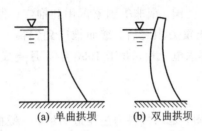

(a) 单曲拱坝　　　(b) 双曲拱坝

图 7-16　拱坝横截面示意图

3）支墩坝

支墩坝是由具有一定间距的支墩及其所支撑的挡水板（或实体）所组成的坝（见图 7-17）。坝体所受水、泥沙等载荷，通过挡水板面、支墩传至坝基。支墩坝较重力坝体积小，属轻型坝的范畴，需建在岩质坝基上。

支墩坝按挡水结构分为平板坝、大头坝和连拱坝。平板坝的挡水结构为钢筋混凝土平板，挡水面的坝坡为 40°～60°。大头坝由扩大的支墩头部挡水，挡水面的坝坡坡度为垂直：水平＝1：(0.3～0.6)，挡水面有连拱坝、弦线式和折线式。连拱坝由拱形面板挡水。

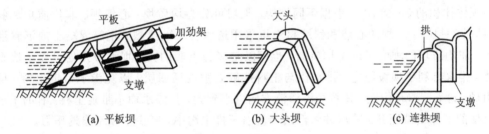

(a) 平板坝　　　　　(b) 大头坝　　　　　(c) 连拱坝

图 7-17　支墩坝类型

支墩坝的优点如下：

（1）支墩间空隙大，有利于采取排水措施。

（2）倾斜的迎水面上的水重对坝体的稳定有利。

（3）坝体体积一般仅为重力坝的 1/2～1/3。

（4）可根据工程的具体情况，调整坝的结构与参数，使材料的强度得以充分利用。

这种坝的主要缺点如下：

（1）坝体比较单薄，易产生裂缝，故对材质要求较高。

（2）模板多面复杂，不利于机械化施工，操作难度较大。

以上缺点对薄型支墩坝尤为突出。

4）碾压混凝土坝

碾压混凝土坝是用振动碾分层碾压干硬性混凝土筑成的坝，它是对用混凝土材料筑坝的传统方法的一次重大改革。这种筑坝方法不用振动碾振捣，而采用振动碾分层碾压。它可采用常规土石工程施工机械进行施工,例如用自卸汽车运输,推土机推平,再用振动碾分层碾压振实,是世界上混凝土施工技术的一项重大发展。它工艺简单,可缩短工期,筑坝材料中可掺用大量粉煤灰(也可用火山灰),以减少水泥用量,降低成本,节省投资,温度控制措施较常规混凝土施工简单。

碾压混凝土技术早期用于修建公路路面及围堰工程,20 世纪 70 年代开始研究用于筑坝,先后在巴基斯坦、日本、美国、南非等国家试用和推广。我国于 1986 年在福建坑口建成了高 56.8 m 的碾压混凝土重力坝之后,继而推广到铜街子、沙溪口、天生桥二级、岩滩、水口、大光坝、桃林口等水电工程,并于 1993 年 5 月建成了高 75 m 的普定水电站碾压混凝土拱坝。

2. 土石材料坝

图 7 - 18 是材料坝示意图,是以材料为主建造的坝,一般由坝土体、防渗层、反滤层、排水体、过滤层、保护层(护坡)等部分组成。筑坝材料有黏性土、砾质土、砂、砂砾石、块石和碎石等天然材料以及混凝土、沥青等人工制备材料。土石坝可以就地取材,充分利用开挖渣料,节约水泥、钢材,减少外来材料的运输;能适应地质、地形条件较差的坝址;具有造价低、工期短、便于分期建设等优点。但土石坝由散粒材料组成,只能挡水,不能过水(如坝顶不能溢流),导流泄洪时需另作处理。

按建筑材料可将土石坝分为土坝、堆石坝和土石混合坝。

1) 土坝

当坝体主要由土料构成,坝体强度和稳定性由填土控制时,此坝称为土坝,其土质材料占坝体体积的 50% 以上。根据不同结构,土坝可分为均质坝、心墙坝、非均质坝和斜墙坝(见图 7 - 18)。土坝的心墙和斜墙材料可采用透水性小的土料、钢筋混凝土或沥青混凝土等。非均质坝的坝壳可以是均质的,也可以是多种土质的。在坝下坡角处设置了块石排水体,排水有利于坝坡稳定。排水体与土料接触处敷设反滤层,以免渗水带走土料。反滤层由砂、砾石、卵石构成,其粒径沿渗流方向由小到大,只渗水而不带走土料。有的土坝在排水体的下侧设减压井。减压井将渗透水流引至排水沟中,减少了坝基渗透压力。

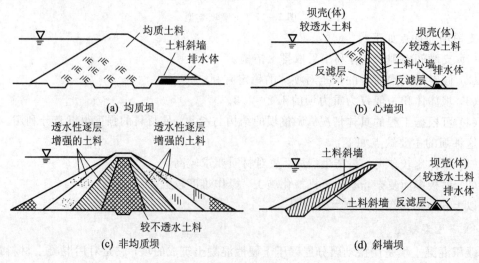

图 7 - 18　土坝的类型

2）堆石坝

坝体主要由石料构成，坝体强度和稳定性由堆石控制时，此坝称为堆石坝，其石料占坝体体积的 50% 以上。由于堆石体的孔隙率大，渗透系数大，故较之土坝更需要设置专门的防渗体。根据防渗体的构造不同，堆石坝可分为心墙堆石坝、斜墙堆石坝和面板堆石坝（见图 7 - 20）。堆石坝的心墙、斜墙一般采用黏性土，材料面板一般采用钢筋混凝土材料。堆石材料的质量与粒径级配根据具体设计与施工方法综合考虑。

在石多土少的山区，可建堆石坝。它要求坝基有较好的抗压强度，因此大都建在岩石上。

3）土石混合坝

这是从建筑材料方面难以明确划分的土石坝，是根据当地的自然条件、材料来源、技术要求、经济条件等设计、施工的土石混合材料的坝。

7.3.2　引水建筑物

水电站引水建筑物包括进水口和引水道，起作用时从水库或河流引取厂房机组所需要的水流量。由于水电站的自然条件和开发方式不同，因此引水建筑物的组成也就不一样。在坝式水电站中，引水线路很短，进水口设在坝的上游面，引水道及压力水管穿过坝身后即进入厂房；河床式水电站的引水线路更短，由进水口引进的水直接通入水轮机蜗室；无压引水式水电站的引水建筑物有进水口、沉沙地、无压引水渠道（也有用无压引水隧洞的）、日调节池、压力前池、压力水管等；混合式水电站的引水建筑物有进水口、压力隧洞、调压室和压力水管等。

1. 进水口

按水流状态可分为无压进水口和有压进水口两种类型。

1）无压进水口

无压进水口布置在引水渠道或无压引水隧洞的首端。进水口范围内的水流为无压流（见图 7 - 19），以引进表层水为主，进水口后接无压引水建筑物（引水渠或无压引水隧洞）。无压进水口要注意拦污和防淤问题，一般布置在河流凹岸，其中心线与河道中心线成 30° 左右的交角，避免回流引起淤积；底坝（BC）拦截淤沙，定期通过冲沙底孔排沙；其后布置一道拦污栅，以防漂浮物进入引水渠；为了加强防沙措施，进水闸前又布置一道拦沙坝，通过排沙道定期将淤沙排走。进水闸在控制入渠流量和供渠道检修时使用。若河水浑浊，含细沙多，可在进水闸与引水渠口之间再设沉沙地，即加大过水断面，降低流速，当细沙沉淀到一定厚度时经沙池尾部冲沙道将池底泥沙冲往溢洪道。

2）有压进水口

有压进水口的特点是进水口位于水库水面以下，水流处于有压状态，以引进深层水为主，其后接有压引水隧洞或水管。有压进水口形式多样，图 7 - 20 所示是坝式进水口，其拦污栅布置在进水口前沿，其后依次是检修闸门、事故闸门（也叫工作闸门）。事故闸门的作用是在机组或引水道发生事故的时候，进行紧急关闭。检修闸门供检修事故闸门及清理门槽时使用。

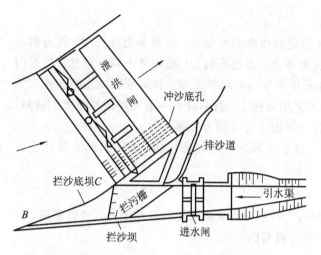

图 7-19　明渠引水的无压进水口布置示意图

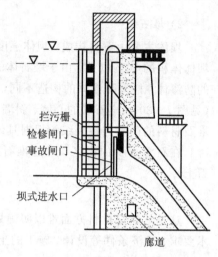

图 7-20　坝式有压进水口示意图

2. 引水明渠

电站的引水明渠有引水和形成水头双重任务。渠线应尽量缩短，以减少水头、流量损失，一般沿等高线绕山而行。在地质、地形条件允许时，亦可开凿一段隧洞，以减少渠线长度。渠线要避免选在滑坡地段。

渠道断面形状为：土基上一般为梯形；岩石上采用矩形。渠道高度为最大水深加安全超高，超高不少于 0.25 m，渠顶宽度不小于 1.5 m，以适应维修的需要。引水渠一般要求衬砌，可采用卵石、块石，用干砌或者浆砌，厚 15~30 m，下铺反滤层。混凝土衬砌强度高，糙率小，亦常采用。

当明渠较长、压力前池较小时，为适应水轮机所需水量的变化，设置了日调节池。当引水渠道(或无压引水隧洞)需横跨河谷、道路时，又需设渡槽或倒虹吸等交叉建筑物。

3. 压力前池

在引水渠道末端设有一个扩大的水池，称为压力前池，简称前池，一般由前室、进水室和溢流堰 3 部分组成。前池中设有拦污栅、控制闸门、泄水道等。前池的作用是把从引水渠道来的水均匀地分配给各压力水管，泄走多余来水，以防漫顶；拦截和排除渠内漂浮物、泥沙和冰块，以免进入压力水管等。

压力前池其水面高度分 3 个控制水位，即正常水位、最低水位和最高水位。正常水位是水轮机通过设计流量时前池进水室内的水位，小型水电站一般采用当引水渠通过设计流量时渠道末端的水位。最低水位又称死水位，其值要高于压力水管进口顶部 0.5 m，防止空气进入管内。最高水位是当电站突然丢弃全部负荷时的水位。小型水电站的溢流堰顶通常比正常水位高 3~5 cm。

压力前池的前室是引水渠道末端与进水室间扩大和加深的部分，前室末端底板应比进水室底板低 0.5~1.0 m，便于污物和泥沙的沉积，前室宽度应为进水室宽度的 1~3 倍，前室长度通常为扩散后前室宽度的 2~3 倍。进水室是前池的关键部位，与压力水管的压力墙相连，进水室的宽度与压力水管的流量、直径有关，小型水电站进水室的宽度应为压力水管直径的 1.4~5 倍，管径小时取大值；进水室的长度取决于拦污栅、工作闸门、启闭设备的布置情况，小型水电站常取 2~5 m。

为缩短高压水管的长度，前池应尽可能靠近厂房，一般布置在较陡峻的山坡上，设计中要特别注意地基稳定问题，以免发生沉陷滑坡事故。同时为了使水流畅通，减少水头损失，应尽量使进水室中心线与引水渠道中心线平行或接近平行。但在实际工程中，常因地形、地质条件所限，需要把进水室和引水渠道布置成一定角度甚至直角，遇此情况，前池水流偏向一侧，易引起涡流，加大水力损失。此外，还会发生死水区泥沙淤积阻塞管路的情况。

4. 引水隧洞

引水隧洞是在山体内开挖成的引水道。按洞内水流有无自由水面，引水隧洞分为无压和有压两种。

有压引水隧洞能以较短的路径集中较大的落差，一般为圆形断面，沿线要求为岩石基础，通常需进行衬砌，以承受内水压力和山岩压力，同时可减少糙率和渗透，衬砌采用混凝土或钢筋混凝土，为便于施工，洞径应不小于 1.8 m。

在无压引水式水电站，为了缩短引水渠道长度或避开引水道沿线地表不利的地形和地质条件，有时用无压引水隧洞代替引水渠道。其断面形状可采用上部为圆弧拱，下部为方形，亦可采用马蹄形。其断面高宽比一般为 1~1.5，在岩石侧压力小或水位变化较大时，可选择较高的断面。水面至洞顶的空间距离应不小于 0.4 m，或取洞高的 15%。

5. 调压室

调压室是修建在有压引水道与高压水道之间的建筑物。因输水系统条件不同，也有的在水轮机后面有压尾水隧洞上建调压室。在山中开挖出来的井式结构，通常称为调压井；建在地面上的塔式结构，则称为调压塔。

当水轮发电机突然增加或丢弃负荷时，水轮机的导叶（或喷嘴）在调速器的操作下，将立即开启或关闭，以调节水轮机的引用流量。与此同时，在高压水管中由于流速突变产生水锤（也称水击、冲击），即压力骤然发生变化，并向有压引水管道中迅速传递，这种突变的压力随管道长度的增加而加剧。突变的压力将有损管路和水轮机的过流部件。

建有调压室后，其水容量较大，并有自由水面，当管道中压力变化时，调压室的水面会升高或下降，此水面浮动，水锤很快产生了突变压力，使其衰减，并很少传向引水管道。

当水电站的负荷骤然增加时，要求高压水道立刻增加供给水轮机的流量，调压室可做暂时的补给。

调压室应尽量靠近厂房，以缩短高压水管的长度。调压室应有足够的高度和横截面积，以保证其盛水量和消压作用。

6. 压力水管（高压水管）

压力水管也称高压水管，是指从水库、压力前池或调压室向水轮机送水的管道。其特点是坡度陡（一般为 20°~50°），耐水压力大，又靠近厂房，必须安全可靠。压力水管的材料有钢管、钢筋混凝土管、铸铁管等。在选择高压水管安装线路时，应选择最短、最直的路线，以缩短管长，降低造价，减少水头损失，降低水锤压力，尽量选择好的地质条件，水管必须敷设在坚固、稳定的坡地上，以免地基滑动，引起水管破坏，尽量使压力水管沿纵向保持同一坡度，管道如有起伏，不仅使结构复杂，而且会增加水头损失和工程造价。

7.3.3　泄水建筑物

水电站的泄水建筑物是为宣泄洪水或其他需要而在水面设置的水工建筑物。它的作用是：① 汛期泄放洪水，控制上游水面高度，调整下泄洪水流量，减轻上游和下游的洪水灾害；② 非汛期有计划地放水，以保证下游通航、灌溉、工业和生活用水；③ 排放泥沙，减轻水库淤积和对水轮机的磨损；④ 在维修大坝或紧急情况下降低水库水位；⑤ 排放污物或冰凌，以免拦污栅被堵塞或破坏等。

泄水建筑物一般由控制段、泄流段和消能设施等组成，如图 7-21 所示。

泄水建筑物形式繁多，按其所在位置可分为河床式与河岸式两大类。

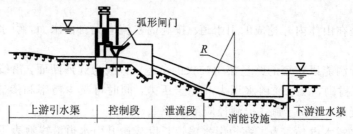

图 7-21　泄水建筑物

1. 河床式泄水建筑物

河床式泄水建筑物位于拦河坝坝体范围之内，有溢流坝、坝身泄水孔和泄水闸几种。

1）溢流坝

溢流坝（见图 7-22）常设于混凝土坝和砌石坝上，它兼有挡水和泄洪作用。一般来说，重力坝和大头坝可作溢流坝。溢流坝对溢流堰的形状应有严格的要求，以保证水流平顺，使高速水流不产生严重的表面气蚀和震动；溢流坝下泄水流具有很大的动能，要采取消能措施，以免冲刷坝基和两岸，危及坝的安全。

建在良好岩基上的高水头溢流坝往往采用坝脚鼻坎挑流的消能方式，利用坝脚处水流的高速度，经鼻坎将水流挑到空中，分散掺气，然后落到远离坝脚的河床中，让其冲刷河床形成冲刷坑，在达一定深度后即保持稳定。这样使冲刷坑远离坝脚，不危及坝的安全。

在非岩基上建筑低水头的溢流坝时，因基础抗冲刷能力低，宜采用底流消能措施，如图 7-23 所示，即在溢流坝下游建消力池，使水流在池内产生水能跃迁，帮助消能。消力池后面设混凝土护坦和浆砌或干砌石海漫，末端设防冲槽，使水流的速度及其分布达到河床所允许的状态后再进入河道。

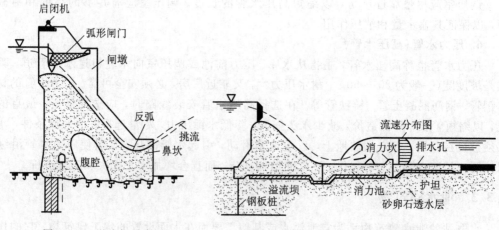

图 7-22　溢流坝示意图　　　　图 7-23　非岩基上的混凝土溢流坝示意图

溢流堰上常装设水头闸门，以控制水库的水位和泄流量。闸门的类型很多，常用的是平板闸门和弧形闸门两种。

溢流坝分无闸门控制、有闸门控制和虹吸溢流坝三种形式。有闸门控制溢流坝又分开敞式的和在闸门上加胸墙式的两种(见图 7-24)。图 7-24 中，闸墩用来承受闸门的推力；胸墙用来调整闸门设置的高程，具有消能作用。虹吸溢流坝是一种特殊的溢流坝(见图 7-25)，当水库水位超过正常水位时，虹吸管产生虹吸作用开始过水，当水库水位下降到正常水位以下时，虹吸管内进入空气，破坏了虹吸作用，自动停止过水。这种溢流坝泄流量稳定，但泄量不大，只在中小型工程或压力前池中采用。

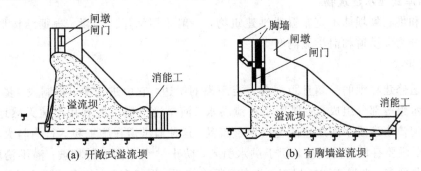

(a) 开敞式溢流坝　　　　(b) 有胸墙溢流坝

图 7-24　有闸门控制溢流坝

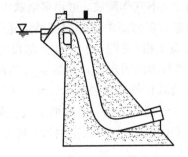

图 7-25　虹吸溢流坝示意图

2) 坝身泄水孔

坝身泄水孔是通过混凝土坝或砌石坝坝身孔口过流的泄水建筑物，设置在坝身中间或坝底。在水库高、低水位时均可泄水，有利于水库排沙；在紧急情况下用来放空水库，汛期也可以泄洪，有的还可用于施工后期导流。

泄水孔闸门属于深水式受压闸门，应坚固可靠。泄水孔的进水口周边应用钢板镶护或配置钢筋，予以加强。

3) 泄水闸

建在河床上的泄水闸(见图 7-26)是低水头泄水建筑物，也起挡水作用。它由闸室和上、下游连接段组成。闸室是泄水闸的主体，设有闸门。上游连接段的主要作用是引导水流均匀进闸。下游连接段的主要作用是消能防冲，引导水流安全排入上游河道。闸室基础应采取防渗和排水措施。软基上的闸室应注意满足地基的承载能力，必要时进行加固处理。泄水闸还有涵洞式的，一般建在堤坝之下。

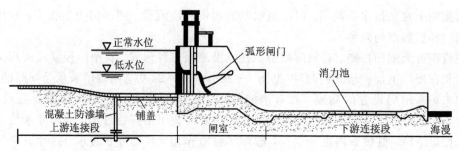

图 7-26　泄水闸的组成

2. 河岸式泄水建筑物

土坝和堆石坝坝体不宜布置泄洪建筑物，一般采用河岸式泄洪。根据结构形式不同，该方式可分为溢洪道和泄洪隧洞两类。

1）溢洪道

溢洪道修建在坝的一端且距坝有一定距离的岸边，它由进水渠、控制段、溢洪槽、消能段和退水渠等部分组成，主要用于宣泄洪水。河岸溢洪道一般利用岸坡天然地形布置，也可利用河流弯道或水库岸边的垭口地形布置。这种溢洪道在施工和运行中与大坝均无关系。进水渠段要有足够的宽度，便于洪水引入，防止洪水冲刷上游坝坡；溢洪槽段水流速度高，要求平直，少拐弯和慢拐弯，并有混凝土护面，不留宽缝，以免被洪水冲垮；消能段可用挑流或消力池。在非岩基上，不宜作陡坡，可用多级跌水式溢洪槽。

根据布置特征，河岸溢洪道有正槽溢洪道和侧槽溢洪道等形式（见图 7-27）。正槽溢洪道的进水口水流从正面进入溢洪槽（见图(a)），其首部设正堰，布置形式和水流条件要求较简单，工程中采用较多。侧槽溢洪道的进口水流从首部设置的侧槽进入溢洪槽，这种溢洪道的布置形式和水流条件均较正槽溢洪道复杂，当坝址两岸山势陡峭而又需要较长的溢流前缘长度时，可顺岸边布置侧槽溢洪道，溢流堰下流接侧槽，而后再流回溢洪槽，工程中应用不多。此外，还有井式溢洪道、虹吸式溢洪道，其应用更少，不做介绍。

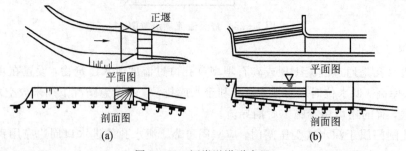

图 7-27　河岸溢洪道布置

2）泄洪隧洞

泄洪隧洞主要用于泄洪，有的也兼有冲沙作用。按其布置和隧洞内水流特点，可分为无压、有压及混合型三种。其结构一般也由引水段、控制段、泄流段、消能段及退水渠组成。根据需要，泄洪隧洞可布置在高、中、低不同位置。

7.3.4　水电站厂房

1. 概述

水电站厂房是安装水轮发电机组及其他附属机电设备和辅助生产设施的建筑物。它通常由主厂房和副厂房组成，但也有小型水电站不设副厂房。主厂房又分为主机间和安装间。主机间装置水轮机、发电机及其附属设备；安装间是安装机组和维修时，摆放、组装和修理主要部件的场所。副厂房包括专门布置各种电气控制设备、配电装置、电厂公用设施的车间以及生产管理工作间。主厂房、副厂房连同附近的其他构筑物及设施统称为厂区，是水电站的运行、管理中心。

水电站厂房形状较多，分类方法各异。按厂房结构及布置特点水电站厂房可分为地面式厂房、溢流式厂房、坝内式厂房和地下式厂房、等。

2. 水电站厂房的形式

1）地面式厂房

地面式厂房有坝后式、河床式、岸边式等。

（1）坝后式厂房。坝后式厂房是位于拦河坝非溢流坝段下游坝址附近的地面式厂房，它多适用于混凝土坝，在中小型工程中也有用于土石坝的。

厂房内常见机组形式为混流式或轴流式，重力坝坝后主厂房通常与坝平行呈"一"字形布置。电站的尾水渠与溢流坝的下游水流之间用导墙隔开，避免泄洪干扰水电站尾水渠水流。有的坝后式主厂房将机组分成前后双排布置，以缩短厂房长度。有许多水电站的副厂房、主变压器厂、开关站位于厂、坝之间，电气接线和运行管理都比较方便。

（2）河床式厂房。河床式厂房是位于天然或人工开挖河道上兼有雍水作用的地面式厂房，适用于水头小于 50 m 的水电站。

大中型水电站河床式厂房多安装立轴轴流式机组。过流部分由进水口、钢筋混凝土蜗壳（有的带有钢板里衬）和坝底尾水管组成。主厂房位于中部，其上部配备供机组安装及检修使用的桥式起重机。进水口要淹没在上游发电最低水位（即死水位）以下一定深度，设有拦污栅和闸门，工作平台上配备启闭机，其上游挡水高程按拦河坝要求确定。大中型机组的进水口至蜗壳入口的流道以及肘行尾水管的扩散段需要的过水断面面积大，结构上通常要增加 1～2 个分流支墩，将过水断面分成 2 孔或 3 孔。尾水管出口段设有尾水闸门和配套的闭启操作机械，有的小型水电站采用开敞式进水室和数值尾水管。

有的河床式厂房兼有泄流和排沙作用，布置形式有以下 3 种；泄流排沙底孔进口设在混凝土蜗壳下面，出口设于尾水管上面；为了增加水电站的泄洪能力，在混凝土蜗壳上面设置泄水道；溢流段与机组段相间布置。

2）溢流式厂房

溢流式厂房位于溢流坝坝址的下游，泄洪时坝上溢出的水流经过厂房泄入下游河道。

水库下泄洪水流量大，河床狭窄，在与发电分区布置有一定困难时，也可采用溢流式厂房。溢流式厂房可用于各种形式的混凝土坝。大、中型水电站安装的水轮发电机组多为立轴混流式的。发电引水进水口布置类似于坝后式厂房，压力管道埋没于坝体内。按泄水条件，泄流方式有厂顶溢流式和厂前挑流式两种类型。

（1）厂顶溢流式厂房：厂房顶板全部或部分兼作溢洪道泄槽，引导水流泄入下游河道，泄槽形状需要根据水力学原理设计，并通过水工模型试验优化。当水流速度很高（例如 20 m/s）时，过流面易遭空蚀（由压力降低引起）破坏，要采取提高过流面平整度、减蚀等措施。

（2）厂前挑流式厂房：厂房位于溢洪道挑流鼻坎下游，坝上泄下急流经鼻坎挑起，跃过厂房屋顶落入下游退水渠。然而，当宣泄小流量时以及在溢洪道闸门开启与关闭过程中，水舌难免落到厂房屋顶，所以厂房结构要具备耐受这种工况下的水流冲砸的性能。

溢流式厂房多为封闭式的。为避免泄洪水流雾化给厂房带来的采光和自然通风条件的影响，需用人工照明和机械通风。

3）坝内式厂房

坝内式厂房设在混凝土坝空腔内。当河谷狭窄时，下泄洪水量大，坝内式厂房有时是可采用的方案。

坝内式厂房常设于溢流坝坝段内，机组进水口多设于溢流坝闸墩内，闸墩宽度较大，可避免进水口的拦污栅、检修闸门、工作闸门与溢洪道布置上的干扰；另一种布置是将机组进水口设在溢洪道下面，上下重叠，进水口闸门布置较复杂。当厂房布置在非溢流坝坝体内时，其机组进水口布置类似于坝后式厂房。

压力引水钢管埋置在坝体中，长度较短，水头损失小。水流从水轮机转轮泄出，经较长的肘形尾水管泄入尾水渠。尾水管水平段需穿过坝体后腿，为使后腿的空洞周围应力不超过允许限度，尾水管水平段断面宜采用窄高型。尾水管出口位于溢流坝挑流鼻坎下或非溢流坝下游坝址处，并设有尾水闸门和启闭机械。

坝体内空腔的形状及尺寸与坝体设计关系密切，除满足机组及附属设备布置外，还必须适应坝体强度和稳定条件。坝体内空腔高度受坝高限制，厂房内部布置比较紧凑。主机间和安装间的地面高程主要由水轮机安装高程和机组尺寸所决定，往往低于下游最高洪水位。对外交通运输一般采用隧洞或廊道，其入口需高于下游最高洪水位，以免洪水倒灌进厂房。有的水电站厂房入口低于下游最高洪水位，但采取了设置防洪堤（墙）、挡水门和备用通道等防洪措施。

4）地下式厂房

地下式厂房位于地表以下岩体中，它的主要特点如下：

（1）厂房位置不受河谷宽窄限制，可以避免与其他建筑物布置互相干扰。

（2）地下厂房可以全年施工，受洪水和恶劣气候影响小。

（3）可以充分利用岩体作用，简化厂房结构。

（4）地下洞室通常比较潮湿，没有自然采光条件，噪声反应亦比较明显，因此要采取较多改善地下厂房运行环境的措施。

地下厂房按埋置方式有全地下式、半地下式、窑洞式三种。全地下式厂房的主厂房位于地下距离地表一定深度的洞室中，发电引出线、对外交通、通风等依靠隧洞、竖井或斜井等设施，与发电联系比较密切的中央控制室、继电保护装置、低压配电装置、通信设施等通常也都布置在地下，主变压器及开关站也可设于地下。全地下式厂房是地下厂房中最常见的类型，常称为地下式厂房。半地下式厂房和窑洞式厂房应用较少，不做介绍。

7.4　水轮发电机组

水轮机是将水流能量转换为旋转机械能量的动力设备，它带动发电机旋转产生电能。

水轮机和发电机连在一起称为水轮发电机组。

水轮发电机组是水电站的核心设备。为了监测、控制和保证水轮发电机组正常运行，做到安全可靠、经济高效，在水电站安装了一整套附属设备系统，如快速闸门、透平油系统、压缩空气系统、供排水系统和自动化设备(自动励磁装置、调速器、水轮机自动控制系统和自动化元件等)。随着现代化计算机技术的不断发展和广泛应用，水电站综合自动化水平也不断提高，目前许多大中型水电站已经采用计算机监控，实现无人值班(少人值守)。水电站的机电、控制设备很多，限于篇幅，本节只重点介绍水轮机和水轮发电机的有关知识。

7.4.1　水轮机的分类与型号

按水流能量转换特征，可将水轮机分为反击式和冲击式两类。反击式水轮机转轮所获得的机械能是由水流的压力能(为主)和动能转换而来的；冲击式水轮机转轮所获得的机械能全部由水流的动能转变而成。根据转轮内水流特点和水轮机结构特点，水轮机又可分为多种形式，如表 7 - 6 所示。

在水轮机形式代表符号后加"N"表示为可逆式水轮机，即水泵水轮机。可逆式水泵水轮机既可作为水轮机运行，又能作为水泵运行。当它在水泵工况和水轮机工况运行时旋转方向相反，效率低于常规水轮机。

压力水管将水库、压力前池或调压室的水输至水轮机的引水室，而后流经水轮机的转轮做功。转轮安装在水轮机的主轴上。主轴安装方式(在空间的方位)和引水室形式及它们的代表符号如表 7 - 7 所示。为了统一水轮机的品种规格，我国对水轮机的型号作了规定。型号由 3 部分代号组成：第 1 部分代表水轮机形式和转轮型号(纳入型谱的转轮采用该水轮机转轮的比转速，对未入型谱的转轮，则采用带有单位代号的序号)；第 2 部分表示水轮机的布置形式及引水室特征；第 3 部分代表小水轮机转轮的标称(公称)直径(其含义见后述)和其他必要的指标。例如：

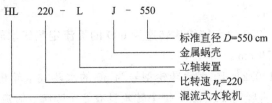

$$HL \quad 220 - L \quad J - 550$$

标准直径 D=550 cm
金属蜗壳
立轴装置
比转速 n_s=220
混流式水轮机

表 7 - 6　水轮机的分类

形式			代号	比转速范围	适用水头范围/m
反击式	贯流式	贯流式桨式	GD	500～1000	＜25
		贯流转桨式	GZ	500～1000	＜25
	轴流式	轴流式桨式	ZD	250～700	3～50
		轴流转桨式	ZZ	200～850	3～80
	斜流式		XL	100～350	40～120
	混流式		HL	50～350	30～700
冲击式	切击式(水斗式)		CJ	10～35(单喷嘴)	100～1700
	斜击式		XJ	30～70	20～300
	双击式		SJ	35～150	5～100

表 7-7　主轴装置方式和引水室形式符号

主轴装置方式	符号	引水室形成	符号
卧轴	W	罐式	G
立轴	L	金属蜗壳	J
		混凝土蜗壳	H
		明槽	M
斜轴	X	灯泡式	P
		竖井式	S
		轴伸式	Z
		虹吸式	X

型号的第 3 部分对于冲击式水轮机应表示为

$$\frac{水轮机转轮公称直径(cm)}{每个转轮上的喷嘴数×射流直径(cm)}$$

当水斗式水轮机在同一轴上安装有一个以上的转轮时,转轮的数目表示在水轮机形式符号的前面。

水轮机型号示例如下:

(1) HL240-LH-410 表示转轮型号为 240(其比转速为 240)的混流式水轮机,立轴、混凝土蜗壳,转轮公称直径为 410cm。

(2) HL001-LJ-550 表示转轮型号为 001 的混流式水轮机,立轴、金属蜗壳,转轮公称直径为 550 cm。

(3) ZZ560-LH-1130 表示转轮型号为 560(其比转速为 560)的轴流转桨式水轮机,立轴、混凝土蜗壳,转轮公称直径为 1130 cm。

(4) XLN195-LJ-250 表示转轮型号为 195 的斜流可逆式水轮机,立轴、金属蜗壳,转轮公称直径为 250 cm。

(5) GD600-WP-250 表示转轮比转速为 600 的贯流定桨式水轮机,卧轴、灯泡式引水,转轮公称直径为 250 cm。

(6) 2CJ30-W-120/2×10 表示转轮型号为 30 的水斗式水轮机,一根轴上具有 2 个转轮,卧轴,转轮节圆直径为 120 cm,每个转轮具有 2 个喷嘴,射流直径为 10 cm。

7.4.2　水轮机的结构与特点

1. 轴流式水轮机

轴流式水轮机是来自压力水管的水流,经过引水室(蜗壳)后,在转轮区域内轴向流进又轴向流出的反击式水轮机。按其转轮叶片能否转动,轴流式水轮机又分为轴流转桨式和轴流定桨式。

轴流式水轮机的主要部件包括蜗壳、坐环、顶盖、导水机构(包括导水叶片)、转轮室、转轮、底环、尾水管、主轴、导轴等。

轴流式水轮机的蜗壳一般为混凝土浇筑型,水头较高时,亦用钢制蜗壳。混凝土蜗壳是直接在厂房水下部分大体积混凝土中浇筑成的蜗形空腔,断面形状一般为"Т"形或"Г"

形，钢制蜗壳的断面为圆形。转轮室分为中环和下环两部分。

轴流式水轮机的转轮包括转轮体（亦称轮毂）叶片和泄水锥。转轮体有圆形和球形两种。转轮叶片的数目一般为 4～6 个，小型低水头水轮机也有采用 3 个叶片的。定桨式转轮叶片按一定角度固定于转轮体上，不能转动，欲调角度必须拆卸重装；转桨式则在转轮体内设有一套使叶片转动的操作和传动机构，它的叶片相对于转轮体可以转动，在运行中根据不同的负荷和水头，叶片与导叶（导水机构的一部分）相互配合，形成一定的协联关系，实现导叶与叶片的双调节。

轴流定桨式水轮机的转轮结构简单，运行中当水头和出力变化时，只能调节导叶，不能调节叶片，效率变化较大，平均效率较低，它适合于功率不大、水头变化的电站，适用水头一般为 3～50 m。轴流转桨式水轮机由于能"双重调节"，可获得较高的水力效率和稳定的运行特性，扩大了高效率的运行范围，所以它适用于水头变化较大，特别是出力变化较大的电站，适用水头为 3～80 m。

总体来看，轴流式水轮机过水能力大，适合于大流量、低水头水电站。

2. 贯流式水轮机

贯流式水轮机是开发低水头水力资源的一种新机型，水流经过转轮的情形与轴流式水轮机相似，主轴常为卧式布置，外形像管子，机组高度低，简化了厂房水工结构，降低了造价。由于水流进入和流出水轮机的方向基本与主轴方向一致，直贯整个水轮机通道，因此提高了过流能力和水力效率。现在，贯流式水轮机已发展为多种形式，如图 7 - 28 所示。形式划分的主要依据是发电机与水轮机的配置方式。

图 7 - 28　贯流式水轮机的分类

把发电机装在灯泡状机室内称为灯泡贯流式。按水流来向，当发电机装在转轮前时称为前置灯泡式；相反，当发电机装在转轮后时称为后置灯泡式。把发动机置于厂房内，水轮机轴由尾水管内伸出与发电机相连的称为轴伸式。将发电机置于混凝土竖井内的称为竖井式。以上三种为半贯流式水轮机。把发电机转子装在水轮机转轮外缘的水轮机称为全贯流式水轮机。它具有结构简单、轴向尺寸小等优点。但是由于转子外缘线速度大，密封很困难，所以目前应用较少。

灯泡贯流式水轮机根据转轮叶片能否转动分为贯流转桨式和贯流定桨式。灯泡贯流转桨式水轮机应用最广，其主要部件包括引水室、尾水管、转轮、导叶（导水机构）等。其工作原理与轴流转桨式水轮机相似，但流道简单，水力损失小，平均效率高，过流能力大，在相同水头与出力条件下转轮尺寸较小，厂房及机组段土建工程也相对较为简单，与轴流转桨式比较，经济性较好。

贯流式水轮机是来自引水室的水流，径向进入、轴向流出转轮的反击式水轮机。混流式水轮机结构简单，主要部件包括蜗壳、坐环、导水机构、顶盖、转轮、主轴、尾水管等。蜗壳是引水部件，形似蜗牛壳体，一般为金属材料制成，圆形断面。坐环置于蜗壳和导叶之间，由上环、下环和若干立柱组成，与蜗壳直接连接；立柱呈翼形，不能转动，亦称为固定导叶。导水机构由活动导叶、调速环、拐臂、连杆等部件组成，其外形和各组成的配合尺寸根据其使用的水头不同而有所不同。尾水管是将转轮出口的水流引向下游的水轮机泄水部件，一般为弯肘形，小型水轮机常用直椎形尾水管。

混流式水轮机结构紧凑，运行可靠，效率高，使用水头范围一般为 $30 \sim 70$ m，大中型常规式机组多用到 400 m 左右。贯流式水轮机是目前应用最广泛的水轮机之一。

3. 斜流式水轮机

斜流式水轮机是来自引水室的水流进入和流出转轮叶片时，其流向均与水轮机主轴倾斜成一定角度的反击式水轮机。斜流式水轮机是在轴流式与混流式的基础上于 20 世纪 50 年代发展起来的水轮机。按其转轮叶片能否转动又分为斜流转桨式和斜流定桨式。斜流式水轮机的主要部件有蜗壳、坐环、导水机构、转轮室、叶片、转轮体、尾水管以及主轴等。蜗壳一般为钢制圆形断面。转轮体和转轮室均为球形。由于在转轮上可比轴流式转轮布置更多的叶片，因而降低了叶片单位面积上所承受的压力，提高了使用水头。叶片的数目一般为 $8 \sim 12$ 个。

斜流转桨式水轮机的叶片转动机构布置在转轮体内，它也能随着外负荷的变化进行双重调节，因此它的平均效率比混流式高，运行高效区比混流式宽。斜流式水轮机能适应水头和流量变化比较大的水电站，一般应用于 $40 \sim 120$ m 水头范围。由于它的制造工艺比较复杂，技术要求较高，因此在一定程度上限制了它的推广和应用。

4. 切击式(水斗式)水轮机

切击式水轮机又称水斗式水轮机，它是从压力水管来的水流，经喷嘴形成射流，沿着转轮圆周的切线方向射击在斗叶上做功的冲击式水轮机。它的主要部件有压力水管、喷流机构(包括喷嘴、针阀及其操作机构，用以调节流量和功率)、转轮(由转盘和沿其圆周均匀布置的水斗式叶轮组成)、折向器(图中未画出，亦称偏流器，用以在负荷骤减时迅速隔断水流)等。

切击式水轮机由于机组容量范围较大，因此其类型也较多，有立式的，也有卧式的，大容量机组多为立式，小容量机组通常为卧式，有主轴上为单转轮的，也有双转轮的，同一转轮对应的喷嘴有单个的，也有在同一圆盘面上均布多个喷嘴的。

在冲击式水轮机中，切击式最具有代表性，应用最为广泛，其使用水头一般为 $100 \sim 170$ m(其应用水头一般为 $30 \sim 200$ m)，最高已达 177.6 m(冲击式水轮机其应用的最高水头已接近 180.0 m，澳大利亚的列塞克-克罗依采克水力蓄能电站的最高水头为177.6m)。小型切击式水轮机多用于 $40 \sim 250$ m 水头。当电站水头高于 500 m 时，通常要采用切击式水轮机。对于小流量、高水头的水电站，这种水轮机尤为适用。

5. 斜击式水轮机

斜击式水轮机喷嘴的射流方向不在转轮的旋转平面上，而是成一斜角，一般为 $22° \sim 25°$。水从转轮一侧射向叶片，再从另一侧离开叶片，其间要产生飞溅现象，导致效率降低。斜击式水轮机结构比较简单，其适用水头一般为 $20 \sim 300$ m，适用流量常比切击式大，多用于中小型水电站。

6. 双击式水轮机

双击式水轮机从喷嘴射出的水流首先喷射在转轮上部叶片，对叶片进行第一次冲击；然后水流穿过转轮中心进入转轮下部，再对叶片进行第二次冲击。前者利用水流动能的

70%～80%；后者利用其能量的 20%～30%。双击式的转轮是由两块圆盘夹了许多弧形叶片而组成的多缝空柱体，叶片横截面做成圆弧形或渐开线式，喷嘴的孔口做成矩形，其宽度略小于叶片的长度。双击式水轮机一般都采用卧轴装置形式。它主要由压力水管、喷流机构、转轮、尾水槽等组成。

双击式水轮机结构较简单，但是效率不高，适用水头为 5～100 m，主要用于小型水电站。

7.4.3　水轮机的主要性能参数与基本工作原理

1. 水轮机的主要性能参数

水轮机在不同工况下的性能可以由水轮机的工作水头、流量、出力、效率、工作力矩及转速等主要参数以及这些参数之间的关系来表示。

1）工作水头 H 与流量 Q

水轮机的工作水头 H 与流量 Q 的概念，在 7.2 节已做过介绍，这里不再重述。

2）出力 N 与效率 η_t

水流给予水轮机的输入功率（理论功率）为 $N_S = 9.81QH$。水轮机轴端的输出功率又称水轮机出力 N，表示为

$$N = N_S\eta_t = 9.81QH\eta_t \tag{7-7}$$

式中，η_t 为水轮机的效率，数值小于 1，其原因是水流通过水轮机进行能量转换时，存在着水利损失和机械损失，所以水轮机的效率 η_t 等于水力效率 η_h、容积效率 η_0 和机械效率 η_m 的乘积。现代大型水轮机的最高效率可达 90%～95%。

3）工作力矩 M 和转速 n

$$M = \frac{N}{\omega} = 30\frac{N}{\pi n} \text{（N·m）} \tag{7-8}$$

式中，ω 为水轮机旋转的转角速度，单位为 rad/m；n 为转速，单位为 r/m。

对于大中型水轮发电机组，水轮机的主轴与发电机轴直接连接，两者转速相同，并需满足频率为 50 Hz 的要求，即

$$N = \frac{50 \times 60}{\rho} = \frac{3000}{\rho} \tag{7-9}$$

式中，ρ 为发电机的磁极对数。

4）比转速 N_S 与标称（公称）直径 D

（1）比转速 N_S。为了适应千差万别的水力资源条件，人们研制出多种类型与规格的水轮机。水轮机运行工况和水流状况十分复杂，至今尚不能完全从理论上提供水轮机完整的运行特征，而多半是采用实验研究和理论分析相结合的方法进行。为了对不同类型的水轮机进行分析比较，利用相似理论建立起一个含有几个性能参数、能综合地反映水轮机特征的技术指标，称为比转速 n_S，其值为

$$n_S = n\frac{\sqrt{N}}{5H/4} \tag{7-10}$$

式中，n 为水轮机转速，单位为 r/min；N 为水轮机出力，单位为 kW；H 为水轮机工作水

头，单位为 m。

水轮机的比转速 n_S 可理解为水轮机在 1 m 工作水头下运转（并处于最优工况），恰好发出 1 kW 功率的转轮转速。它是一个与水轮机直径（大小）无关的参数，反映出水轮机的转速、水头和出力之间的关系。同一类型的水轮机，当满足相似条件时，其 n_S 为一常数，因此可用它来代表同系列水轮机的特征。不同类型的水轮机的 n_S 值各不相同，随着水轮机适应的水头愈高，它的比转速 n_S 值愈小；不同类型的水轮机的 n_S 值与 n 和 N 呈正向关系。

（2）标称直径 D。标称直径又称公称直径。我国规定如下：

轴流式、斜流式和贯流式水轮机的标称直径是指与转轮叶片轴线相交处的转轮室内径 D_1。

冲击式水轮机的标称直径是指转轮水斗与射流中心线相切处的直径（即节圆直径）D_1。

混流式水轮机的标称直径是指转轮叶片出水边与下环相交处直径 D_3（也曾有取叶片进水边与下环相交处直径 D_1 的）。国外有的取 D_3、D_1，也有的取 D_2。

水泵水轮机的转轮公称直径的取法习惯上与水轮机一致。

2. 水轮机的基本工作原理

水在水轮机中的流动是三维空间运动，能量转换过程比较复杂，难以用纯理论分析进行描述，现在我们假设水流的运动是稳定的，很有规律，借用理论力学的基础理论来说明水轮机的基本工作原理，以便我们有更深入的理解。

（1）水流在转轮中的运动。水流质点在转轮中的运动速度称为相对速度，以 ω 表示；水流与转轮一起绕主轴旋转时在圆周切线方向的牵连速度称为圆周速度，以 u 表示；对地球而言，水流质点所具有的速度称为绝对速度，以 v 表示，则绝对速度 v 等于相对速度 ω 与圆周速度 u 之间向量和，即

$$v = \omega + u \tag{7-11}$$

由 v、ω 和 u 构成的几何图形称为水流的速度三角形。

（2）水轮机的基本方程式。由理论力学得知，物体的质量和它的速度的乘积（mv），叫作运动物体的动量。动量是一个矢量，它的方向与速度的方向相同。根据动量矩定理，单位时间（如 1 s）内转轮中水体质量对主轴的动量矩变化，等于作用在该水体质量上的外力对主轴的力矩，即 $dL/dt = M$（L 表示水的力矩）。

在 dt 时间内进口沿 v 方向的动量为 $\dfrac{rQ}{g}dtv_1$（r 表示水的比重，Q 表示水的流量，g 为重力加速度）。

它在圆周切线方向分量为

$$\frac{rQ}{g}dtv_1\cos\alpha_1$$

式中，α 表示 v 与 u 的夹角。

进口动量矩为

$$L_1 = \frac{rQ}{g}dtv_1\cos\alpha_1 r_1$$

出口动量矩为

$$L_2 = \frac{rQ}{g}dtv_2\cos\alpha_2 r_2$$

作用在该水体质量上的外力矩为

$$M=\frac{\mathrm{d}L}{\mathrm{d}t}=\frac{rQ}{g}(r_2 v_2 \cos\alpha_2 - r_1 v_1 \cos\alpha_1)$$

水流对转轮叶片的反作用力矩为

$$M=-M=\frac{rQ}{g}(r_1 v_1 \cos\alpha_1 - r_2 v_2 \cos\alpha_2)$$

设转轮的加速度为 ω，则水流传给转轮的功率为

$$N=M\cdot\omega=\frac{rQ}{g}(r_1 v_1 \cos\alpha_1 - r_2 v_2 \cos\alpha_2)\omega$$

$$=\frac{rQ}{g}(u_1 v_1 \cos\alpha_1 - u_2 v_2 \cos\alpha_2)$$

$$=\frac{rQ}{g}(u_1 v_{u1} - u_2 v_{u2}) \tag{7-12}$$

式（7-12）即为稳定流动（运动要素不随时间而改变的流动）时水轮机的基本方程式。式中，α_1 和 α_2 分别为转轮进、出口绝对速度的方向角；r_1 和 r_2 分别为进、出口边的半径；u_1 和 u_2 分别为转轮进、出口处的圆周速度，并且 $u_1 = r_1\omega$，$u_2 = r_2\omega$；v_{u1} 和 v_{u2} 分别为转轮进、出口绝对速度的圆周分速度，并且 $v_{u1} = v_1 \cos\alpha_1$，$v_{u2} = v_2 \cos\alpha_2$；$r$ 为水的重度；Q 为通过转轮的体积流量，g 为重力加速度。将 $N=rQH\eta_t$ 代入式（7-12），则得水轮机的基本方程式的另一种表达式，即

$$H\eta_t=\frac{1}{g}(u_1 v_{u1} - u_2 v_{u2}) \tag{7-13}$$

式中，H 为水轮机的工作水头；η_t 为水轮机的效率。

（3）能量转换关系。式（7-13）实质上就是水稳定时水能转换为转轮的旋转机械能量平衡方程式，它说明水流传递给转轮的能量是与水流在转轮进、出口之间的动量矩变化量相平衡的。没有这种动量矩的变化，转轮就不可能获得水流的能量而做功。水流在转轮叶片上流动时，由于叶片流道的形状迫使水流动量矩改变，而水流动量矩的改变又反作用于转轮的叶片上，驱动转轮旋转形成了旋转的机械能并由主轴输出，这就是反击式水轮机的基本工作原理。

7.4.4　水轮机的选择

1. 水轮机选择的意义

为建设好水电站，选择适宜的水轮机是非常重要的。水轮机的形式与参数的选择是否合理，对于水电站运行的经济性、稳定性、可靠性都有重要的影响。

在水轮机选型过程中，一般是根据水电站的水力资源、开发方式、水工建筑物的布置等，考虑国内外已生产的水轮机的参数及制造厂的生产水平，拟选若干个方案进行技术经济的综合比较后，再做最终的确定。

水轮机选择的主要内容包括：确定机型和装置形式；确定单机容量及机组台数；确定水轮机的功率、转数、转轮直径、安装高度等重要参数。对于冲击式水轮机，还包括确定射流直径与喷嘴数目；估算水轮机的外形尺寸、重量和价格等。

2. 水轮机形式的选择

选择水轮机类型的主要依据是水电站的水头。不同类型的水轮机对应的水头范围见表

7-6。各类水轮机的适用范围除了与使用水头有关外，还与水轮机的容量有关。同一类型同一比转速的水轮机，在小容量时使用水头较低，在容量较大时使用水头较高。由于各类水轮机的应用水头是交叉的，因此存在着交界水头段。在选择水轮机时，若同一水头段有多种机型可供选择，则需要认真分析各类水轮机的特性并进行技术经济比较（如机组造价、发电效率、土建投资等），以确定最适合的机型。当电站水头变幅较大时，宜采用转桨式水轮机。

不同类型的水轮机具有不同的适用范围与特点。比较冲击式、混流式、斜流式和轴流式 4 类水轮机的特点，可概括如下：

1）冲击式水轮机（以水斗式为代表）

（1）在 4 种类型水轮机中，它的比转速 n_s 最小，使用水头最高。

（2）转轮周围的水流是无压的，不存在密封问题。

（3）出力变化时效率的变化平稳，对负荷变化适应性强。

（4）装置多喷嘴时通过调整喷嘴使用数目可获得高效运行。

（5）可使用折向器防止飞逸，减少紧急关机时引水管道中水击压力的上升（仅上升15%左右）。若使用制动喷嘴，可使水轮机迅速刹车。

（6）易磨损部件容易更换。

2）混流式水轮机

（1）比转速范围广，适用水头范围广。

（2）结构简单，价格低。

（3）装有尾水管，可减少转轮口水流损失。

3）斜流式水轮机

（1）其 n_s 与应用水头范围介于轴流式与混流式之间。

（2）叶片可调，在水头与负荷变化时可保持高效率。

（3）转轮可以分解，加工运输方便。

（4）中、低水头的抽水蓄能电站常用斜流式水轮机。

4）轴流式水轮机

（1）n_s 较高，具有较大的过流能力，适用水头范围较低。

（2）转轮可以分解，加工运输方便。

（3）轴流转桨式水轮机可在协联方式下运行，在水头、负荷变化时可实现高效率运行。

（4）在水头、负荷变化较小，或装机台数较多的电站，可以通过调整运行机组台数使水轮机在高效率区运行。轴流定桨式水轮机结构简单，可靠性好，适用于低水头电站。

不同类型的水轮机特点各异，在选型时应予以重视和比较。

3. 机组台数的选择

根据水力资源、经济、技术条件等，对一个确定的总装机容量（水电站的实际出力）的水电站，机组台数的多少将直接影响到电厂的经济效益，运行的灵活性、可靠性，维护管理是否便利，还会影响到电厂建设的投资等。因此，在确定机组台数时，必须考虑很多因素，要做到充分的技术经济论证。

当水电站总装机容量确定后，各机组容量之和为总装机容量，选择小机组就意味着台数多，反之，选择大机组则台数就少。前后两者各有利弊，大体情况如下：

（1）小机组、多台数：运行方便灵活；发生事故时对电站及所在电力系统的影响较小；易安排检修；机组尺寸小，制造、运输及现场安装都比较容易。但是，小机组的单位千瓦造价高于大机组；台数多，配套设备数量相应就多，厂房平面尺寸大，土建工程及动力车间的成本高；运行人员多，运行用的材料、消耗品多，因而运行费用高；较多的设备与较频繁的开、停机会使整个电站的事故发生率上升。

（2）大机组、台数少：较大单机容量的机组，其单位效率较高，经常满负荷运行的水电站能获得显著的效益；设备、厂房建设投资相对较少；运行成本较低。但是，大机组的尺寸大，制造、运输、安装难度大；发生事故时，对所在电力系统的影响较大。

另外，机组台数的多寡与电力输出装置也有一定的关联。

以上与机组台数有关的因素中，许多是既相互关联又相互矛盾的，在选择时应抓住主要因素进行综合评估，选出合理的机组台数。我国已建成的中型水电站一般选用 4～8 台；而巨型水电站，由于受单机容量的限制，可选用较多机组台数。对于小型水电站，一般也不要少于 2 台。

4. 水轮机转轮标称直径的选择

水轮机转轮的标称直径 D 按下式选择：

$$D = \sqrt{\frac{N_i}{9.81 Q_i H_p \frac{3}{2} \eta}} \qquad (7-14)$$

式中，Q_i 为取水轮机型谱表中推荐使用的单位最大流量（单位流量的定义是转轮直径为 1 m、在 1 m 净水头下水轮机所通过的流量）；H_p 为水轮机的设计水头；h 为水轮机的效率；N_i 为输至发动机轴端的功率（若水轮机与发动机同轴，可视为水轮机的出力），它等于发动机的有功功率 N_t 除以发动机的效率。

表 7-8～表 7-10 分别列出了国内外已经运行的各类水轮机的单机额定容量、转轮直径和水头的最大值，供参考。

表 7-8　已运行的各类水轮机的最大单位额定容量

水轮机类型	国际	国内
混流式	美国大古力三厂 716 MW	长江三峡 700 MW
冲击式	挪威圣西玛 315 MW	卢宋河 21.6 MW
轴流式	中国水口 200 MW	水口 2000 MW（合作生产）
斜流式	苏联泽雅 215 MW	毛家村 8 MW
贯流式	日本只见 65.8 MW	百龙滩 32 MW（引进）
水泵水轮机	美国巴基康蒂 457 MW	广蓄 300 MW（引进）

表 7-9　已运行的各类水轮机的最大转轮直径

水轮机类型	国际	国内
混流式	美国大古力三厂 9.9 m	长江三峡 10 m
冲击式	奥地利基利茨 5.5 m	草坡 2.15 m
轴流式	中国葛洲坝二江 11.3 m	葛洲坝二江 11.3 m
斜流式	苏联泽雅 6 m	毛家村 1.6 m
贯流式	美国悉尼莫雷 8.2 m	大源渡 7.5 m（引进）
水泵水轮机	美国史密斯山 8.2 m	潘家口 5.536 m（引进）

表 7 - 10　已投运的水头最高的各类水轮机

水轮机类型	国际	国内
混流式	奥地利莱塞克 1771 m	天湖 1026 m
冲击式	奥地利霍斯林 744 m	鲁布革 372.5 m(合作生产)
轴流式	日本高根第一 136 m	毛家村 77 m
斜流式	意大利那门比亚 88 m	石门 78 m
贯流式	日本只见 24.3 m	百龙滩 18.0 m(引进)
水泵水轮机	保加利亚恰伊拉 701 m	天荒坪 601 m(引进)

5. 水轮机的选择方法

目前世界各国在设计水电站时选择水轮机的方法不尽相同,其主要方法可概括为以下3种:

1) 应用统计资料选择水轮机

这种方法以已建水电站的统计资料为基础,通过汇集、统计国内外已建水电站的水轮机的基本参数,把它们按水轮机的形式、应用水头、单机容量等参数进行分析归类。在此基础上,用数理统计法作出水轮机的主要参数关系曲线,或者用数值逼近法得出关于这些参数的经验公式。当确定了水电站的水头与装机容量等基本参数后,可根据统计曲线或经验公式确定水轮机的形式与基本参数。按照规定的水轮及参数向水轮机生产厂提出制造任务书,由制造厂生产出符合用户要求的水轮机。这种方法在国外被广泛采用。

2) 按水轮机型谱选择水轮机

在一些国家,对水轮机设备进行了系统化、通用化与标准化,制订了水轮机型谱,为每一水头段配置了 1 种或 2 种水轮机转轮,并通过模型试验获得了各型号水轮机的基本参数模型综合特性曲线。这样,设计者就可以根据水轮机型谱与模型综合特性曲线选择水轮机的型号与参数,可使选型工作简化与标准化。但是注意不可局限于已制订的水轮机型谱,当型谱中的转轮性能不能满足设计电站的要求时,要通过认真分析研究提出新的水轮机方案,与生产厂家协商,设计、制造出符合要求的水轮机。同时,要不断发展、完善、更新水轮机型谱。目前国内外水轮机主要发展趋势是进一步保证机组稳定运行;提高效率,改善运行性能;提高使用水头与比转速,增大单机容量;大力发展抽水蓄能机组与灯泡机组。

我国过去应用较多的方法是按照水轮机型谱选择水轮机。

3) 以套用法选择水轮机

此方法是直接套用与拟建电站的基本参数(水头、容量)相近的已建电站的水轮机型号与参数。这种方法多用于小型水电站的设计,它可以使设计工作大为简化。但是注意必须合理套用,要对拟建电站与已建电站的参数进行详细的分析与比较,还要考虑不同年代水轮机的设计与制造水平的差异,必要时对已建电站的水轮机参数做适当修正后再套用。随着水电开发的进展,旧的水轮机型谱已不能满足目前水电站设计的需要,设计者常采用不同的选型方法相互结合,相互验证,以保证水轮机选型的科学性与合理性。

7.4.5　水轮发电机

发电机的类型、原理、结构和性能等在前面已叙述过,这里介绍一些利用水轮机驱动发电机的相关知识。

1. 水轮发电机的形式与特点

水轮发电机用三相交流同步发电机，按其轴线位置分为立式和卧式两种，大、中型一般采用立式，小型机组及贯流式机组常采用卧式。在立式结构中由于推力轴承位置的不同又可分为悬式和伞式两种。悬式机组的推力轴承位于转子上方；伞式机组的推力轴承位于转子下方。可按以下关系式选择悬式与伞式水轮发电机：

$\dfrac{D_i}{L_t n} \leqslant 0.035$ 时，采用悬式；

$\dfrac{D_i}{L_t n} > 0.035$ 时，采用伞式。

式中，D_i 为定子铁芯内径，单位为 m；L_t 为定子铁芯长度，单位为 m；n 为额定转数，单位为 r/min。

悬式与伞式水轮机各自的特点如表 7-11 所示。

表 7-11　悬式与伞式水轮发电机的比较

形式	悬式	伞式
使用条件	一般适用于 $n > 150$ r/min	适用于 $n < 150$ r/min
结构特征	水轮机机坑及发电机定子直径较小，推力轴承支架布置在定子上部的上机架内	水轮机机坑及发电机定子直径较大，推力轴承支架布置在定子下部的下机架内或水轮机顶盖上
传力方式	轴向推力通过定子机座传至基础	轴向推力通过发电机机墩或顶盖传至基础
优点	推力轴承直径较小，损耗小，安装维修方便；上机架刚度大；运行稳定性好	机组高度较小；重量较轻，材料消耗较小；造价较低
缺点	机组高度较大；材料消耗较多；造价较高	运行稳定性较差；推力轴承损耗较大；安装维修较困难

水轮发电机的型号有 TS 和 SF 两种系列表示方法，前者为旧标准型号，后者为现行使用标准型号。

旧型号如下：

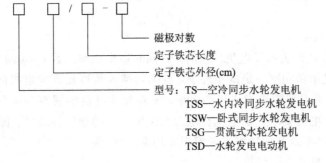

型号：TS—空冷同步水轮发电机
TSS—水内冷同步水轮发电机
TSW—卧式同步水轮发电机
TSG—贯流式水轮发电机
TSD—水轮发电电动机

新型号如下：

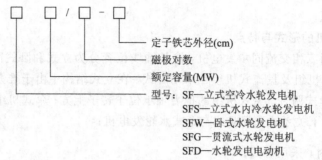

定子铁芯外径(cm)
磁极对数
额定容量(MW)
型号：SF—立式空冷水轮发电机
　　　SFS—立式水内冷水轮发电机
　　　SFW—卧式水轮发电机
　　　SFG—贯流式水轮发电机
　　　SFD—水轮发电电动机

小型水轮机多为同步、卧式的，其结构如图 7-29 所示；立式同步水轮发电机的基本结构如图 7-30 所示。按照冷却方式的不同，水轮发电机还可分为空气冷却和水冷却两类。

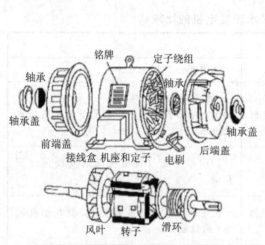

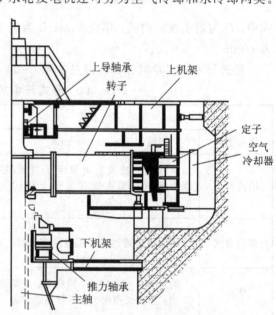

图 7-29　卧式同步水轮发电机的结构　　　图 7-30　立式同步水轮发电机结构示意图

2. 水轮发电机的主要性能参数

1）发电机容量与功率因数

发电机容量可用用功功率 N_f 和视在功率 S_f 两种方法表示。用功功率（机组的额定出力）与来自水轮机送至发电机轴端的功率 N_i 的关系式为

$$N_f = N_i \eta_g \tag{7-15}$$

式中，η_g 为发电机效率。

发电机视在功率 S_f 表示发电机容量时，应同时标出功率因数 $\cos\phi$ 的值。

在水轮发电机用功功率一定的条件下，提高功率因数可提高发电机的有效利用率，减轻发电机的重量，并且可提高发电机的效率，但将使发电机的视在功率和稳定性降低。功率因数值取决于供电的要求和发电机在电力系统中运行的稳定性条件。国内水轮发电机常用的额定功率因数（额定有功功率与额定视在功率之比）为 0.8、0.85、0.875 和 0.9；国外工业发达国家已达到 0.9～0.95。

2）发电机效率

发电机效率 η_g 的计算式为

$$\eta_g = \frac{N_f}{N_f + \Delta N} \qquad (7-16)$$

式中，N_f 为发电机输出的有功功率，单位为 kW；ΔN 为发电机总损耗，单位为 kW。

中、大型发电机效率一般为 0.97～0.98，小型发电机通常也大于 0.91。在总损耗中，空冷水轮发电机各项损耗分配情况为：空载铁损 20%～22%，定子绕组铜损 5%～17%，短路附加损耗 8%～12%，励磁绕组铜损 12%～15%，通风损耗 30%～40%，轴承损耗 5%～7%，励磁绕组和辅助装置中的损耗 3%～4%。

3）额定转速

额定转速 n_N 是根据水轮机的转轮形式、工作水头、流量、效率及运行稳定性等因素分析比较后确定的。水轮发电机为凸极同步发电机，其极对数 p 和额定转速 n_N 与频率 f 的关系为

$$F = \frac{p n_N}{60} \qquad (7-17)$$

因我国交流电标准频率 $f=50$ Hz，故

$$n_N = \frac{3000}{p} \qquad (7-18)$$

同步转速的推荐值为：750，600，500，428.6，375，333.3，300，250，214.3，200，187.5，166.7，150，136.4，125，107.1，100，93.8，83.3，75，68.2，62.5，60，57.7，53.6，50 r/min。

4）额定电压

额定电压是水轮发电机定子绕组长期安全工作的最高线电压，它是一个综合性参数。选取额定电压时要考虑机组的技术经济指标对发电机断路器的容量的影响，对母线、变压器低压线圈的影响，以及相应的配电装置的造价和运行条件等。一般来说，在合理范围内，电压取低值，电机的经济指标要好一些。此外，发电机额定电压与机组容量有关。表 7-12 列出了机组容量不同时发电机电压的参考值。

表 7-12　机组容量不同时发电机电压的参考值

机组容量/(MV·A)	20 及以下	20～80	70～150	130～300	300 以上
线电压/kV	6.3	10.5	13.8	15.75	18.0 以上

5）飞轮力矩

飞轮力矩是发电机转动部分的质量 G 与惯性直径 D 的平方的乘积。当电力系统发生故障，水轮发电机突然甩去负荷时，由于水轮机导叶关闭需要一定时间，这时水轮机的动力矩将大于发电机的电磁阻力矩，机组转速将升高。飞轮力矩 GD^2 过大，将使发电机重量增加。飞轮力矩 GD^2 值可按下列经验公式计算：

$$GD^2 = k D_i 3.5 l_t \qquad (7-19)$$

式中，当 $n<100$ r/min 时，$k=4.5$，当 $n=100～375$ r/min 时，$k=5.2$，当 $n>375$ r/min 时，$k=4～4.5$；D_i 为定子铁芯内径，单位为 m；l_t 为定子铁芯长度，单位为 m。

6）飞逸转速

当水轮发电机在最高水头下运行而突然甩去全部负荷，又遇水轮机调速系统和其他保护装置失灵、导叶开度在最大位置时，机组可能达到的最高转速称为飞逸转速，用 n_y 表示。飞逸转速的一般范围如下：

混流式水轮机：$n_y = (1.6 \sim 2.2) n_N$。

冲击式水轮机：$n_y = (1.7 \sim 1.9) n_N$。

转桨式水轮机：$n_y = (2 \sim 3) n_N$。

飞逸转速由飞轮机制造厂提供给发电机制造厂，并列入技术条件中。水轮发电机转子机械应力应按飞逸转速计算，这时转子的计算应力不超过材料屈服点，且转子磁轭的变形小于气隙值，飞逸时间在 $2 \sim 5$ min 内不得产生有害变形。

7）额定电流

额定电流是指发电机在规定条件下运行时允许定子绕组长期发出的最大线电流值。

3. 水轮发电机的选择

选择水轮发电机的选择原则如下：

（1）水轮机及其驱动的发电机的选择要同时进行。

（2）当水电站的总装机容量 $N_总$ 及机组数目 m 确定后，发电机的单机容量 $N_电 = N_总 / m$。目前，我国生产的水轮发电机有三相交流立式同步水轮发电机、三相交流卧式同步水轮发电机、三相交流立式同步农用水轮发电机、三相交流卧式同步农用水轮发电机。$N_电$ 应选用与系列产品相近的容量。

（3）发电机的容量应略小于水轮机的出力。

（4）发电机的形式、结构应与水轮的布置形式、厂房结构相适应。

（5）与其他机电设备一样，要考虑产品的质量、价格、运输、安装与维修等因素。

7.5　水轮发电机组的运行及电能输送

7.5.1　水轮发电机组的试运行

1. 试运行的目的

水轮发电机组试运行的目的是对机组的制造和安装质量及其性能进行一次动态检查与鉴定。试运行的重点是掌握水轮机的各道轴承、机组的振动和摆度情况，检查发电机的温升等是否在允许范围内；观察机组的运行特性及各参数是否符合厂家规定值；检查电气设备及所有装置的安装和性能是否准确、完好。

2. 试运行前的检查

（1）水工建筑物。检查引水渠道渗漏情况，清除漂浮及杂物；要求各道闸门操作灵活，起闭位置正确严紧；压力水管、水轮机室蜗壳、尾水管等无阻塞；水轮机前的闸阀应关闭严紧。

（2）机械部分。所有焊缝应无开裂和严重缺陷；螺栓螺母均应紧固；各转动部分的间隙均应符合要求；机组的同轴度、水平度、垂直度应无变动；各油、气、水系统阀门开、关灵活，管道畅通无阻。

（3）调速器部分。手动或电动调速器全开到全关动作灵活，指针准确，触点接通，断开灵活；油压正常无渗漏，自动控制装置灵敏可靠；部件连杆位置正确，销子完整、无脱落；锁定操作灵活。

（4）电气部分。发电机和励磁装置外部清洁，内无杂物，无金属微粒及尘土；所有接线应正确，连接螺栓紧固；引线无损伤，绝缘应良好；发电机外壳有可靠接地；全回路交接试验的各参数应符合要求；电刷规格型号相符，压力适当、均匀，与整流子或滑环表面间隙符合要求，表面接触良好；集电环或整流子表面应光滑清洁，无毛刺；一切电气设备经调试检查均应符合要求，不准带有缺陷设备投入运行。

3. 空载试运行

空载试运行的操作步骤是：开启各有关电源；关闭闸阀或蝶阀，开启进水阀，向压力管冲水，检查有无漏水现象；关闭导水叶，开启闸阀或蝶阀，将蜗壳充满水，检查水轮机盖有无漏水现象；打开水压力表和尾水真空表阀门开关，检查压力是否与实际相符；操作调速器手轮，慢慢开启导水叶使机组转动，按其 30％、60％、80％、100％ 四个阶段运转。运转中要特别注意各油、水、气管路应无渗漏，各表针正常；润滑油正常；转动部件与固定部分无摩擦、撞击及异常音响；在不同转速情况下，摆度及振动均应符合厂家允许值；严密观察并记录某一瞬间转速的强烈振动；轴承油温变化应缓慢，超过 65℃ 时，应立即停机处理。

机组在以额定转速试运行一定时间后，处于稳定状态并符合要求时，可进入升压空载试运行。操作步骤及观察的重点：合上发电机的灭磁开关，逐渐减小磁场变阻器电阻，使发电机端电压接近额定值；增大调速器开度，使电压、频率均在额定值；在变阻器及导叶开度指示器上作上标记；检查直流电流、电压表的指示无反向，读数为空载额定值；检查三相交流电压应平衡，差值在允许范围内；其他指针均无指示；电刷无火花或火花在许可范围内；无绝缘烧焦气味或异常响声；合上发电机的隔离开关及主开关，仪表应无异常变化，设备无异常现象；确认一切正常时，逐渐关闭水轮机导水叶，调节变阻器电阻到最大值，而后关闭闸阀，停止机组转动；切断电源，断开发电机灭磁开关。

经空载运行后，要对机组及运行设备进行一次系统的、全面的静态检查鉴定，检查磨合情况是否良好，润滑油内应无金属粉末等杂物，否则要对轴瓦刮研、换油。

4. 负载试运行

负载试运行主要包括两个方面：一是并列试运行；二是甩负荷试验。为使机组能在额定功率下长期稳定运行，一般将这两种试运行均按额定负荷的 25％、50％、75％、100％ 四个阶段运行，每个阶段的运行时间视各参数稳定情况而定。

1）并列试运行

并列试运行即将发电机组并入电网，欲并入电网的发电机组称为待并机组，并网前的操作叫并列。并列试运行的操作步骤为：打开油、气、水等各种阀门；按空载运行程序启动机组，使电压、频率均为额定值；检查仪表指针，机组各部分均无异常；测定发电机的相序，使之和系统一致。

并列工作一般应由有一定运行经验的工人进行，当待并机组的电压和网路的电压基本接近时，要严密注视整步表的旋转速度和方向。当指针向顺时针方向旋转时，表示机组的频率比系统高，这时应关闭导水叶，降低发电机转速，反之应提高发电机转速。

机组在有负荷情况下运行，水轮机过流量增加，水的推力增大，各轴温升高，同时，由于有负载电流通过，励磁装置及各电气设备的各参数会发生显著改变，因此，必须严密监视，做好记录。

在额定功率持续 72 h 左右的负载试运行后，确认一切正常时，可进入甩负荷试验。

2）甩负荷试验

甩负荷试验的目的在于系统地考核机组在事故状态下的性能，以及各种自动装置的动作灵敏度。

甩负荷工作必须有水电站主要负责人和机电技术人员参加，做到统一指挥，统一行动，分工明确，责任到人，各守岗位。发电机的主开关、励磁调整器、调速器、闸阀或蝶阀等主要设备应设有专人负责监护操作。

甩负荷试验方法为：人为造成继电保护装置动作，使发电机主开关自动跳闸，造成甩负荷的运行状态。这时检查并监视调速机构动作是否正常，导水叶关闭位置、时间是否在允许范围内；发电机的灭磁装置或水电阻是否投入运行，磁场变阻器的电阻是否处在最大值，发电机的端电压是否过高；所有自动装置是否投入运行，各信号装置反应是否准确；调压阀或安全阀是否正常工作。

7.5.2　水轮发电机组的正常运行

1. 运行前的常规检查

小型水电站受各种气候条件及库容大小等诸多因素的影响，有连续性的正常运行，也有间断性的正常运行。前者按交接班制度处理，比较简单；后者在运行前应对水工建筑物、水轮发电机组、调速设备以及电气设备等进行全面检查。

2. 开机

正常运行时开机操作步骤、方法与负载试运行时基本相同。

单机运行时，机组首先合上发电机的主开关，然后分别合上各支路开关往外送电。并列运行时机组要根据系统调度给定的负荷，调节水轮机开度限制到许可值。

3. 调整

机组带上负荷后，其电压、频率会出现显著下降，这时应继续调节导水叶开度及磁场变阻器的电阻，使电压和频率均在许可值范围内。

4. 停机

停机操作不能疏忽大意，否则会引起事故，造成设备损坏。停机操作程序为：做好记录，说明停机事由；关闭导水叶，达到空载额定位置以下；调节磁场变阻器电阻，达到空载电流以下；断开各路开关；断开发电机主开关、隔离开关、灭磁开关；继续调节导水叶开度及磁场变阻器，使机组停止转动，电阻达到最大值；切换调速器和自动励磁调整器到原位；切除电源；关闭进水闸阀或蝶阀；关闭冷却水；关闭前池或水库进水闸。

5. 加强管理

严格执行各项操作规程，建立健全各种规章制度，并认真实施。

7.5.3　小水电站的电能输送

1. 输电装置

水电站运行后，发出的电能经配电后再送至输电线路，最终到达用户。图 7 - 31 是水电站电能传输过程示意图。水轮发电机组发出的电能经户内配电装置上的断路器、隔离开关送给户内母线，母线汇集各发电机的电能，经升压变压器升压后，通过户外开关站内的断路器、隔离开关输送给户外高压母线，高压输电线 XL 从母线上获得电能向远方输送。

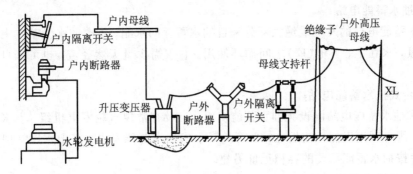

图 7 - 31　水电站电能传输过程示意图

2. 输电线路的选择

选择输电线路时应注意以下几个方面：

（1）尽量使线路短，转弯少，少占耕地，交通方便，宜于施工和维护。

（2）避开山洪冲刷和水淹地区。线路需跨沟、跨河道时，尽量使线路与沟、河呈垂直交叉。

（3）避开地形变化大的地方，避免跨越房屋等建筑物。

（4）通过林区应留出通道等。

3. 电压等级的选择

目前，我国采用的电压等级，低压有 380kV、220 V，高压有 10 kV、35 kV，有些地区开始用 110 kV、220 kV、500 kV。为减少电压等级，正在试验用 20 kV 代替 10 kV 及 35 kV。各种电压等级的线路其输送功率和输送距离可参考表 7 - 13 。

表 7 - 13　不同电压线路输送功率及距离的参考值

电压/kV	输送功率/kW	输送距离/km
0.4	＜100	＜1.0
6.0	＜2000	5～10
10	＜3000	6～20
35	＜10 000	20～50
110	＜50 000	50～150
220	100 000～500 000	100～300
500	1 000 000～1 500 000	150～850

7.6　抽水蓄能电站

7.6.1　抽水蓄能电站的功用与开发方式

抽水蓄能发电是水力发电的另一种利用方式。它利用电力系统负荷低谷时的剩余电量，用抽水蓄能机组把水从低处的下池（库）抽送到高处的上池（库）中，以位能形式储存起来，当系统负荷超出各发电站的可发容量时，再把水从高处放下，驱动抽水蓄能机组发电，用于电力系统调峰。

抽水蓄能电站根据开发方式不同有3种类型。

1. 纯抽水蓄能电站

纯抽水蓄能电站的发电量绝大部分来自抽水蓄存的水能。发电的水量基本上等于抽水蓄存的水量，水在上、下池（库）之间循环使用。它仅需少量天然径流，也可来自下水库的天然径流。

2. 混合式抽水蓄能电站

混合式抽水蓄能电站既设有抽水蓄能机组，也设有常规水轮发电机组。上水库有天然径流来源，既可利用天然径流发电，也可从下水库抽水蓄能发电。其上水库一般建于河流上，下水库按抽水蓄能需要的容积觅址另建。

3. 调水式抽水蓄能电站

调水式抽水蓄能电站的上水库建于分水岭高程较高的地方。在分水岭某一侧拦截河流建下水库，并设水泵站抽水到上水库。在分水岭另一侧的河流设常规水电站，从上水库引水发电，尾水流入水面高程最低的河流。这种抽水蓄能电站的特点是：① 下水库有天然径流来源，上水库没有天然径流来源；② 调峰发电量往往大于填谷的发电量。

7.6.2　抽水蓄能电站的分类

1. 按抽水蓄能电站的蓄能方式分类

1）季调节

季调节即利用洪水期多余的水电或火电将下游水库中的水抽至上游水库，以补充上水库在枯水期的库容并加以利用，从而增加季节电能的调节方式。当上游水库高程较高，下游又有梯级水电站时，就更为有利。

2）周调节

周调节即利用周负荷图低谷（星期日或节假日的低负荷）时抽水蓄能，然后在其他工作日放水发电的方式。显然，如能利用天然湖泊或与一般水电站相结合，将更为经济。其示意图见图7-32(b)。

3）日调节

日调节即利用每日夜间的剩余电能抽水蓄能，然后在白天高负荷时放水发电的方式。在以火电和核电站为主的地区修建这种形式的抽水蓄能电站是非常必要的。其示意图见图7-32(a)。

2. 按机组装置方式分类

（1）四机式或分置式。这种方式的水泵和水轮机是分开的，并各自配有电动机和发电机。抽水和发电的操作完全分离，运行比较方便，机械效率也较高，但土建及机电设备投资比较大，不够经济，现已很少采用。

（2）三机式。这时电动机和发电机合并成一个机器，称为发电电动机，但水泵和水轮机仍各自独立，且不论横轴和立轴布置，三者均直接连接在一根轴上。由于三机式可采用多级水泵，抽水的扬程较高，故在很高的水头下也能应用。

（3）二机式。当水泵与水轮机也合二为一成为可逆式水泵水轮机时，即形成所谓的二

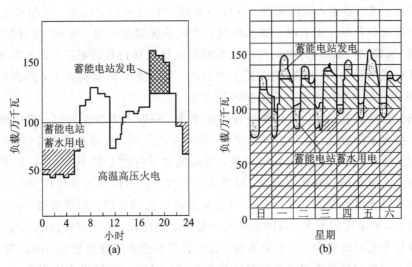

图 7-32　抽水蓄能电站在电力系统中的日、周调节示意图

机式。当机组顺时针转动时为发电运行工况；逆时针转动时则成为抽水运行工况。由于二机式的机组比三机式高度要低，厂房尺寸也较小，可节省土建投资，故可逆式机组得到了很大的发展。

7.6.3　抽水蓄能机组

前已述及，抽水蓄能机组有三机式的，也有二机式的。

三机式机组由 1 台水轮机、1 台水泵、1 台兼作发电机和电动机的电机同轴连接，两种运行工况的旋转方向相同。其优点主要是机组运行方式转换快，但结构复杂，一般在水头大于 500 m 时才考虑使用。

二机式机组不仅把发电机与电动机转为一体发电电动机，也将水泵与水轮机转为一体水泵水轮机。该机组向一个方向旋转可发电，反方向旋转可抽水，结构紧凑，造价紧凑，造价较省。转轮设计应考虑水泵工况，效率比单一的水泵和水轮机低，但已有较大进步。

水泵水轮机的形式及使用范围见表 7-14。

近年来，国际上大量兴建抽水蓄能电站，可逆式水泵水轮机发展迅速，可逆式混流机组应用最广。水头为 600～700 m 以下的采用单机水泵水轮机，超过 700 m 时大多采用多级水泵水轮机或三机式机组。

表 7-14　水泵水轮机的形式及使用范围

形式	适用水头/m	比转速/(m·kW)	特　点
混流式	20～700	70～250	—
斜流式	20～200	100～350	适用于水头变化大的蓄能电站
轴流式	15～40	400～900	适用于水头较低且水头负荷变化大的蓄能电站
贯流式	<30	—	适用于潮汐和低水头蓄能电站

7.6.4　抽水蓄能电站的特点

抽水蓄能电站实际上是一种储存并转换能量的设施，其主要特点如下：

（1）启动、停机迅速，运转灵活，在电力系统中具有调峰、调频、调相和紧急备用功能。当电力系统负荷处于低谷时，抽水蓄能，消耗系统剩余电能，起到"填谷"作用；发电时，则起到"削峰"作用。这种电站可使火电或核电机组保持负荷稳定，处于高效、安全状态运行，减轻或消除锅炉及汽轮机在低出力状态下的运转，以提高效率，降低煤耗，在某些情况下可将部分季节性电能转换为枯水期电能。

（2）站址选择比较灵活，容易取得较高的水头，一般引水道比较短；在靠近负荷中心和大型火、核电站附近选址，可以一水多用，调节系统电压，维持系统周波（频率）稳定，提高供电质量；能减少水头损失和输电损失，提高抽水发电的总效率。另外，在开发梯级水电站时，在上一级装设抽水蓄能机组，可增大以下梯级电站的装机容量和年发电量。

（3）抽水蓄能电站开发的趋向是采用大型和高水头的机组，相对来说，其效率高，尺寸小，流量小，要求库容不大。与同容量的一般水电站比较，水工建筑物的工程量小，淹没土地少，单位千瓦投资也少，发电成本低，送电容量不受天然径流量丰枯的影响。

（4）目前制造的可逆机组单机容量已达 $300\sim350\ \mathrm{MW}$，运用水头达 $222\sim600\ \mathrm{m}$，压力水管直径最大已达 $10\ \mathrm{m}$。因此，管道设计与制造的难度较大，应适当增加管道中心的流速，以使管径不至于太大。有压引水道中水流为双向流动，对进（出）水口体形设计要求更为严格，为了减少水头损失，要求进（出）水口断面上流速分布均匀且不宜过大，不发生回流和脱流；要防止水库低水位时发生水流漩涡，或整个水库发生环流而引起不良后果。

（5）抽水蓄能电站先将电能转换为水能，然后将水能转换成电能，经过 2 次转换，其总效率为 $0.7\sim0.75$。

7.6.5　抽水蓄能电站的发展简况

瑞士苏黎世的奈特拉抽水蓄能电站建于 1882 年，是世界上最早的抽水蓄能站。该电站抽水扬程 $153\ \mathrm{m}$，容量 $515\ \mathrm{kW}$，是一座年调节抽水蓄能电站。

20 世纪 50 年代以后，随着核电站和大容量火电机组的大批投产，为了提高电力系统电源的调峰能力和减少调峰费用，兴建了许多抽水蓄能电站，电站的技术水平也不断提高，机组由四机式发展到二机式，单机混流式水泵水轮机组可试用的水头不断增大，如日本的葛野川抽水蓄能电站的单级混流可逆式机组的抽水扬程已达 $778\ \mathrm{m}$，发电最大水头 $728\ \mathrm{m}$，该电站单机最大输出功率 $412\ \mathrm{MW}$。利用水头最高的是奥地利的赖斯采克抽水蓄能电站，采用四机式机组，水头 $1773\ \mathrm{m}$。

20 世纪 80 年代，单机规模最大的是美国的巴斯康蒂抽水蓄能电站，装机容量 $6\times350\ \mathrm{kW}$。到 20 世纪末，中国广州抽水蓄能电站建成投产，总装机 $2400\ \mathrm{MW}$，为当时最大的单站抽水蓄能电站。

中国抽水蓄能电站建设起步较晚。1968 年在岗南水库安装了第 1 台斜流可逆式机组，由日本制造，单机 $11\ \mathrm{MW}$。1975 年在密云水库安装了 2 台中国制造的单机 $11\ \mathrm{MW}$ 的可逆式机组，转轮直径 $2.5\ \mathrm{m}$，最大水头 $64\ \mathrm{m}$。国家实行改革开放以来，抽水蓄能电站的开发速度不断加快。据初步统计，自 1985 年起到 2013 年，已建成和拟建设的规模较大的抽水蓄能电站如表 7-15 和表 7-16 所示。

表 7 - 15　我国已建成的规模较大的抽水蓄能电站

站名	站址	总装机容量/MW
明湖抽水蓄能电站	台湾日月潭风景区	1000
潘家口抽水蓄能电站	河北省迁西县	420
明潭抽水蓄能电站	台湾日月潭西岸	1600
十三陵抽水蓄能电站	北京市十三陵风景区	800
宝泉抽水蓄能电站	四川省广元市	700
羊卓雍湖抽水蓄能电站	西藏浪卡子县、贡嘎县	90
天荒坪抽水蓄能电站	浙江省安吉县	1800
广州抽水蓄能电站	广州市从化县	2400

表 7 - 16　我国拟建规模较大的抽水蓄能电站

站名	站址	总装机容量/MW
铜柏抽水蓄能电站	浙江省天台县	1200
西龙池抽水蓄能电站	山西省五台县	1200
张河湾抽水蓄能电站	石家庄市井陉县	1000
泰安抽水蓄能电站	山东省泰安市西郊	1000
板桥峪抽水蓄能电站	北京市密云县	1000
响水涧抽水蓄能电站	安徽省芜湖市繁昌县	1000

　　到 2005 年年底,全国(不计台湾)已建抽水蓄能电站总装机容量达到 6122 MW,年均增长率高于世界抽水蓄能电站的年均增长率,装机容量跃进到世界第 5 位,遍布全国 14 个省市。目前,有 10 个抽水蓄能电站正在建设中,可新增装机容量达 3000 万千瓦。中国正在建设的西龙池抽水蓄能电站,最大扬程达 704 m,达到了世界上已投运的单级混流式抽水蓄能机组中扬程最高的先进水平。天荒坪与广州抽水蓄能电站单机可逆式水泵水轮机组的单机容量为 300 MW,设计水头在 500 m 以上,均为世界先进水平。

7.6.6　抽水蓄能电站举例

1. 勒丁顿抽水蓄能电站

　　勒丁顿抽水蓄能电站是纯抽水蓄能电站,它位于美国东北部密执安湖东岸,距勒丁顿市 9.4 km,装机容量 1872 MW,抽水年用电量 39.2 亿千瓦时,年发电量 28.2 亿千瓦时,总效率 72%,用 345 kV 输电线接入密执安电力系统。该工程于 1969 年 4 月开工,1973 年 1 月 1 台机组投入运营,1974 年 1 月竣工。

　　1) 水库

　　上水库布置在离密执安湖不远的山顶上,用土堤围成,水库面积 3.4 km²,正常蓄水位 287 m,相应库容 1.02 亿立方米,消落深度 20 m,调节库容 6660 m³,可进行周调节。下水库利用天然的密执安湖,平均湖水位 176.8 m。上下水库之间的净水头为 110 m。

　　上水库围堤长 9.6 km,最大堤高 52 m,平均堤高 33 m,内外边坡均为 1:2.5,填筑土方 2880 万立方米。堤基和库盘均为沙土层,防止渗漏是上水库设计的重点。土堤的迎水面用沥青混凝土护面，面积达 60 万平方米，护面下设碎石透水层，并设潜水泵排水。库盘用黏土铺盖防渗，厚 0.9～1.5 m，黏土从 10 km 以外取得。

2）引水系统

进水口设护坦、翼墙，并在上游 9 km 处设一道胸墙，以控制漩涡和防止冰凌进入。进水闸为 6 孔，各宽 8 m，高 8 m。工作闸门由 125 t 固定式启闭机控制，可遥控操作。每孔进水闸接 1 条压力钢管，向 1 台机组供水。压力钢管穿过土堤部分，长 150 m，外包混凝土。下接斜管段长 246 m，埋在沙内。管径在顶部为 8.5 m，至坡脚缩小为 7.3 m。管壁厚由 12.7 mm 增至 36.5 mm。6 条压力钢管共用钢材 12 900 t。引水道长 396 m，与利用水头之比为 3.6∶1。

3）厂房

厂房为露天式，设在密执安湖湖畔，长 176 m，宽 52 m，高 32 m。厂内安装 6 台可逆式混流机组。每个机组段长 25 m，安装间长 18 m。厂房建筑大部分在地面以下。厂房顶高出平均湖水位 6.1 m，顶上设起重量为 340 t 的门式起重机，用于安装和检修时起吊机组部件。主变压器设在厂房后面，开关站位于厂房左侧。尾水管出口处装有拦污栅和工作闸门。尾水渠建有 2 条深入湖内的翼墙，长 500 m。离翼墙末端 340 m 处，还设有一道垂直于尾水渠的防浪堤。

4）机组

抽水蓄能发电机组为二机式机组。水泵水轮机的转轮直径为 8.23 m，水泵水轮机的安装高程低于平均湖水位 8 m。水泵工况：抽水扬程 93～114 m，单机最大抽水流量 315 m^3/s，6 台机组的抽水能力共达 1 890 m^3/s。发电工况：水头 87～108 m，水轮机额定出力 312 MW，最大出力 343 MW。发电电动机容量为 325～388 MV·A，转速 112.5 r/min，功率因数 0.85，电压 20 kV，频率 60 Hz。

2. 潘家口抽水蓄能电站

潘家口抽水蓄能电站是混合式抽水蓄能电站，它位于河北省迁西县洒河桥镇上游 10 km 处的滦河干流上，电站设计总装机容量 420 MW，多年平均年发电量 5.64 亿千瓦时，抽水蓄能发电量为 2.08 亿千瓦时。电站用 220 kV 输电线路向京津唐电力系统供电，具有削峰填谷作用，每年发电 1411 h，抽水 1071 h。潘家口水利枢纽水源还是天津市、唐山地区城市生活及工农业供水的主要水源之一，并兼有防洪作用。工程分两期建设，一期工程包括主坝、副坝、坝后式厂房及 1 台常规机组；二期工程包括 3 台抽水蓄能机组、下水库低坝、下水库电站及相应设施。一期工程于 1975 年 10 月开工，常规机组于 1981 年投产。二期工程于 1984 年动工，3 台抽水蓄能机组均于 1992 年末投入运行。

1）水库

上水库为潘家口水库。坝址以上流域面积为 3.37 万平方千米，多年平均年净流量为 24.5 亿平方千米。正常蓄水位 222 m，相应库容 20.62 亿平方千米。主坝为混凝土宽缝重力坝，最大坝高 107.5 m，坝顶长 1039.11 m。溢流坝段设 18 个溢洪孔，用弧形闸门控制，孔口尺寸为 15 m×15 m。此外，底孔坝段还设置了 4 个深式泄水孔，孔口尺寸为 4 m×

6 m，用弧形闸门控制。

2）厂房

抽水蓄能电站厂房为坝后式厂房，长 128 m，宽 26.2 m，高 31.7 m。内装单机容量为 150 MW 的常规混流式水轮发电机组 1 台和单机容量为 90 MW 的可逆抽水蓄能机组 3 台。用坝内埋没的压力钢管引水，两种机组所用的管径分别为 7.5 m 和 5.6 m，管长分别为 85.84 m 和 91.33 m。进水口设快速闸门。下水库坝左侧建有 1 座河床式厂房，长 45 m，宽 49.53 m，高 20.5 m，内装有 2 台单机容量为 5 MW 的灯泡式贯流机组。

3）抽水蓄能机组

混流可逆式水泵水轮机转轮直径为 5.53 m。水泵有两种转速：扬程为 65.1～85.7 m 时，转速为 142.8 r/min；扬程为 36～66.4 m 时，转速为 125 r/min。扬程为 70.11 m、流量为 119.5 m³/s 时，输入功率为 59.7 MW。水轮机运行工况：水头最大（85 m）时，出力为 100 MW；水头最小（36 m）时，出力为 26.95 MW；水头为额定值（71.6 m）时，出力为 90 MW，流量为 145.4 m³/s。

发电电动机为两种同步转速的变极电机。发电机运行时，额定功率为 91 MW，电机效率为 98.05%。电动机运行状况：42 级时输入功率为 96 MW，转速为 142.8 r/min；48 级时输入功率为 59.5 MW，转速为 125 r/min。

3. 慈利跨流域抽水蓄能工程

该工程是调水式抽水蓄能电站，建于湖南省慈利县境内，工程的大体布局如图 7-33 所示。该工程在阮江直流白洋河上源渠溶溪设水泵站，引水送至赵家垭水库，年抽送水量 1670 万立方米。赵家垭水库下面设 3 级水电站，总装机容量 12 300 kW。其尾水流入支流零溪河。该工程年抽水量为 340 万千瓦时，年发电量为 1390 万千瓦时，关键是在用电低峰时抽水，用电高峰时发电。

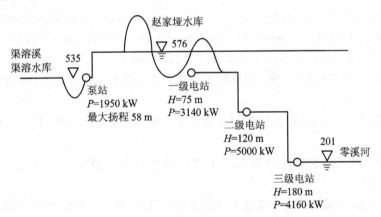

图 7-33 慈利跨流域抽水蓄能工程示意图

参 考 文 献

[1] 韩德奇，袁旦，王尽涛，等. 生物柴油的现状与发展前景[J]. 石油化工技术经济，2004，4(18).

[2] 陈海平，于鑫玮，石志云，等. 地热：温差发电系统的实验研究与经济性分析[J]. 电力科学与工程，2013(2).

[3] 张兴旺. B2C2N 系超硬材料的研究进展[J]. 无机材料学报，2000，15(4).

[4] 王革华. 新能源概论[M]. 北京：化学工业出版社，2006.

[5] 薄向利，夏代宽，邱添. 超临界流体技术制备生物柴油的研究进展[J]. 化工时刊，2005，19(12).

[6] 庄发成. 福建省地热发电的探讨[J]. 能源与环境，2010(4).

[7] 梁斌. 生物柴油的生产技术[J]. 化工进展，2005，24(6).

[8] 郭璇，贺华阳，王涛，等. 超临界流体技术设备生物柴油[J]. 现代化工，2003，23(7).

[9] 林超华. 一种生物柴油的生产方法：中国，1374370A[P]. 2002.

[10] 肖建华，王存文，吴元欣. 生物柴油的超临界制备工艺研究[J]. 中国油脂，2005，30(12).

[11] DIASAKOU M, LOULOUDI A. Papayannakos [J]. Fuel, 1998,77(12).

[12] DEMIRBAS A. Gascous products from biomassby pyrolysis and gasification:effect of catalyst on hydrogen yield [J]. Energy Conversion and Management,2002,43.

[13] KUSDIANA D,SAKA S. Kinetics of transesterfication in rapeseed ail to biodiesel fuel as treated in supercritical methanol [J]. Fuel, 2001,80.

[14] KUSDIANA D,SHIRO S. Effects of water on biodiesel fuel production by supercritical methanol treatment[J]. Bioresource Technology,2004,91(3).

[15] http://zhidao.baidu.com/question/8542451.html.

[16] 周双喜，吴畏，吴俊玲，等. 超导储能装置用于改善暂态电压稳定性的研究[J]. 电网技术，2004(4).

[17] 张建成，黄立培，陈志业. 飞轮储能系统及其运行控制技术研究[J]. 中国电机工程学报，2003(3).

[18] 金广厚. 电能质量市场体系及若干基础理论问题的研究[D]. 保定：华北电力大学，2005.

[19] 李君. 电流型超导储能变流器关键技术研究[D]. 杭州：浙江大学，2005.

[20] 张强. 动态电压恢复器检测系统和充电装置技术的研究[D]. 北京：中国科学院电工研究所，2006.

[21] 李海东. 超级电容器模块化技术的研究[D]. 北京：中国科学院电工研究所，2006.

[22] 张宇. 新型变压器式可控电抗器技术研究[D]. 武汉：华中科技大学，2009.

[23] 曾杰. 可再生能源发电与微网中储能系统的构建与控制研究[D]. 武汉：华中科技

大学，2009.

[24] 许爱国. 城市轨道交通再生制动能量利用技术研究[D]. 南京：南京航空航天大学，2009.

[25] 周黎妮. 考虑动量管理和能量存储的空间站姿态控制研究[D]. 长沙：国防科学技术大学，2009.

[26] 汤平华. 磁悬浮飞轮储能电机及其驱动系统控制研究[D]. 哈尔滨：哈尔滨工业大学，2010年.

[27] 郭勇. 河南省太阳能光伏发电发展前景的研究[D]. 郑州：郑州大学，2010.

[28] 陈仲伟. 基于飞轮储能的柔性功率调节器关键技术研究[D]. 武汉：华中科技大学，2011.

[29] 吴红丽. 太阳能光伏发电及其并网控制技术的研究[D]. 保定：华北电力大学，2011.

[30] 李延邦. 具有 MPPT 功能高效两相交错 DC/DC 变换器的研究[D]. 秦皇岛：燕山大学，2011.

[31] 张强. 水体净化的太阳能供电与控制系统研究[D]. 天津：天津科技大学，2010.

[32] 鹏飞. 我国太阳能热发电技术的一座里程碑[J]. 太阳能，2006(3).

[33] 陈枭，张仁元，李风. 太阳能热发电中换热管石墨防护套环的制备与研究[J]. 材料导报，2011(8).

[34] 卢霞，刘万琨. 太阳能烟囱发电新技术[J]. 东方电气评论，2008(2).

[35] 陈德明，舒杰，李戬洪，等. 用于太阳热发电的铅—铋合金传热特性分析[J]. 动力工程，2008(5).

[36] 陈璟华，杨宜民. 风力/能发电的发展现状和展望[J]. 广东工业大学学报，2007(3).

[37] 鲁华永，袁越，陈志飞，等. 太阳能发电技术探讨[J]. 江苏电机工程，2008(1).

[38] 高春娟，曹冬梅，张雨山. 太阳池技术研究进展[J]. 盐业与化工，2012(5).

[39] 刘全根. 国家能源结构调整的战略选择：加强可再生能源开发利用[J]. 地球科学进展，2000(2).

[40] 李建丽，李黎黎. 风力发电与电力电子技术[J]. 能源与环境，2006(5).

[41] 杨金明，吴捷. 风力发电系统中控制技术的最新发展[J]. 中国电力，2003(8).

[42] 王超，张怀宇，王辛慧，等. 风力发电技术及其发展方向[J]. 电站系统工程，2006(2).

[43] 张照煌，刘衍平，李林. 关于风力发电技术的几点思考[J]. 电力情报，1998(2).

[44] 刘其辉，贺益康，赵仁德. 变速恒频风力发电系统最大风能追踪控制[J]. 电力系统自动化，2003(20).

[45] 胡家兵，贺益康，刘其辉. 基于最佳功率给定的最大风能追踪控制策略[J]. 电力系统自动化，2005(24).

[46] 曾山. 几座塔式太阳热能发电站[J]. 国际电力，1997(4).

[47] 刘志刚，汪至中，范瑜，等. 新型可再生能源发电馈网系统研究[J]. 电工技术学报，2003年(4).

[48]　孙景钉，李永丽，李盛伟，等. 含逆变型分布式电源配电网自适应电流速断保护[J]. 电力系统自动化，2009(14).

[49]　彭第，孙友宏，潘殿琦. 地热发电技术及其应用前景[J]. 可再生能源. 2008(6).

[50]　万志军，赵阳升，康建荣. 高温岩体地热开发的技术经济评价[J]. 能源工程，2004年(4).

[51]　沈炎，刘俊，程晓年，等. 泡沫流体钻井技术在肯尼亚 OW904 超高温地热井的应用[J]. 重庆科技学院学报：自然科学版，2009(4).